江苏"十四五"普通高等教育本科规划教材

"十三五"江苏省高等学校重点教材
普通高等教育人工智能与机器人工程专业系列教材

机器人技术基础

刘　英　朱银龙　主编

本书配套教学资源：
☆ 教学课件
☆ 习题答案
本书配套的 MOOC 课程网址为：https://www.xueyinonline.com/detail/244544172?tonewterm=true

机械工业出版社

机器人技术是 20 世纪兴起,并在 21 世纪初随着人工智能的进步而得到快速发展的高科技前沿技术。本书将数学、力学、机械、电子、信息、自动控制理论和人工智能等与机器人应用实践密切结合,在详细阐述机器人机构学、运动学、动力学、机器人控制、轨迹规划、移动机器人操作系统及路径规划等经典理论知识的基础上,将机器人领域的前沿热点问题融入书中,如机器人学习控制、模糊控制、机器人视觉、SLAM 系统等,同时将书中涵盖的机器人类型扩展至当前快速发展的家政服务机器人、医疗机器人,并结合编者的研究领域特别介绍了农业机器人。本书内容深入浅出、系统全面、紧扣前沿、富有特色。

本书可作为高等学校机器人工程、机械电子工程、机械设计制造及其自动化、测控技术与仪器、自动化等机械类、控制类专业必修或者选修课程的教材,也可作为本科生参与生产实习、创新创业训练、综合性课程设计、毕业设计等实践环节的参考资料,同时还可作为研究生的教材和从事机器人研究、开发、应用、管理的工程技术人员的参考书。

本书配有电子课件和习题答案,欢迎选用本书作教材的教师登录 www.cmpedu.com 注册下载,或加微信 13910750469 索取。

图书在版编目(CIP)数据

机器人技术基础/刘英,朱银龙主编. —北京:机械工业出版社,2021.11(2024.12 重印)
普通高等教育人工智能与机器人工程专业系列教材
ISBN 978-7-111-69464-9

Ⅰ. ①机⋯ Ⅱ. ①刘⋯ ②朱⋯ Ⅲ. ①机器人技术–高等学校–教材 Ⅳ. ①TP24

中国版本图书馆 CIP 数据核字(2021)第 218091 号

机械工业出版社(北京市百万庄大街 22 号 邮政编码 100037)
策划编辑:吉 玲 责任编辑:吉 玲
责任校对:潘 蕊 王 延 封面设计:张 静
责任印制:张 博
北京雁林吉兆印刷有限公司印刷
2024 年 12 月第 1 版第 9 次印刷
184mm×260mm・13 印张・330 千字
标准书号:ISBN 978-7-111-69464-9
定价:39.80 元

电话服务 网络服务
客服电话:010-88361066 机 工 官 网:www.cmpbook.com
　　　　　010-88379833 机 工 官 博:weibo.com/cmp1952
　　　　　010-68326294 金 书 网:www.golden-book.com
封底无防伪标均为盗版 机工教育服务网:www.cmpedu.com

前　言

近年来，机器人已在工业、农业、林业、航天航空、服务业等领域广泛应用。随着新一代信息技术的发展，传统制造业面临转型升级，世界各国均在大力推进信息化和工业化的深度融合，机器人也面临进一步智能化的形势。经济发展急需掌握机器人、智能制造等技术的工程技术人员，本书就是在这样的新形势下应运而生的。

机器人集机械、电子、控制、计算机、传感器、人工智能等多学科先进技术于一体，被誉为"制造业皇冠顶端的明珠"，是衡量一个国家创新能力和产业竞争力的重要标志，已成为全球新一轮科技和产业革命的重要切入点。机器人产业具有高技术、高难度、高潜能等高新技术产业所显现的特征，具有新知识、新技术、新工艺、新方法、新产品等特点，将成为国家最重要的经济增长点和最有活力的经济领域。

新工科专业是传统工科专业融合了机器人、智能制造、大数据、云计算、人工智能等新兴技术之后的升级改造，相对于传统的工科人才，未来新兴产业和新经济需要的是实践能力强、创新能力强、具备国际竞争力的高素质复合型新工科人才。机器人工程专业是国家布局的新工科专业，因此本书围绕机器人工程专业以及机械类、控制类专业的培养目标，依据工程教育认证标准、机械类和控制类专业教学质量国家标准和新工科建设的总体要求组织内容，系统地讲解了机器人技术的基本知识、相关理论和技术，展示了各类机器人的应用案例，在保证基础性理论教学的前提下，注重学生的工程实践训练和创新实践训练，融入了机械工程、控制科学与工程两大学科的前沿新技术和应用成果，突出应用性和实用性，旨在使学生从整体上认识和掌握机器人技术的基本内容，提高学习兴趣，培养创新意识和实践能力。

近年来，机器人技术发展迅猛，知识更新快、涉及面广，本书既可作为高等院校机械类、控制类本科专业的教材，也适用于机械工程、控制科学与工程学科的研究生教学，且可供从事机器人相关领域的工程技术人员参考。

本书由南京林业大学刘英、朱银龙担任主编，参加编写的人员有刘英、习爽（第1章），杨雨图、缑斌丽（第2章），朱银龙（第3章），郁毛林（第4章），鄢小安（第5章），谢超（第6章），黄玉萍（第7章），王旭（第8章），刘英、周海燕（第9章）。

由于编写时间紧，加之机器人以及相关学科的迅速发展，特别是计算机软硬件技术的日新月异，书中内容和观点难免存在不足之处，欢迎使用本书的教师、学生和其他读者提出宝贵意见和建议，谢谢！

编　者

目 录

前 言
第1章 概论 ·················· 1
1.1 机器人概述 ················ 1
1.1.1 机器人的定义 ·········· 1
1.1.2 机器人的发展史 ········ 2
1.1.3 机器人的组成与分类 ···· 5
1.1.4 机器人的应用场合 ······ 6
1.2 典型机器人构型 ············ 11
1.2.1 直角坐标机器人 ········ 12
1.2.2 圆柱坐标机器人 ········ 12
1.2.3 极坐标机器人 ·········· 13
1.2.4 SCARA 机器人 ········· 14
1.2.5 关节型机器人 ·········· 15
1.2.6 并联机器人 ············ 15
1.3 机器人的发展趋势 ·········· 16
本章小结 ······················ 17
思考题与习题 ·················· 17
第2章 机器人机构 ············ 18
2.1 工业机器人的结构 ·········· 18
2.1.1 机身 ·················· 18
2.1.2 臂部 ·················· 23
2.1.3 腕部 ·················· 27
2.1.4 末端执行器 ············ 30
2.2 机器人的驱动机构 ·········· 36
2.2.1 驱动方式 ·············· 36
2.2.2 直线驱动机构 ·········· 38
2.2.3 旋转驱动机构 ·········· 39
2.2.4 工业机器人常用的减速器 ·· 41
2.3 工业机器人的技术参数 ······ 44
2.3.1 自由度 ················ 45
2.3.2 作业范围 ·············· 46

2.3.3 工作速度 ·············· 46
2.3.4 承载能力 ·············· 46
2.3.5 定位精度和重复定位精度 · 46
2.3.6 典型机器人的技术参数 ·· 47
2.4 移动机器人的结构 ·········· 48
2.4.1 车轮式行走机构 ········ 49
2.4.2 履带式行走机构 ········ 50
2.4.3 步行机构 ·············· 50
本章小结 ······················ 52
思考题与习题 ·················· 52
第3章 机器人运动学 ·········· 53
3.1 概述 ······················ 53
3.2 物体在空间中的位姿描述 ···· 53
3.3 齐次坐标与齐次坐标变换 ···· 54
3.3.1 齐次坐标 ·············· 54
3.3.2 齐次坐标变换 ·········· 55
3.3.3 齐次坐标变换举例 ······ 56
3.3.4 机器人末端执行器的位姿表示 ··· 59
3.4 变换方程的建立 ············ 60
3.4.1 多级坐标的变换 ········ 60
3.4.2 多种坐标系的变换 ······ 61
3.5 RPY 角与欧拉角 ············ 63
3.5.1 RPY 角（绕固定轴 x、y、z 旋转） ··· 63
3.5.2 欧拉角 ················ 65
3.6 机器人连杆 D-H 参数及其坐标变换 ··· 66
3.6.1 D-H 参数法 ············ 66
3.6.2 连杆坐标系之间的坐标变换 ·· 68
3.7 机器人运动学方程实例 ······ 68
3.7.1 运动学方程建立实例 ···· 69
3.7.2 建立运动学方程的步骤总结 ··· 71

3.8 机器人逆运动学 ································ 72
　　3.8.1 逆运动学的特性 ······················ 72
　　3.8.2 逆运动学求解举例 ··················· 73
本章小结 ·· 75
思考题与习题 ·· 76

第4章 机器人动力学 ···························· 78

4.1 机器人速度分析 ································ 78
　　4.1.1 末端执行器速度与关节速度的关系 ··· 78
　　4.1.2 雅可比矩阵的性质 ··················· 80
　　4.1.3 微分运动的逆运动学 ··············· 81
4.2 牛顿-欧拉动力学方程 ······················ 83
　　4.2.1 基本动力学方程 ······················ 83
　　4.2.2 动力学方程的封闭形式 ··········· 84
　　4.2.3 动力学方程的物理意义 ··········· 86
4.3 机器人动力学的拉格朗日方程 ········ 88
　　4.3.1 拉格朗日动力学 ······················ 88
　　4.3.2 平面机器人动力学 ··················· 89
　　4.3.3 惯性矩阵 ···································· 90
　　4.3.4 广义力 ·· 92
本章小结 ·· 93
思考题与习题 ·· 94

第5章 机器人感知系统 ······················ 96

5.1 机器人传感器概述 ···························· 96
　　5.1.1 机器人传感器的定义 ··············· 96
　　5.1.2 机器人传感器的分类 ··············· 97
　　5.1.3 机器人传感器的性能指标 ······· 98
　　5.1.4 机器人传感器的要求与选择 ··· 100
5.2 机器人内部传感器 ···························· 101
　　5.2.1 位置传感器 ······························· 101
　　5.2.2 速度（角速度）传感器 ··········· 102
　　5.2.3 加速度传感器 ··························· 104
　　5.2.4 倾斜角传感器 ··························· 105
　　5.2.5 力（力矩）传感器 ··················· 105
5.3 机器人外部传感器 ···························· 107
　　5.3.1 视觉传感器 ······························· 107
　　5.3.2 听觉传感器 ······························· 109
　　5.3.3 触觉传感器 ······························· 110
　　5.3.4 接近觉传感器 ··························· 112
　　5.3.5 其他传感器 ······························· 115

5.4 传感器信息融合 ································ 116
　　5.4.1 多传感器信息融合技术 ··········· 116
　　5.4.2 多传感器融合应用实例 ··········· 117
本章小结 ·· 118
思考题与习题 ·· 118

第6章 机器人的常用控制方法 ········ 119

6.1 机器人控制的特点及分类 ················ 119
　　6.1.1 机器人控制的特点 ··················· 119
　　6.1.2 机器人控制的分类 ··················· 120
6.2 机器人的位置控制 ···························· 121
　　6.2.1 基于直流伺服电动机的单关节控制 ··· 122
　　6.2.2 基于交流伺服电动机的单关节控制 ··· 125
　　6.2.3 操作臂的多关节控制 ··············· 127
6.3 机器人的力控制 ································ 130
　　6.3.1 质量-弹簧系统的力控制 ········· 130
　　6.3.2 力/位混合控制 ························· 132
6.4 机器人的现代控制技术 ···················· 134
　　6.4.1 机器人的自适应控制 ··············· 135
　　6.4.2 机器人的滑模变结构控制 ······· 138
6.5 机器人的智能控制技术 ···················· 139
　　6.5.1 机器人的学习控制 ··················· 140
　　6.5.2 机器人的模糊控制 ··················· 142
本章小结 ·· 144
思考题与习题 ·· 144

第7章 工业机器人的轨迹规划 ········ 145

7.1 机器人轨迹规划 ································ 145
　　7.1.1 轨迹规划的一般性问题 ··········· 145
　　7.1.2 轨迹的生成方式 ······················ 146
　　7.1.3 轨迹规划涉及的主要问题 ······· 146
　　7.1.4 关节空间描述与直角坐标空间描述 ··· 147
　　7.1.5 轨迹规划的基本原理 ··············· 147
7.2 关节空间的轨迹规划 ························ 151
　　7.2.1 三次多项式轨迹规划 ··············· 151
　　7.2.2 五次多项式轨迹规划 ··············· 153
　　7.2.3 抛物线过渡的线性运动轨迹 ··· 154
　　7.2.4 具有中间点及用抛物线过渡的线性运动轨迹 ····························· 156

7.2.5 高次多项式运动轨迹 …………… 157
7.2.6 其他轨迹 …………………… 160
7.3 直角坐标空间的轨迹规划 …………… 160
本章小结 …………………………… 164
思考题与习题 ……………………… 164

第 8 章 机器人操作系统及路径规划 … 165
8.1 概述 ……………………………… 165
8.2 机器人操作系统的工作原理 ………… 167
8.3 RVIZ 及机器人仿真 ………………… 170
8.4 机器视觉识别、定位与轨迹规划 …… 173
   8.4.1 机器人视觉识别 …………… 173
   8.4.2 机器人视觉定位 …………… 175
   8.4.3 轨迹规划方法 ……………… 176
   8.4.4 视觉 SLAM 系统的关键问题 …… 179
本章小结 …………………………… 182
思考题与习题 ……………………… 182

第 9 章 机器人应用 ……………… 183
9.1 应用工业机器人必须考虑的因素 …… 183
   9.1.1 机器人的任务估计 ………… 183
   9.1.2 应用机器人三要素 ………… 184
   9.1.3 使用机器人的经验准则 …… 184
   9.1.4 采用机器人的步骤 ………… 184
9.2 工业机器人应用实例 ……………… 185
   9.2.1 工业机器人的特点与分类 … 185
   9.2.2 搬运机器人 ………………… 186
   9.2.3 焊接机器人 ………………… 188
   9.2.4 上下料机器人 ……………… 190
9.3 其他机器人应用实例 ……………… 191
   9.3.1 家政服务机器人 …………… 191
   9.3.2 医疗机器人 ………………… 193
   9.3.3 农业机器人 ………………… 195
本章小结 …………………………… 200
思考题与习题 ……………………… 200

参考文献 …………………………… 201

第 1 章

概　论

导读

　　本章介绍了机器人的定义、发展史、组成、分类及应用场合，引导读者了解机器人在工业、农业、服务业、医疗、国防等领域的应用情况，理解机器人系统的组成，熟悉典型机器人的构型，指出了机器人的发展趋势。

本章知识点

- 机器人的定义
- 机器人的发展史
- 机器人的组成与分类
- 机器人的应用场合
- 典型机器人的构型
- 机器人的发展趋势

1.1　机器人概述

1.1.1　机器人的定义

　　1967 年，日本召开的第一届机器人学术会议上，专家们提出两种具有代表性的机器人定义。森政弘与合田周平提出："机器人是一种具有移动性、个体性、智能性、通用性、半机械半人性、自动性、奴隶性等七个特征的柔性机器"，这个从特征角度描述的定义具有一定代表性。日本科学家加藤一郎提出机器人是具有以下三个条件的机器：

　　1）具有脑、手、脚等三要素的个体。
　　2）具有非接触式传感器（用眼、耳接收远方信息）和接触式传感器。
　　3）具有平衡觉和固有觉的传感器。

　　之后，国际上关于机器人的定义主要有以下几种：

　　美国机器人协会（RIA）定义：机器人是一种用于移动各种材料、零件、工具或专用装置的，通过可编程序动作来执行各种任务的，并具有编程能力的多功能操作机。

　　美国国家标准局（NSB）的定义：机器人是一种能够进行编程并在自动控制下执行某些

操作和移动作业任务的机械装置。

日本工业机器人协会（JIRA）的定义：工业机器人是一种装备有记忆装置和末端执行器的，能够转动并通过自动完成各种移动来代替人类劳动的通用机器。

国际标准化组织（ISO）的定义：

1）机器人的动作机构具有类似于人或其他生物体的某些器官（肢体、感受等）的功能。

2）机器人具有通用性，工作种类多样，动作程序灵活易变。

3）机器人具有不同程度的智能性，如记忆、感知、推理、决策、学习等。

4）机器人具有独立性，完整的机器人系统在工作中可以不依赖于人的干预。

国际机器人联合会（IFR）的定义：机器人是一种半自主或全自主工作的机器，它能完成有益于人类的工作，应用于生产过程称为工业机器人，应用于特殊环境称为专用机器人（特种机器人），应用于家庭或直接服务人称为（家政）服务机器人。

中国科学家的定义：机器人是一种自动化的机器，所不同的是这种机器具备一些与人或生物相似的智能能力，如感知能力、规划能力、动作能力和协同能力，是一种具有高度灵活性的自动化机器。

可见，不同国家、不同研究领域的学者对"机器人"的定义不尽相同，定义的基本原则大体一致，限定范围有所不同，欧美国家的定义限制多一些，日本的定义宽泛一些，目前尚无机器人的统一定义。随着互联网、云计算、大数据、人工智能技术的发展，未来机器人将会涵盖更广泛的概念。

1.1.2 机器人的发展史

现代机器人的研究始于20世纪中期，是继计算机、自动化及原子能快速发展后出现的新一代的生产工具。随着相关自动化技术的发展，为了满足大批量产品制造的迫切要求，数控机床在1952年诞生。而与数控机床有关的控制系统、关键零部件的深入研究也为机器人的研发奠定了基础。

机器人的研发主要经历了三代：第一代机器人（示教再现型机器人）、第二代机器人（带有部分可感知环境装置）和第三代机器人（智能机器人）。

1. 国外机器人的发展

（1）产生阶段（20世纪50年代~70年代）

1954年，美国发明家乔治·德沃尔最早提出了工业机器人的概念，给出了"通用重复操作机器人"的方案，1961年获得了专利。该类型机器人能实现简单的示教再现，即机器人能执行简单重复的生产动作，但每个动作都需要操作人员通过示教盒用程序进行控制，没有对外界进行反馈和判断的能力。

1959年，美国著名机器人专家约瑟夫·恩盖尔伯格成立了Unimation公司，利用乔治·德沃尔的专利，研制出了世界上最早的工业机器人的实用机型（示教再现）"UNIMATE"，开创了机器人发展的新纪元。该类型机器人的控制方式与数控机床类似，但外形上不尽相同，主要由类似于人的手和臂组成。

1967年，机械手研究协会在日本成立，并举办了首届机器人学术会议。同年，日本川崎重工业公司首先从美国引进机器人及技术，建立生产厂房，并于1968年试制出第一台日产UNIMATE机器人。经过短暂的摇篮时期，日本的工业机器人很快进入实用阶段，并由汽车业逐步扩大到其他制造业及非制造业。

1968年，美国斯坦福研究所公布他们研发成功的机器人Shakey，它带有视觉传感器，能根据指令发现并抓取积木，但控制它的计算机有一个房间大小。Shakey可以算是世界上第一台智能机器人，它的出现拉开了第三代机器人研发的序幕。

1969年，日本早稻田大学加藤一郎实验室研发出第一台以双脚走路的机器人。后来更进一步，催生出本田公司的ASIMO和索尼公司的QRIO。

1970年，第一届国际工业机器人学术会议在美国举行。自此以后，机器人的应用领域进一步扩大，为了适应不同的应用场所，各种结构的机器人相继出现，大规模集成电路和计算机技术的快速发展使得机器人的性能不断提高，成本不断下降。

1973年，世界上第一次机器人和小型计算机携手合作，美国Cincinnati Milacron公司的工业机器人T3诞生，它由液压驱动，能提升的有效负载达45kg。

1978年，美国UNIMATION公司推出了PUMA系列工业机器人，它是全电动驱动、关节型结构、多CPU二级微机控制、采用VAL专用语言、可配置视觉和触觉的力感受器，标志着工业机器人技术已经完全成熟。

（2）迅速发展阶段（20世纪80年代~90年代）

1980年被称为日本的"机器人普及元年"，为了缓解市场劳动力严重短缺的境况，日本开始在各个领域推广使用机器人，再加上日本政府的多方面鼓励政策，工业机器人在日本得到了巨大发展，1985年日本FANUC和GMF公司推出了交流伺服驱动的工业机器人产品。

进入20世纪80年代后，除日本外，不同类型的机器人在工业发达国家正式进入了实用化的普及阶段，德国库卡公司推出了KUKA系列机器人，瑞士的ABB公司推出了ABB机器人，法国、意大利、日本共同研制了一种Robokid焊接机器人，丹麦推出了吸尘器机器人Roomba。

美国政府和企业界也开始对机器人真正地重视起来，一方面鼓励工业界发展和应用机器人，另一方面制定计划，加大投资，增加机器人项目的研发经费，美国机器人产业从此迅速发展起来。1986年，美国华人郑元芳博士研制成功两台步行机器人SD-1和SD-2，其中SD-2是美国第一台真正类人的双足步行机器人，可以平地前进、后退、左右侧行和斜坡行走。

（3）智能化阶段（21世纪初至今）

2004年5月，日本发布了"新产业发展战略"，其中包括机器人产业在内的7个产业领域。同时，在进一步实施"新产业发展战略"的"新经济成长战略"报告中也把机器人放在使日本成为"世界技术创新中心"的支柱地位上，并在近两年开始重新审视机器人产业政策。

随着传感器技术和智能技术的发展，各国开始进入智能机器人研究阶段。机器人的视觉、感觉、触觉、力觉、听觉等项目的研究和应用，极大地提高了机器人的适应能力，扩大了机器人的应用范围，加快了机器人的智能化进程。

2010年美国哥伦比亚大学成功研制了一种由DNA分子构成的"纳米蜘蛛"微型机器人，能够跟随DNA的运动轨迹运动。

2011年，日本的FANUC公司研制了R-1000iA机器人。为了减小振动，采用LVC（学习减振装置）对机器人运动轨迹进行优化，实现更为快速的动作。

2013年，Ben Kehoe和Akihiro Matsukawa团队提出了云机器人对象识别抓取引擎，它集成了一个Willow Garage PR2机器人和机载彩色深度相机、专有对象识别引擎、点云库（PCL）来实现三维机器人的抓取。

2018年，Toru Kobayashi等研究者研发了一种面向老年人的社交网络服务（SNS）代理机器人,该机器人可通过现有的 SNS 用于老年人和年轻人之间的交互式通信。

2. 国内机器人的发展

我国机器人的研究开始于 20 世纪 70 年代初,虽然起步较晚但进步较快,已在工业机器人、特种机器人和智能机器人等各个方面取得了明显成就,为我国机器人的后续发展打下了坚实基础。

在 1972 年我国开始研制工业机器人,并经过了数十年的发展,大致可分为 4 个阶段:20 世纪 70 年代的萌芽期、80 年代的开发期、90 年代至 2010 年的初步应用期、2010 年以来的井喷式发展与应用期。随着改革开放和科技的进步,我国越来越重视工业机器人的发展,资助了大量的科研项目,并于"七五"期间将机器人列入国家重点科研规划内容,全面开展了工业机器人基础技术、基础元器件、工业机器人整机及应用工程等方面的开发研究。经过 5 年攻关,完成了示教再现式工业机器人成套技术(包括机械手、控制系统、驱动传动单元、测试系统的设计、制造、应用和小批量生产的工艺技术等)的开发,研制出喷涂、弧焊、点焊和搬运等门类齐全的工业机器人,并具备了小批量生产的能力。

1986 年 3 月,面对世界高技术快速发展、国际竞争日趋激烈的境况,为了"跟踪先进水平,研发水下机器人等极限环境下作业的特种机器人",我国启动实施了"高技术研究发展计划(863 计划)",并将智能机器人列为两大主题之一,该计划的实施提高了我国自主创新能力。在 20 世纪 90 年代中期,国家选择了焊接机器人的工程应用为重点进行开发研究,迅速掌握了焊接机器人应用工程成套开发、关键设备制造、工程配套、现场运行等技术。20 世纪 90 年代后半期至 21 世纪前几年,实现了国产机器人的商品化和工业机器人的推广应用,为机器人产业化奠定了基础。

在水下机器人领域,以沈阳自动化所领衔研制的 6000m 级自主水下机器人——CR-01 分别于 1995 年、1997 年两次赴太平洋开展调查工作,获得了大量海底多金属结核录像、照片及声图资料,为开辟深海资源勘查提供了重要的依据,它的成功,使我国成了当时世界上少数几个拥有 6000m 级水下机器人的国家之一。2011 年 7 月 26 日,我国研制的深海载人潜水器"蛟龙号"成功潜至海面以下 5188m,标志着我国已经进入载人深潜技术的全球先进国家之列。2012 年 6 月 24 日,我国研制的深海载人潜水器"蛟龙号"成功下潜至 7020m,标志着我国成为世界上第 2 个深海载人潜水器下潜到 7000m 以下的国家,达到国际先进水平。2020 年 6 月 10 日,中国首台作业型全海深自主遥控潜水器"海斗一号",下潜深度 10907m,在马里亚纳海沟成功完成首次万米海试与试验性应用任务后载誉归来,这标志着中国无人潜水器技术跨入了一个可覆盖全海深探测与作业的新时代。

在空间机器人领域,我国对无人飞行系统和月球车的研究成果也十分可观。我国研发的月球车"玉兔号"是一种典型的空间机器人,2013 年 12 月 2 日,我国成功地将由着陆器和"玉兔号"月球车组成的"嫦娥三号"探测器送入轨道。12 月 15 日,"嫦娥三号"着陆器与巡视器分离,"玉兔号"巡视器顺利驶抵月球表面,同日完成"玉兔号"围绕"嫦娥三号"旋转拍照,并传回照片,这标志着我国探月工程获得阶段性的重大成果。2020 年 7 月 23 日,在中国文昌航天发射场由长征五号遥四运载火箭发射升空。2021 年 4 月 24 日,2021 中国航天日开幕启动仪式在江苏南京举行。中国首辆火星车命名为"祝融号",火神祝融登陆火星的意思。5 月 17 日,祝融号火星车首次通过环绕器传回遥测数据。5 月 22 日 10 时 40 分,"祝融号"火星车已安全驶离着陆平台,到达火星表面,开始巡视探测。

"十三五"期间,围绕实现制造强国的战略目标,国务院于 2015 年发布了《中国制造

2025》,明确制造业强国的五大工程和十大领域。智能制造工程作为五大工程之一,成为国家全力打造制造强国的重要抓手。

机器人主要应用于汽车、电子电气、金属加工、塑料橡胶等行业。截止到2019年年底,我国已经成为世界最大的机器人市场,2019年我国工业机器人新安装量为14.05万台,2019年工业机器人密度为187台/万工人,高于全球平均水平,但仍然低于很多发达国家和部分发展中国家,机器人需求仍有巨大的潜力空间。例如,相比新加坡918台/万工人、韩国855台/万工人、德国346台/万工人、日本364台/万工人的机器人使用密度,我国还有数倍的市场需求潜力空间。

1.1.3 机器人的组成与分类

1. 机器人的组成

机器人主要由三大部分六个子系统组成。三大部分是机械部分、传感部分和控制部分。六个子系统是驱动系统、机械系统、感知系统、机器人-环境交互系统、人机交互系统和控制系统,如图1-1所示。机械部分是机器人的本体,由机械系统和驱动系统组成。机械系统即操作机或执行机构系统,由一系列连杆、关节或其他形式的运动副组成,机器人的驱动系统根据驱动源的不同,分为电动、液压、气动三种以及把它们结合起来应用的综合系统。控制部分由控制系统和人机交互系统组成,控制系统根据机器人的作业指令程序以及从传感器反馈回来的信号,支配机器人的执行机构完成规定的动作与功能。传感部分由感知系统和机器人-环境交互系统组成,感知系统由内部传感器和外部传感器模块组成,获取内部和外部环境状态中有益的信息。机器人-环境交互系统是实现机器人与外部环境中的设备相互联系和协调的系统,工业机器人与外部设备可集成为一个功能单元,如加工制造单元、装配单元、焊接单元等。

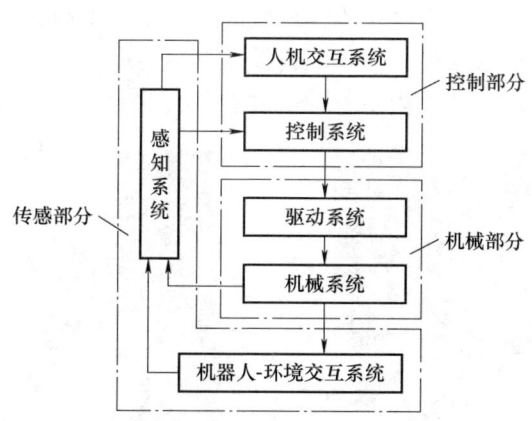

图1-1 机器人的基本组成

2. 机器人的分类

按照机械结构分类,机器人分为串联机器人和并联机器人。

按照控制方式分类,机器人分为操作型机器人、程序控制型机器人、示教再现型机器人、数控型机器人、感觉控制型机器人、适应控制型机器人和智能机器人等。

按照运动形式分类,机器人分为直角坐标机器人、圆柱坐标机器人、球(极)坐标机器人、平面双关节型机器人和关节型机器人。

按照作业空间来分类,机器人分为室内/室外移动机器人、水下机器人和空间机器人。

按照移动性来分类，机器人分为不可移动式机器人（固定式）、半移动式机器人（机器人整体固定在某个位置，只有部分可移动，如机械手）和移动机器人。

按照应用环境分类，国际上通常将机器人分为工业机器人和服务机器人两大类。服务机器人包含个人/家庭服务机器人和专业领域服务机器人，服务机器人的应用范围很广，主要从事维护保养、修理、运输、清洗、保安、救援、监护等工作，有医疗机器人、军用机器人、管道检测机器人、个人/家庭服务机器人、物流机器人等。我国的机器人专家将机器人分为工业机器人和特种机器人两大类，工业机器人是面向工业领域的多关节机械手或多自由度机器人，特种机器人是用于非制造业并服务于人类的各种先进机器人。

1.1.4 机器人的应用场合

经过数十年的发展，机器人已经广泛应用于工业、农业、服务业、医疗、国防等领域，下面根据我国机器人专家对机器人的分类，主要介绍工业机器人和特种机器人的应用。

1. 工业机器人的应用

工业机器人是在确定环境中自动完成规定动作的机器人，主要用于工业生产。工业机器人可应用于焊接、喷涂、搬运和装配等方面。焊接机器人具有通用性强、工作可靠的优点，它可以提高生产率，改善劳动条件，稳定和保证焊接质量，实现小批量生产的焊接自动化。

喷涂机器人具有柔性大，喷涂质量和材料使用率高，易于操作和维护等特点，已广泛应用于汽车整车及其零部件、电子产品、家具的自动喷涂，如图1-2所示。搬运机器人可安装不同的末端执行器以抓握住各种不同形状的工件，被广泛应用于机床和冲压机上下料。装配机器人是柔性自动化装配系统的核心设备，由机器人操作机、控制器、末端执行器和传感系统组成。常用的装配机器人主要有可编程通用装配机械手和平面关节型机器人两种类型，如图1-3所示。与一般工业机器人相比，装配机器人具有精度高、柔顺性好、工作范围小、能与其他系统配套使用等特点，主要用于各种电器制造行业。

图1-2 喷涂机器人

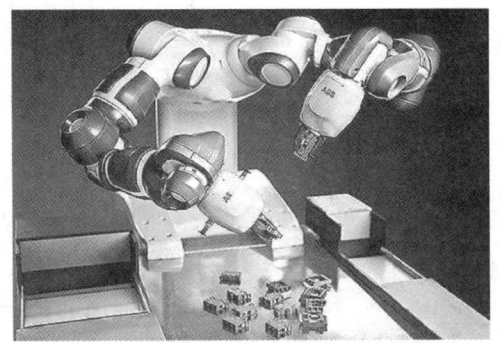

图1-3 装配机器人

2. 特种机器人的应用

特种机器人是除工业机器人之外的、用于非制造业并服务于人类的各种机器人的总称。我国《国家中长期科学和技术发展规划纲要（2006—2020年）》中有这样的描述："智能服务机器人是在非结构环境下为人类提供必要服务的多种高技术集成的智能化装备。与结构化环境作业下的工业机器人相比，特种机器人与环境的交互作用更加复杂，控制更加困难，要求的智能程度更高"。

(1) 空间机器人

从广义上说，一切航天器都可以称为空间机器人，如宇宙飞船、航天飞机和空间站等。从狭义上说，空间机器人是指用于开发太空资源、空间建设和维修、协助空间生产和科学实验、星际探索的带有一定智能的各种机械手、探测小车等，如图1-4和图1-5所示。

图1-4 嫦娥四号着陆器

图1-5 玉兔二号月球车

(2) 水下机器人

水下机器人是指在水下作业的机器人，具有足够的抗压能力和密封性，可实现有人或无人操作，如图1-6和图1-7所示。根据控制机器人的脐带电缆的有无，可将无人水下机器人分为缆控水下机器人（ROV）和无缆水下机器人（AUV）。缆控水下机器人又可根据作业方式分为浮游、游弋、爬行、附着四种类型，主要有美国研制的世界上第一台ROV CURV1和我国的"海人二号"。而无缆水下机器人则是一种非常适合海底搜索、调查和识别的既经济又安全的工具。与有缆水下机器人相比，它具有活动范围大、潜水深、不怕电缆缠绕、可进入复杂结构、无需水面支持系统、占用甲板面积小、运行和维护费用低等优点，美国华盛顿大学建造了第一艘无缆水下机器人——SPURV。

图1-6 ROV CURV1

图1-7 蛟龙号深潜器

(3) 军用机器人

军用机器人是为满足各种国防和军事需求而设计的机器人。它的活动范围可以是空中、地面和水下。

1) 地面军用机器人。地面军用机器人主要是指在地面上使用的军用机器人系统。它们不仅在和平时期可以帮助民警排除炸弹、完成要地保安任务，而且在战时还可以代替士兵执行扫雷、侦察、巡逻和攻击等各种任务，因此功能更加多样化，主要有作战机器人、排雷机器人、机器人哨兵等，如图1-8和图1-9所示。

图1-8 "魔爪"军用机器人

图1-9 iRobot排雷机器人

2）空中军用机器人。空中军用机器人又叫无人机，它们不仅仅是侦察平台，在某些情况下，可以执行空运、远程打击，甚至是空对空战斗任务，如美国的全球鹰无人机（图1-10）、德国研制的战术无人机、北京航空航天大学研制的低空飞行机器人、中国航空工业集团公司研制的云影无人机（图1-11）等。

图1-10 全球鹰无人机

图1-11 中国云影无人机

（4）警用机器人

为了区别军用机器人，将消防、防爆、保安等警用机器人单独归为一类，如图1-12和图1-13所示。

图1-12 消防灭火机器人

图1-13 "灵蜥-h"型反恐防暴机器人

1）消防机器人。消防机器人在灭火和抢险救援中发挥着举足轻重的作用,能代替消防救援人员进入易燃、易爆、有毒、缺氧、浓烟等危险灾害事故现场进行数据采集、处理、反馈,如弗吉尼亚理工学院设计的 CHARLI-2 消防机器人和国内的火凤凰水力型消防灭火机器人。

2）防爆机器人。防爆机器人装有摄像云台、照明和语音设备,并具有抓取、销毁爆炸物等功能。它们可广泛应用于公安、铁路、军事等涉及危险、恶劣和有害环境的部门,代替人完成多种作业,如中国科学院沈阳自动化研究所研制的"灵蜥-h"型反恐防暴机器人。

3）保安机器人。保安机器人集安防技术、移动机器人技术和信息技术为一体,除具有服务机器人的移动、避障、语音及多媒体等基本功能外,还增加了红外线、温度、烟雾、可燃气体、门磁、摄像等多路信息采集和无线发送等功能,如图 1-14 所示。

图 1-14 保安机器人

（5）医用机器人

医用机器人是指辅助或者代替人类医生进行医疗诊断及护理的机器人。医用机器人有多种类型,如外科机器人、康复与护理机器人、无损伤诊断与检测微小型机器人和为残疾人服务的机器人等。

1）护理和救护机器人。日本开发的名为 TEMLX2 的机器人,是专为护理老年患者而设计的,如图 1-15 所示。TEMLX2 机器人可以扶老人起床,还能按时给老人送饭、喂饭。它的主要工作是帮助卧床老人做全身尤其是腿部运动。当把它的几只"手"套在老人的膝盖、小腿和脚踝上后,就能根据设定的程序搬动老人的腿,进行锻炼。

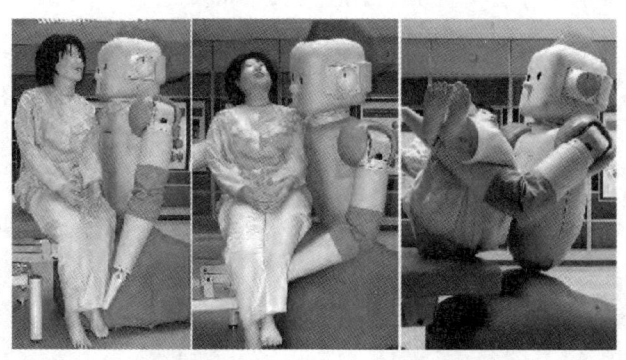

图 1-15 TEMLX2 护理机器人

2）战地救护机器人。为减少战斗人员伤亡,美军正在研发一种遥控式机器人,在战场上执行救护伤兵或营救遭绑架士兵等任务。这种机器人全名为"战场救助员机器人",代号为"熊"。"泰迪熊"机器人能够怀抱受伤士兵,在崎岖不平的地带通行无阻,也能顺利穿过建筑物大门。它单手就能举起 135kg 的重物。其最主要的任务是救护受伤士兵,如图 1-16 所示。

3）网络手术机器人。由美国国家航空和航天局（NASA）设计的"达·芬奇"机器人，如图1-17所示，使外科医生得以更精确、更轻松地实施腹腔镜手术，可将切口做得更小，从而减少患者痛苦，加速康复。另外，医生通过三维目镜可更好地监测手术过程。

图1-16 "泰迪熊"机器人

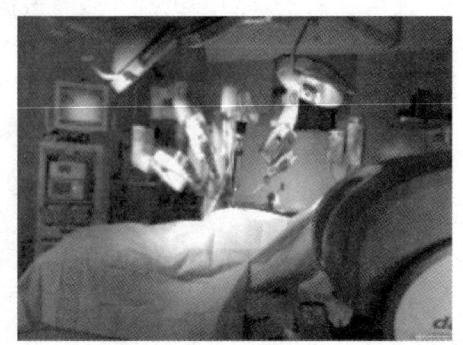

图1-17 "达·芬奇"机器人

（6）服务机器人

服务机器人是指以服务为核心的自主或半自主机器人，它能完成有益于人类健康的服务工作。其应用范围广泛。

1）扫雪机器人。日本研发了一种新型机器人名叫Yuki-taro（雪太郎），如图1-18所示。它是专门为扫雪而开发的自主式机器人，能够将面前的雪吸入体内并将它们压成"雪砖"。它是依靠全球定位系统（GPS）并具有自动导航功能的机器人扫雪车，装有用于避开障碍物的"眼睛"——两个摄像机以及一个完整的雪块制造机。

2）迎宾、导览、讲解机器人。中国科学院自动化研究所研制的迎宾、导览、讲解机器人，具有十四个以上的自由度和逼真的表情，结合国内领先的语音识别系统，可以完成非特定人机对话、导览、讲解、迎宾等任务，如图1-19所示。

图1-18 Yuki-taro扫雪机器人

图1-19 小鲁班迎宾机器人

3）烹饪机器人。世界上第一台全部由我国自主研发、设计的烹饪机器人——"爱可"，只要输入程序和材料，它就可以做出上百种不同的菜肴，它还可以按要求制作出符合个人口味的佳肴，如图1-20所示。

4）面部按摩机器人。日本早稻田大学研发了用于医疗按摩的机器人。这个机器人可以用按摩为患有下颌错位、口腔干燥、吞咽困难等病症的患者进行治疗。

5）娱乐机器人。娱乐机器人是指能让人们感到有趣、开心和好玩并能够提供文化娱乐服务的机器人，如日本试制出的能识别脸形和声音的家用娱乐机器人 BN-7 和日本公司推出的世界上最小、可批量生产、双脚步行的人形机器人 I·SOBOT，如图 1-21 所示。

图 1-20　爱可烹饪机器人

图 1-21　I·SOBOT 机器人

（7）农业机器人

农业机器人是一种以农产品为操作对象、兼有人类部分信息感知和四肢行动功能、可重复编程的柔性自动化或半自动化设备。它能减轻劳动强度，解决劳动力不足，提高劳动生产率和作业质量，防止农药、化肥等对人体的伤害。图 1-22 所示为日本国家农业和食品研究所发明的能够采摘草莓的机器人。该机器人装有一组摄像头，能够精确捕捉草莓的位置，还有配套软件能根据草莓的红色程度来确保机器人采摘的是成熟的草莓。图 1-23 所示为澳大利亚发明的牧羊犬机器人，它能在农场上代替传统的放牧劳力。

图 1-22　摘草莓机器人

图 1-23　牧羊犬机器人

1.2　典型机器人构型

通常将机身、臂部、手腕和末端执行器称为机器人的操作臂，它由一系列的连杆通过关节顺序相连而成。关节决定了两相邻连杆之间的连接关系，也称为运动副。机器人最常用的两种关节是移动关节（prismatic joint）和回转关节（revolute joint），通常用 P 表示移动关节，用 R 表示回转关节。

刚体在三维空间中有六个自由度，显然，机器人要完成空间作业，也需要有六个自由度。机器人的运动由臂部和手腕的运动组合而成。通常臂部有三个关节，用于改变手腕参考点的位置，称为定位机构；手腕部分也有三个关节，通常这三个关节的轴线相互垂直相交，用来改变末端操作器的姿态，称为定向机构。整个操作臂可以看成是由定位机构连接定向机构而构成的。

机器人臂部三个关节的种类决定了操作臂作业范围的形式。按照臂部关节沿坐标轴的运动形式，即按 P 和 R 的不同组合，可将机器人分为直角坐标机器人、圆柱坐标机器人、极坐标机器人、关节型机器人和 SCARA 机器人等五种类型，同时也有杆件和关节采用并联方式进行连接的并联机器人。机器人的结构形式由用途决定，即由其所完成工作的性质决定。

1.2.1 直角坐标机器人

直角坐标机器人（cartesian coordinates robot）关节配置是 PPP 结构型式，如图 1-24 所示。各关节之间的运动相互独立，关节轴线互相垂直，其运动轨迹都是直线，控制比较简单。这种机械结构刚性好、无耦合、定位精度高，缺点是占空间、工作范围有限、惯性大。

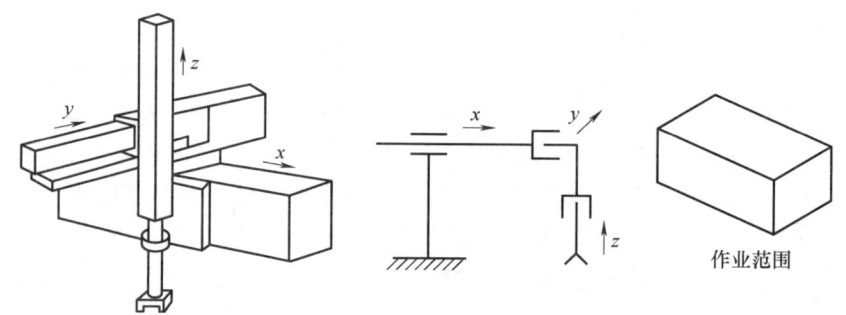

图 1-24 直角坐标机器人结构及作业范围

直角坐标机器人又称为笛卡儿坐标机器人，具有三条相互垂直的线性移动关节，其工作空间为长方体。此类型机器人在作业过程中可以从其坐标轴上直接将各个轴向的移动距离读出来，直观性强，易于位姿的编程计算且定位精度高，但机器人本体的体积较大，且其灵活性较差，适用于大负载搬送。

图 1-25 所示为阿尔帕 ALPHA 机器人（深圳）有限公司生产的标准型直角坐标机器人。

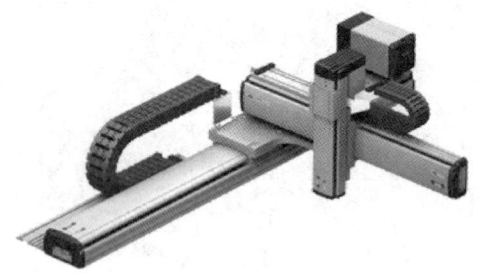

图 1-25 标准型直角坐标机器人

1.2.2 圆柱坐标机器人

圆柱坐标机器人（cylindrical coordinates robot）关节配置是 RPP 结构型式，如图 1-26 所示。旋转关节结合平移关节使末端执行器的运动范围为圆柱面，通过第二个平移关节改变圆柱面的半径，这种结构紧凑，减小了运动惯量，相比直角坐标机器人，其动力学特性有所改善，缺点是手臂不能到达底端，工作范围有所减小。

圆柱坐标机器人具有三个自由度，由一个转动关节和两个移动关节所组成，其工作空间为圆柱体。此类型机器人与直角坐标机器人相比，其机体本身所占空间范围小，且可操作的作业空间范围比较大，在相同的工作空间条件下具有明显的优势。

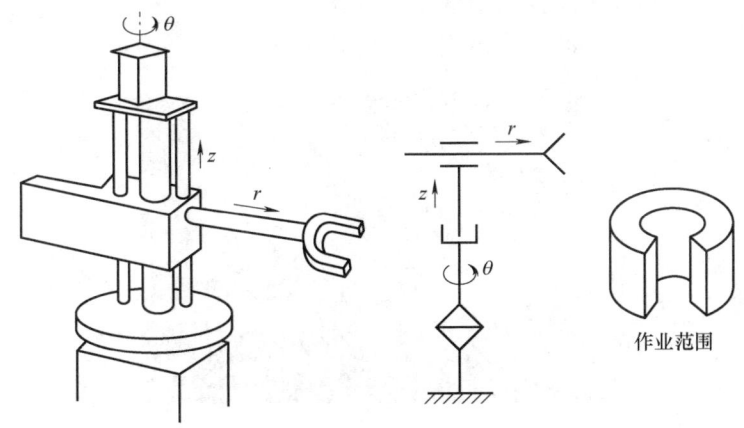

图 1-26　圆柱坐标机器人结构及作业范围

图 1-27 所示为智能摆臂冲压圆柱坐标机器人。

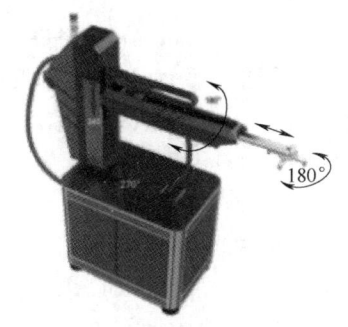

图 1-27　智能摆臂冲压圆柱坐标机器人

1.2.3　极坐标机器人

极坐标机器人（polar coordinates robot）关节配置是 RRP 结构型式，如图 1-28 所示。两个旋转关节使末端执行器的运动范围为球面，通过平移关节可以改变球面半径。这种结构型

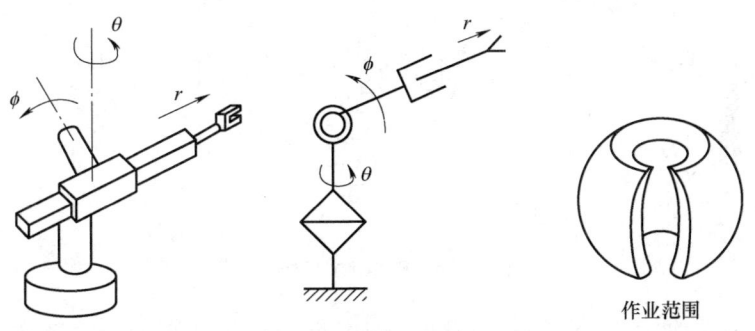

图 1-28　极坐标机器人结构及作业范围

式的运动控制不复杂，相比直角坐标系运动更灵活，但存在移动关节防护困难的问题。

极坐标机器人又称为球坐标机器人，具有一个直线移动关节和两个转动关节，机器人的整体运动由一个回转运动、一个俯仰运动和一个伸缩运动合成，其工作空间为一个球体。极坐标机器人具有结构紧凑、工作空间大等优点，可以做上下俯仰运动并能够抓取较低位置或地面上的对象，但其结构复杂，控制精度要求较高。

图 1-29 所示为美国 Unimation 公司生产的极坐标机器人。

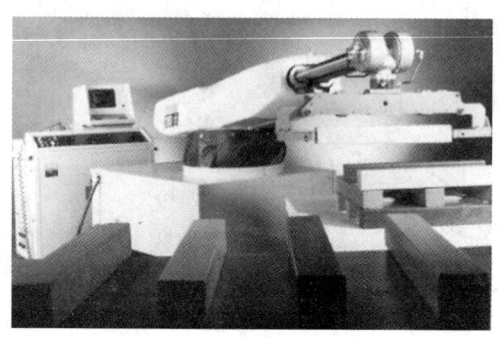

图 1-29 极坐标机器人

1.2.4 SCARA 机器人

SCARA 是 selective compliance assembly robot arm 的缩写，意思是一种应用于装配作业的机器人手臂。它有三个旋转关节，最适用于平面定位。中文名称为"选择顺应性装配机器手臂"，是一种圆柱坐标型的特殊类型的工业机器人。1978 年，日本山梨大学牧野洋发明了 SCARA，该机器人具有四个轴和四个运动自由度（包括沿 x、y、z 轴方向的平移和绕 z 轴的旋转自由度）。

SCARA 机器人具有两个并联的旋转关节，可以使机器人在水平面上运动，此外再用一个附加的滑动关节做垂直运动，如图 1-30a 所示。SCARA 机器人常用于装配作业，最显著的特点是它们在 xy 平面上的运动具有较大的柔性，而在沿 z 轴运动时具有很强的刚性，所以它具有选择性的柔性。这在装配作业中是很重要的。

SCARA 机器人

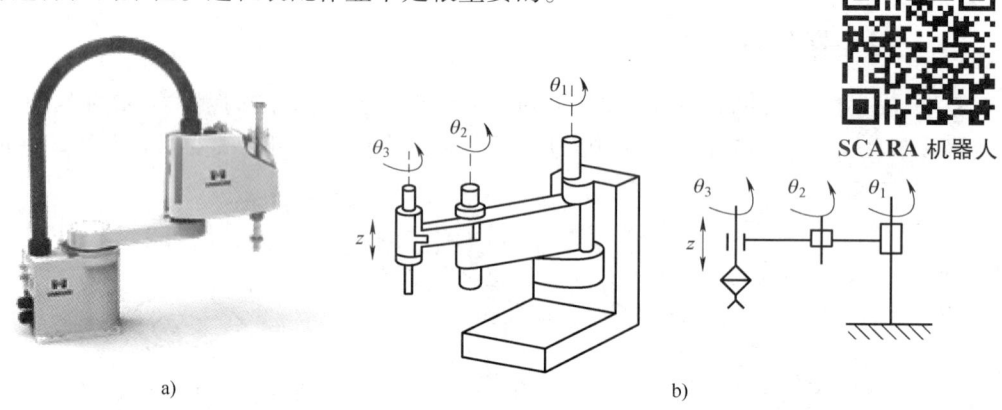

图 1-30 SCARA 机器人

SCARA 机器人的轴线相互平行，可在平面内进行定位和定向。它还有一个移动关节，用于完成手爪在垂直于平面方向上的运动,如图 1-30b 所示。手腕中心的位置由两个转动关节的角度 θ_1 和 θ_2 及移动关节的位移 z 决定,手爪的方向由转动关节的角度 θ_3 决定。该类机器人的特点是在垂直平面内具有很好的刚度,在水平面内具有较好的柔顺性,且动作灵活、速度快、定位精度高。例如,美国的 ADEPT 公司生产的 Adept 1 型 SCARA 机器人运动速度可达 10m/s,比一般关节型机器人快数倍。SCARA 机器人最适宜于平面定位,以及在垂直方向上进行装配,所以又称为装配机器人。

1.2.5 关节型机器人

关节型机器人(articulated robot)由立柱、大臂和小臂组成。其具有拟人的机械结构,即大臂与立柱构成肩关节,大臂与小臂构成肘关节。它具有三个转动关节(3R),可进一步分为一个转动关节和两个俯仰关节,作业范围为空心球体形状,如图 1-31 所示。该类机器人的特点是作业范围大、动作灵活、能抓取靠近机身的物体;运动直观性差,要得到高定位精度困难。该类机器人由于灵活性高,应用最为广泛。PUMA 机器人是该类机器人的典型代表。

关节型机器人关节配置是 RRR 结构型式,主要由旋转关节和回转关节组成,类似于人的手臂,由腰关节、肩关节和肘关节等部分组成。这种型式结构紧凑、运动灵活、工作空间大、占地面积小,但是坐标计算困难,控制复杂,刚度和精度无法保证。

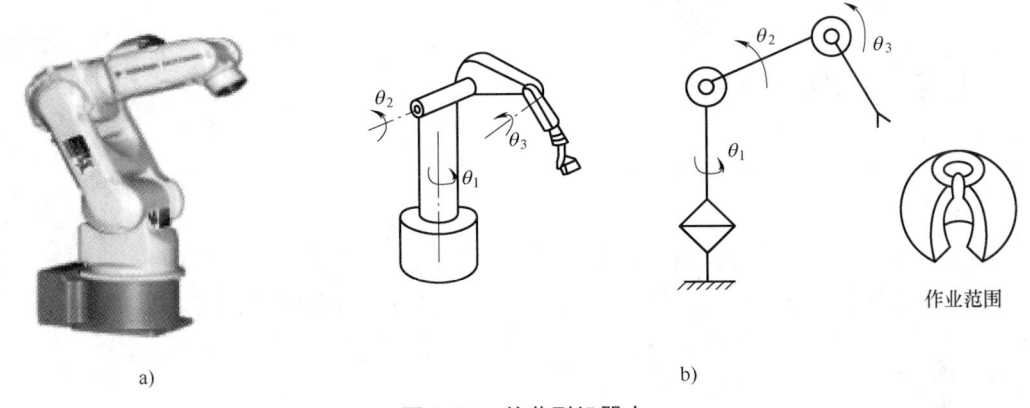

图 1-31 关节型机器人

1.2.6 并联机器人

并联机器人(parallel robot)是指运动平台和基座间至少由两根活动连杆连接,具有两个或两个以上自由度的闭环结构机器人。并联机器人的杆件和关节是采用并联方式进行连接(闭链式)的。并联机器人的并联布置类型可分为 Stewart 平台型和 Stewart 变异结构型两种。

1965 年,英国高级工程师 Stewart 对 Gough 发明的一种并联机构的六自由度轮胎检测装置进行了机构学意义上的研究,并将其推广应用到飞行模拟器的运动平台上,这种机构也是目前应用最广的并联机构,被称为 Gough-Stewart 机构或 Stewart 机构。如图 1-32 所示,Stewart 机构可作为六自由度的闭链操作臂,运动平台(上平台)的位置和姿态由六个直线液压缸的行程长度决定,液压缸的一端与基座(下平台)由二自由度的万向联轴器(胡克铰)相连,另一端(连杆)由三自由度的球-套关节(球铰)与运动平台相连。

1978 年,澳大利亚著名机构学教授 Hunt 提出把六自由度的 Stewart 机构作为机器人机构;1985 年,法国克拉维尔(Clavel)教授设计出了一种简单、实用的并联机构——Delta

并联机器人，从此并联机器人技术得到推广与应用，Delta 并联机器人被称为"最成功的并联机器人设计"。Delta 并联机器人是一种高速、轻载的并联机器人，通常具有三个或四个自由度，可以实现在工作空间中沿 x、y、z 轴方向的平移及绕 z 轴的旋转运动。Delta 并联机器人的驱动电动机安装在固定基座上，可大大减少机器人运动过程中的惯量。机器人在运动过程中可以实现快速加、减速，最快抓取速度可达 2~4 次/s。配备视觉定位识别系统，精度可达 ±0.1mm。图 1-33 所示为 Adept 公司生产的 Delta 并联机器人。

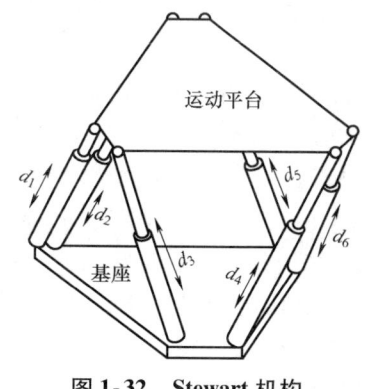

图 1-32 Stewart 机构

图 1-33 Delta 并联机器人

1.3 机器人的发展趋势

机器人的发展趋势主要有以下几方面：

1. 高性能

Delta 机器人

机器人正向着高速度、高精度、高可靠性、便于操作和维修等方向发展，单机价格不断下降。大力研制高精度驱动器、高精度减速器、末端执行器等关键零部件，以提高机器人的定位精度、运动速度、控制系统的性能，从而确保机器人的可靠性和稳定性。

2. 模块化、可重构的结构

工业机器人关节模块中的伺服电动机、减速器、检测系统已实现三位一体化。关节模块、连杆模块可通过重组方式构造机器人整机，国外已有模块化装配的工业机器人产品。

当前，我国在工业机器人生产的核心组件研发技术上，亟需实现突破。因此，为降低工业机器人的生产成本，提高工业机器人的使用功能，应逐步将研发技术面向 RV 减速器、高精度伺服技术等，逐步降低控制器等核心组件在领域生产中的分散局面，进一步推进核心零部件的创新研发与应用。

3. 智能化

近些年来，人工智能一直是技术热点，许多基于人工智能研发的智能语音交互系统已经量产。未来，人工智能技术在机器人上的应用将会越来越多，结合人工智能技术、人工神经网络技术、计算机技术、专家系统技术等新兴技术的机器人将拥有更强大的计算能力、更先进的深度学习能力、更智能的人机交互能力。多机器人协作与通信、多智能体的群体感知与学习、群体行为的控制等是目前机器人的研究热点。

4. 柔性化

所谓柔性化包含两个方面，一方面是围绕机器人的仿生研究，另一方面是发展机器人的柔性结构。目前，世界上的前沿技术都在围绕这种仿生学展开研究，研究各种动物的运动方式和运动步态，并以此应用到机器人技术上，使机器人运动更加灵敏，降低能耗。此外，市场上现有的工业机器人，因为其自由度的限制而存在很大的工作盲区，进而导致工作效率不足，加工方式受限，然而，柔性化关节没有工作盲区，而且在重载的生产环境中可以缓解冲击，从而减小工作误差。

5. 网络化

控制系统向着标准化、网络化、开放型的控制器方向发展，不断提高器件集成度。互联网与5G技术为机器人的发展带来了福音。智能制造、智慧工厂需要使用云平台进行数据传输与控制，众多机器人通过网络在无人系统、无人作业、空地天协同作业等方面发挥着重要作用。

6. 多传感器融合

机器人的传感器可分为检测机器人自身状态的内部传感器和检测机器人相关环境的外部传感器。内部传感器用来检测机器人关节运动的速度、加速度、力和力矩。视觉传感器、接近觉传感器、力传感器、触觉传感器等，用来采集外部环境的信息，多传感器的融合可以大大提升机器人的性能，扩大应用范围。

本章小结

本章给出了机器人的定义，介绍了机器人的发展史、组成与分类、应用场合和典型机器人的构型，最后阐述了机器人的发展趋势。

思考题与习题

1-1　机器人有哪几种分类方法？是否还有其他的分类方法？

1-2　机器人的发展和应用，对社会产生了何种正面和负面作用？试从社会、经济和人民生活等方面加以阐述。

第 2 章 机器人机构

导读

机械系统是机器人的支承基础和执行机构,机械系统设计是机器人设计的一个重要内容,其结果直接决定机器人工作性能的好坏。不同应用领域的机器人在机械系统设计上的差异较大,使用要求是机器人机械系统设计的出发点。

本章主要阐述机器人总体设计、驱动机构、常用减速器、机身和臂部设计、腕部设计、末端执行器设计,对移动机器人的行走机构设计等方面的内容进行介绍,并着重对当前流行的六自由度关节型机器人的电动机布置方案、关节布置特点进行详细介绍与总结。

本章知识点

- 工业机器人机身、臂部、腕部和末端执行器设计
- 工业机器人驱动机构选型与设计
- 工业机器人的主要技术参数
- 移动机器人的结构

2.1 工业机器人的结构

工业机器人机械系统由机身、臂部、腕部、末端执行器组成,当工作空间很大时,还需要配合适当的移动装置。臂部、腕部由驱动系统通过传动机构带动,以实现机器人末端执行器在空间中所要求的位置和姿态。由于机器人系统自由度数目多,其机械系统的结构是比较复杂的,下面分别介绍工业机器人的机身、臂部、腕部以及末端执行器的结构特点和设计方法。

2.1.1 机身

工业机器人必须有一个便于安装的基础件,即机器人的机座,机座往往与机身做成一体。机座必须具有足够的刚度和稳定性,主要有固定式和移动式两种。采用移动式机座可以扩大机器人的工作范围。机座可以安装在小车或导轨上。图 2-1 所示为一个具有小车行走机构的工业机器人。图 2-2 所示为一个具有导轨行走机构的工业机器人。

1. 机座设计要求

1) 机座要有足够大的安装基面,以保证机器人工作时的稳定性。

2）机座承受机器人全部重力和工作载荷，应保证足够的强度、刚度和承载能力。

3）机座轴系及传动链的精度和刚度对末端执行器的运动精度影响较大。因此，机座与臂部的连接要有可靠的定位基准面，要有调整轴承间隙和传动间隙的调整机构。

 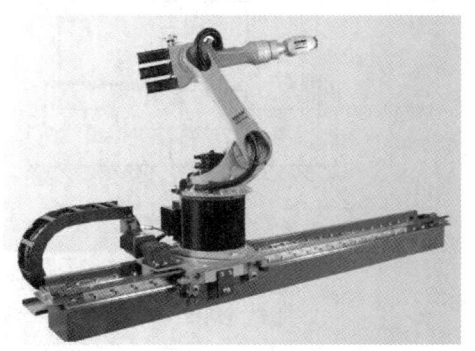

图 2-1　具有小车行走机构的工业机器人　　　　图 2-2　具有导轨行走机构的工业机器人

2. 机身典型结构

机身和臂部相连，机身支承臂部，臂部又支撑腕部和末端执行器。机身一般用于实现升降、回转和俯仰等运动，常有 1~3 个自由度。

圆柱坐标机器人的回转与升降这两个自由度归属于机身；球（极）坐标机器人的回转与俯仰这两个自由度归属于机身；关节型机器人的腰部回转自由度归属于机身；直角坐标机器人的升降或水平移动自由度有时也归属于机身。

（1）关节型机器人机身的典型结构

关节型机器人机身只有一个回转自由度，即腰部的回转运动。腰部要支承整个机身绕机座进行旋转，在机器人六个关节中受力最大，也最复杂，既承受很大的轴向力、径向力，又承受倾覆力矩。按照驱动电动机旋转轴线与减速器旋转轴线是否在一条线上的标准进行分类，腰部关节电动机有同轴式与偏置式两种布置方案，如图 2-3a、b 所示。

图 2-3a 所示的同轴式布置方案多用于小型机器人，而图 2-3b 所示的偏置式布置方案多用于中、大型机器人。关节多采用高刚度和高精度的 RV 减速器传动，RV 减速器内部有一对径向推力球轴承可承受机器人的倾覆力矩，能够在无机座轴承时满足抗倾覆力矩的要求，故可取消机座轴承。机器人腰部回转精度靠 RV 减速器的回转精度保证。

腰部驱动电动机多采用立式倒立安装。在图 2-3a 中，驱动电动机 1 的输出轴与减速器 4 的输入轴通过联轴器 3 相连，减速器 4 输出轴法兰与机座 6 相连并固定，这样减速器 4 的外壳将旋转，带动安装在减速器外壳上的腰部 5 绕机座 6 做旋转运动。

在图 2-3b 中，从重力平衡的角度考虑，驱动电动机 1 与机器人大臂 2 相对安装，驱动电动机 1 通过一对外啮合齿轮 7 做一级减速运动，把运动传递给减速器 4，工作原理与图 2-3a 所示结构相同。

对于中、大型机器人，为方便走线，常采用中空型 RV 减速器，其典型使用案例如图 2-4 所示。驱动电动机 1 的轴齿轮与 RV 减速器输入端的中空齿轮 3 相啮合，实现一级减速；RV 减速器 4 的输出轴固定在机座 5 上。减速器的外壳旋转实现二级减速，带动安装于其上的机身做旋转运动。

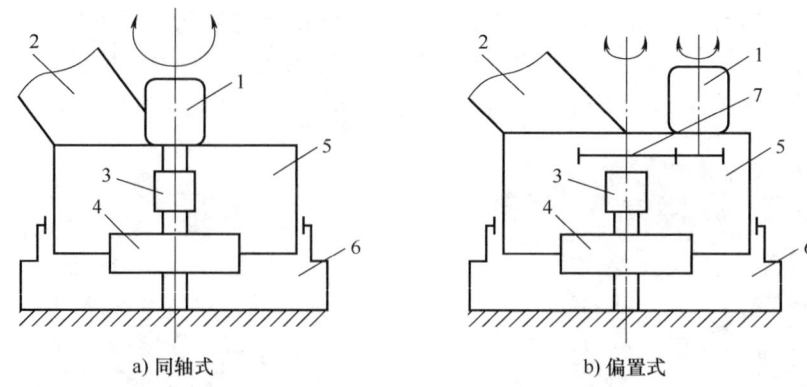

a) 同轴式　　　　　　　　　　b) 偏置式

图 2-3　腰部关节电动机的布置方案
1—驱动电动机　2—大臂　3—联轴器　4—减速器　5—腰部　6—机座　7—齿轮

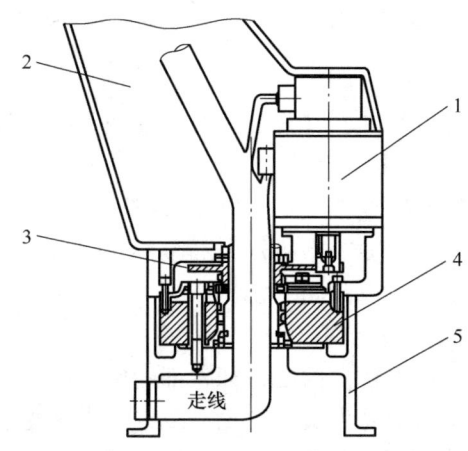

图 2-4　腰部使用中空型 RV 减速器的驱动方案
1—驱动电动机　2—大臂　3—中空齿轮　4—RV 减速器　5—机座

（2）液压（气压）驱动的机身典型结构

圆柱坐标机器人机身具有回转与升降两个自由度，升降运动通常采用液压缸来实现，回转运动可采用以下几种驱动方案来实现。

1) 采用摆动液压缸驱动，升降液压缸在下，回转液压缸在上。因摆动液压缸安置在升降活塞杆的上方，故升降液压缸的活塞杆的尺寸要加大。

2) 采用摆动液压缸驱动，回转液压缸在下，升降液压缸在上，相比之下，回转液压缸的驱动力矩要设计得大一些。

3) 采用链条链轮传动机构。链条链轮传动可将链条的直线运动变为链轮的回转运动，它的回转角度可大于360°。图2-5a 所示为采用单杆活塞气缸驱动链条链轮传动机构实现机身回转运动的原理图。此外，也有用双杆活塞气缸驱动链条链轮回转的，如图2-5b 所示。

球（极）坐标机器人机身具有回转与俯仰两个自由度，回转运动的实现方式与圆柱坐标机器人机身相同，而俯仰运动一般采用液压（气压）缸与连杆机构来实现。臂部俯仰运动用的液压缸位于臂部的下方，其活塞杆和臂部用铰链连接，缸体采用尾部耳环或中部销轴等方式与机身连接，如图2-6 所示。此外，有时也采用无杆活塞缸驱动齿条齿轮成四连杆机构实现臂部的俯仰运动。

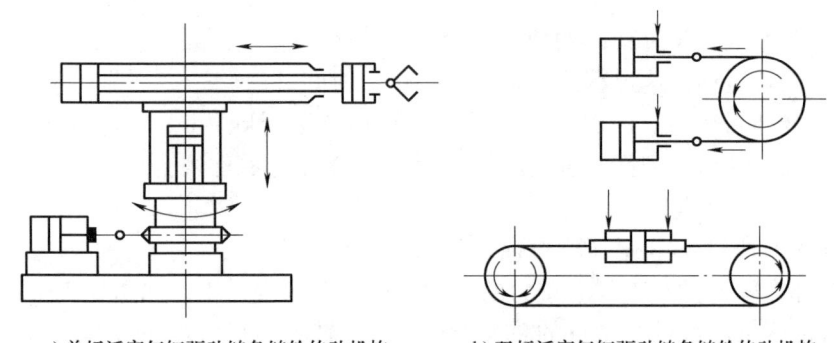

a) 单杆活塞气缸驱动链条链轮传动机构　　b) 双杆活塞气缸驱动链条链轮传动机构

图 2-5　利用链条链轮传动机构实现机身回转运动

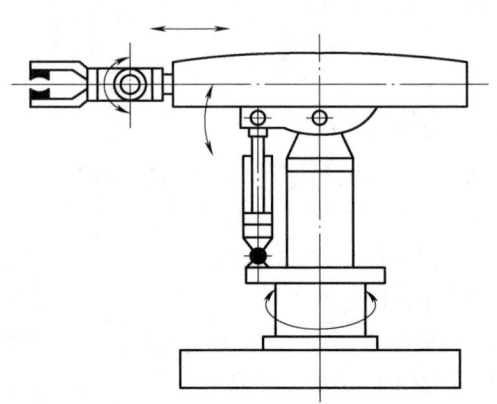

图 2-6　球（极）坐标机器人机身

3. 机身驱动力与力矩的计算

（1）竖直升降运动驱动力的计算

机身做竖直运动时，除需克服摩擦力之外，还需克服其上运动部件的重力和其支承的臂部、腕部、末端执行器及工件的总重力 G 及升降运动的全部部件惯性力，故其驱动力 F_q 可按下式计算：

$$F_q = F_m + F_g \pm G \tag{2-1}$$

式中　F_m——各支承处的摩擦力（N）；

　　　F_g——启动时的总惯性力（N）；

　　　G——运动部件的总重力（N）。

式（2-1）中的正、负号，上升时取为正，下降时取为负。

（2）回转运动驱动力矩的计算

回转运动的驱动力矩只包括两项：回转部件的总摩擦力矩和机身上运动部件与其支承的臂部、腕部、末端执行器及工件的总惯性力矩，故驱动力矩 M_q 可按下式计算：

$$M_q = M_m + M_g \tag{2-2}$$

式中　M_m——总摩擦阻力矩（N·m）；

　　　M_g——各回转运动部件的总惯性力矩（N·m），且

$$M_g = J_O \frac{\Delta\omega}{\Delta t} \tag{2-3}$$

式中 $\Delta\omega$——升速或制动过程中的角速度增量（rad/s）；

Δt——回转运动升速过程或制动过程经历的时间（s）；

J_O——全部回转零部件对机身回转轴的转动惯量（kg·m²），如果零件轮廓尺寸不大，其重心到回转轴的距离较远，一般可将零件视为质点来计算它对回转轴的转动惯量。

(3) 升降立柱下降不卡死（不自锁）的条件计算

机器人臂部在零部件与工件总重力的作用下有一个偏重力矩，如图 2-7 所示。所谓偏重力矩，是指臂部全部零部件与工件的总重力对机身回转轴的静力矩 M，其计算公式为

$$M = GL \tag{2-4}$$

式中 G——零部件及工件的总重力（N）；

L——偏重力臂，其大小按下式计算，即

$$L = \frac{\sum G_i L_i}{\sum G_i} \tag{2-5}$$

式中 G_i——零部件及工件的重力（N）；

L_i——零部件及工件的重心到机身回转轴的距离（m）。

各零部件的重力可根据其结构形状和材料密度进行粗略计算。由于大多数零部件采用对称形状的结构，其重心位置就在几何截面的几何中心上。因此，根据静力学原理可求出由臂部零部件工件结构的重心至机身立柱轴的距离，即偏重力臂，如图 2-7 所示。

当臂部悬伸行程最大时，其偏重力矩最大，故偏重力矩应按悬伸行程最大且握重最大时计算。

机器人臂部立柱支承导向套中有阻止臂部倾斜的力矩，显然偏重力矩对升降运动的灵活性有很大影响。偏重力矩过大，会使支承导向套与立柱之间的摩擦力过大，从而出现卡死现象，此时必须增大升降驱动力，因此，会导致相应的驱动及传动装置的结构庞大。如果依靠自重下降，则立柱可能卡

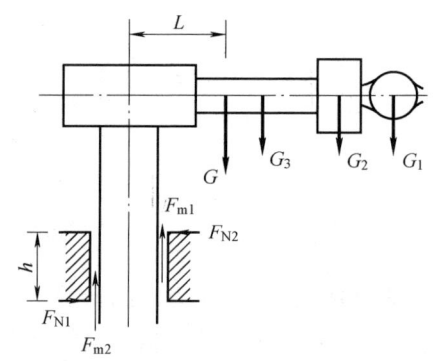

图 2-7 机器人臂部的偏重力矩

死在导向套内而不能做下降运动，这就是自锁。故必须根据偏重力矩的大小确定立柱导向套的长度。根据升降立柱的平衡条件可知

$$F_{N1} h = GL \tag{2-6}$$

所以

$$F_{N1} = F_{N2} = G \frac{L}{h} \tag{2-7}$$

要使升降立柱在导套内自由下降，臂部总重力 G 必须大于导套与立柱之间的摩擦力 F_{m1}、F_{m2} 之和，因此，升降立柱依靠自重下降而不引起卡死的条件为

$$G > F_{m1} + F_{m2} = 2F_{N1} f = 2 \frac{L}{h} Gf \tag{2-8}$$

即

$$h > 2fL \tag{2-9}$$

式中 h——导向套的长度（m）；

f——导向套与立柱之间的摩擦因数，$f = 0.015 \sim 0.1$，一般取较大值；

L——偏重力臂（m）。

假如立柱升降都是依靠驱动力进行的，则不存在立柱自锁（卡死）条件。

4. 设计机身时要注意的问题

工业机器人要完成特定的任务，如抓、放工件等，就需要有一定的灵活性和准确性。机身需支承机器人的臂部、末端执行器及所握持物体的重量，因此，设计机身时应注意以下几个方面的问题：

1）机身要有足够的刚度、强度和稳定性。

2）机身运动要灵活，用于实现升降运动的导向套长度不宜过短，以避免发生卡死现象。

3）机身驱动方式要适宜。

4）机身结构布置要合理。

2.1.2 臂部

工业机器人的臂部由大臂、小臂（或多臂）所组成，一般具有两个自由度，可以是伸缩、回转、俯仰或升降。臂部总重量较大，受力一般较复杂。在运动时，直接承受腕部、末端执行器和工件（或工具）的静、动载荷，尤其在高速运动时，将产生较大的惯性力（或惯性力矩），引起冲击，影响定位的准确性。臂部是工业机器人的主要执行部件，其作用是支承末端执行器和腕部，并改变末端执行器的空间位置。

臂部运动部分零件的重量直接影响臂部结构的刚度和强度，工业机器人的臂部一般与控制系统和驱动系统一起安装在机身（即机座）上，机身可以是固定式的，也可以是移动式的。

1. 臂部设计的基本要求

臂部的结构型式必须根据机器人的运动形式、抓取动作自由度、运动精度等因素来确定。同时，设计时必须考虑到臂部的受力情况、液压（气压）缸及导向装置的布置、内部管路与腕部的连接形式等因素。因此，设计臂部时一般要注意下述要求：

1）臂部应具有足够的承载能力和刚度。臂部在工作中相当于一个悬臂梁，如果刚度差，会引起其在竖直面内的弯曲变形和侧向扭转变形，从而导致臂部产生颤动，影响臂部在工作中允许承受的载荷大小、运动的平稳性、运动速度和定位精度等，以致无法工作。为防止臂部在运动过程中产生过大的变形，臂部的截面形状要合理选择。由材料力学知识可知，工字形截面构件的弯曲刚度一般比圆截面构件的大，空心轴的弯曲刚度和扭转刚度都比实心轴的大得多，所以常用工字钢和槽钢做支承板，用钢管做臂杆及导向杆。

2）导向性要好。为了使臂部在直线移动过程中不致发生相对转动，以保证末端执行器的方向正确，应设置导向装置或设计方形、花键等形式的臂杆。导向装置的具体结构型式一般应根据载荷大小、手臂长度、行程以及臂部的安装形式等因素来决定。导轨的长度不宜小于其间距的两倍，以保证导向性良好。

3）重量和转动惯量要小。为提高机器人的运动速度，要尽量减轻臂部运动部分的重量，以减小整个臂部对回转轴的转动惯量。另外，应注意减小偏重力矩，偏重力矩过大，易使臂部在升降时发生卡死或爬行现象，因此应注意减小偏重力矩。

通过以下方法可以减小或消除偏重力矩：①尽量减轻臂部运动部分的重量；②使臂部的重心与立柱中心尽量靠近；③采取配重措施。

4）运动要平稳、定位精度要高。运动平稳性和重复定位精度是衡量机器人性能的重要指标，影响这些指标的主要因素有：①惯性冲击；②定位方法；③结构刚度；④控制及驱动系统等。

臂部运动速度越高，由惯性力引起的定位前的冲击就越大，不仅会使运动不平稳，而且会使定位精度不高。因此，除了要力求臂部结构紧凑、重量轻外，还要采取一定的缓冲措施。

工业机器人常用的缓冲装置有弹性缓冲元件、液压（气压）缸端部缓冲装置、缓冲回路和液压缓冲器等。按照它们在机器人或在机械手结构中位置的不同，可以分为内部缓冲装置和外部缓冲装置两类。在驱动系统内设置的缓冲部件属于内部缓冲装置，液压（气压）缸端部节流缓冲环节与缓冲回路均属于此类。弹性缓冲部件和液压缓冲器一般设置在驱动系统之外，故属于外部缓冲装置。内部缓冲装置具有结构简单、紧凑等优点，但其安装位置受到限制；外部缓冲装置具有安装简便、灵活、容易调整等优点，但其体积较大。

2. 关节型机器人臂部的典型结构

关节型机器人的臂部由大臂和小臂组成，大臂与机身相连的关节称为肩关节，大臂和小臂相连的关节称为肘关节。

（1）肩关节电动机布置

肩关节要承受大臂、小臂、末端执行器的重量和载荷，受到很大的力矩作用，同时承受来自平衡装置的弯矩，应具有较高的运动精度和刚度，多采用高刚度的 RV 减速器传动。按照电动机旋转轴线与减速器旋转轴线是否在一条线上，肩关节、肘关节电动机布置方案也可分为同轴式与偏置式两种。

图 2-8 所示为肩关节电动机布置方案，电动机和减速器均安装在机身上。图 2-8a 中，肩关节电动机 1 与减速器 2 同轴相连，减速器 2 输出轴带动大臂 3 实现旋转运动，多用于小型机器人；图 2-8b 中，肩关节电动机 1 轴与减速器 2 轴偏置相连，肩关节电动机通过一对外啮合齿轮 5 做一级减速，把运动传递给减速器 2，减速器输出轴带动大臂 3 实现旋转运动，多用于中、大型机器人。图 2-8c 所示为同轴式布置肩关节实物。

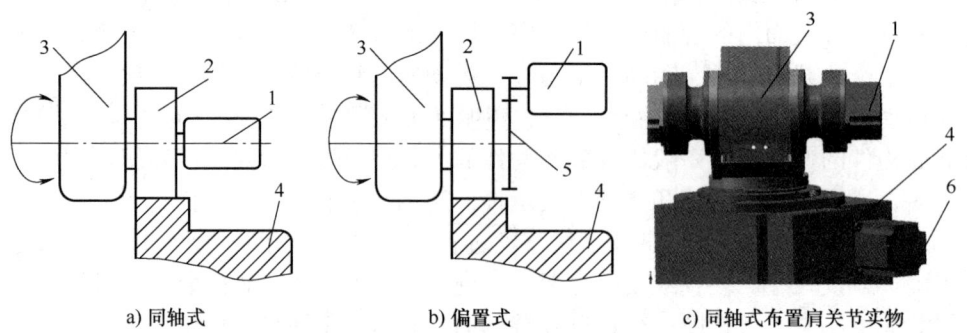

图 2-8　肩关节电动机布置方案

1—肩关节电动机　2—减速器　3—大臂　4—机身　5—齿轮　6—腰关节电动机

（2）肘关节电动机布置

肘关节要承受小臂、末端执行器的重量和载荷，受到很大的力矩作用。肘关节也应具有较高的运动精度和刚度，多采用高刚度的 RV 减速器传动。按照电动机旋转轴线与减速器旋转轴线是否在一条线上，肘关节电动机布置方案也可分为同轴式与偏置式两种。

图 2-9 所示为肘关节电动机布置方案，电动机和减速器均安装在小臂上。图 2-9a 中，肘关节电动机 1 与减速器 3 同轴相连，减速器 3 的输出轴固定在大臂 4 上端，减速器 3 的外壳旋转带动小臂 2 做上下摆动，该方案多用于小型机器人；图 2-9b 中，肘关节电动机 1 与减速器 3 偏置相连，肘关节电动机 1 通过一对外啮合齿轮 5 做一级减速，把运动传递给减速器 3。由于减速器 3 输出轴固定于大臂 4 上，所以外壳将旋转，带动安装于其上的小臂 2 做相对于大臂 4 的俯仰运动。该方案多用于中、大型机器人。图 2-9c 所示为同轴式布置肘关节实物。

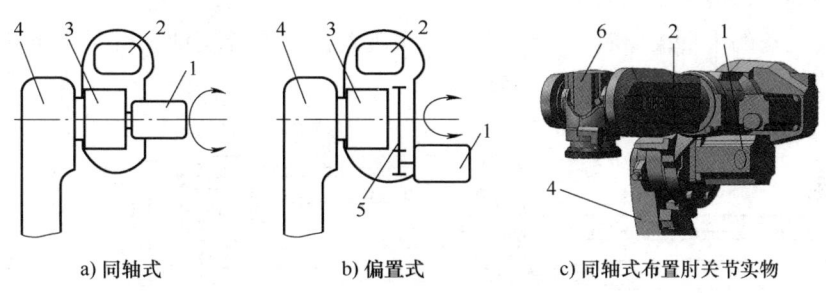

a) 同轴式　　　　b) 偏置式　　　　c) 同轴式布置肘关节实物

图 2-9　肘关节电动机布置方案

1—肘关节电动机　2—小臂　3—减速器　4—大臂　5—齿轮　6—腕关节电动机

对于中、大型机器人，为方便走线，肘关节也常采用中空型 RV 减速器，其典型使用案例如图 2-10 所示。驱动电动机 1 的轴齿轮与 RV 减速器 4 输入端的中空齿轮 3 相啮合，实现一级减速，RV 减速器 4 的输出轴固定在大臂 5 的上端，RV 减速器的外壳旋转实现二级减速，带动安装于其上的小臂 2 相对大臂 5 做俯仰运动。

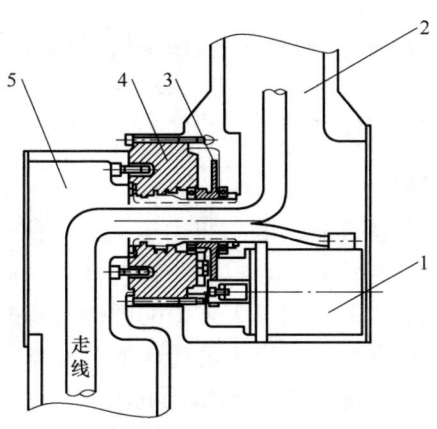

图 2-10　肘关节使用中空型 RV 减速器驱动案例

1—驱动电动机　2—小臂　3—中空齿轮　4—RV 减速器　5—大臂

3. 液压驱动圆柱坐标机器人臂部的结构

图 2-11 所示为一具有臂部的伸缩、回转和升降三个运动（自由度）的圆柱坐标机器人臂部。臂部伸缩运动由液压缸 2 驱动，活塞杆 1 固定不动，采用燕尾形导轨 5 导向，刚度大，工作平稳。臂部回转运动采用摆动液压马达 11 驱动，摆动液压马达的输出轴上安装有行星齿轮 9，固定齿圈（太阳轮）7 与中间支座 6 固连，摆动液压马达固定在臂部支架 4 上。当摆动液压马达动片转动时，行星齿轮 9 绕自身轴线转动（自转）的同时，还带动臂部支架一起绕中间支座回转（公转）。利用挡块 8 和行程开关 10 进行定位。其运动计算公式为

$$\phi_4 = \phi_9 \frac{z_9}{z_9 + z_7} \tag{2-10}$$

式中 ϕ_4——臂部回转角；

ϕ_9——行星齿轮 9 的自转角（即摆动液压马达动片的转角）；

z_9——行星齿轮 9 的齿数；

z_7——固定齿圈 7 的齿数。

在中间支座 6 的下面配置有升降液压缸，实现臂部的升降运动，臂部支架 4 的前端配置有腕部和末端执行器（图 2-11 中均未画出）。

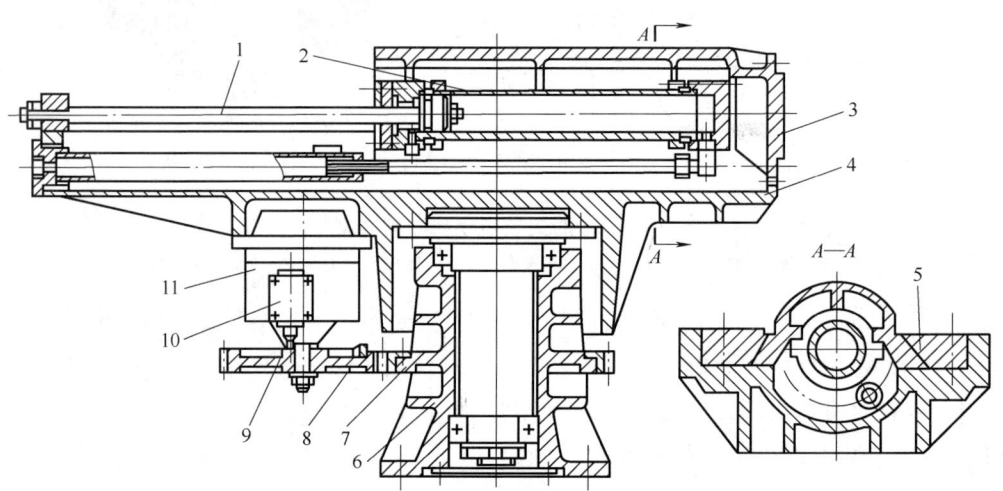

图 2-11 液压驱动圆柱坐标机器人臂部

1—活塞杆 2—液压缸 3—臂部 4—臂部支架 5—燕尾形导轨 6—中间支座
7—固定齿圈 8—挡块 9—行星齿轮 10—行程开关 11—摆动液压马达

4. PUMA 机器人臂部的结构

PUMA 机器人是直流伺服电动机驱动的六自由度关节型机器人。如图 2-12 所示，其大臂和小臂是用高强度铝合金材料制成的薄壁框形结构，其运动都采用齿轮传动，传动刚性较大。驱动大臂的传动机构如图 2-12a 所示，大臂 1 的驱动电动机 7 安置在大臂的后端（兼起配重平衡作用），运动经驱动电动机轴上的小锥齿轮 6、大锥齿轮 5 和一对圆柱齿轮 2、3，驱动大臂轴做转动 θ_2。偏心套 4 用来调整齿轮传动间隙。

图 2-12b 所示为驱动小臂 17 的传动机构。驱动装置安装在大臂 10 的框形臂架上，驱动电动机 11 也安置在大臂的后端，经驱动轴 12，锥齿轮 9、8，圆柱齿轮 14、15，驱动小臂轴做转动 θ_3。偏心套 13 和 16 分别用来调整锥齿轮传动和圆柱齿轮传动间隙。

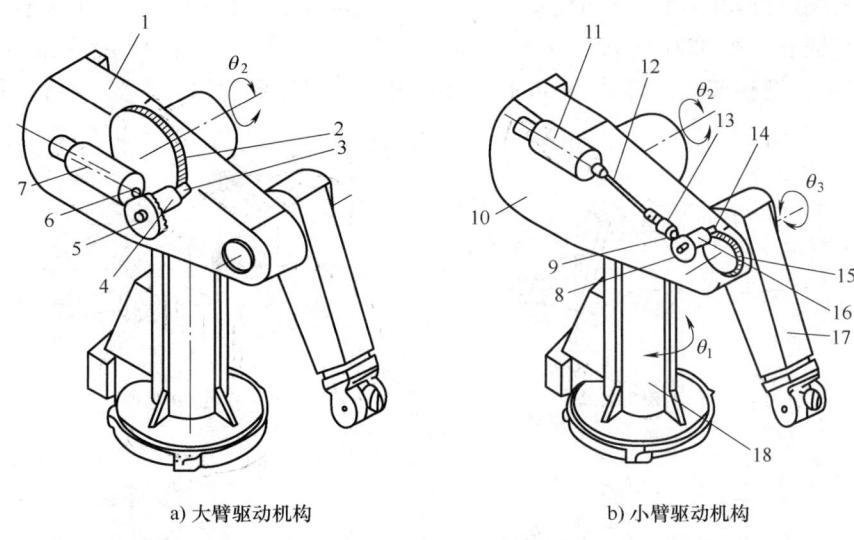

a) 大臂驱动机构　　　　　　　b) 小臂驱动机构

图 2-12　PUMA 机器人臂部的结构

1、10—大臂　2、3、14、15—圆柱齿轮　4、13、16—偏心套　5—大锥齿轮　6—小锥齿轮
7、11—驱动电动机　8、9—锥齿轮　12—驱动轴　17—小臂　18—机座

其机座的回转运动 θ_1，则是经齿轮 5、4、3 和 1，由伺服电动机 6 来驱动的，偏心套 2 用来调整齿轮传动间隙，如图 2-13 所示。

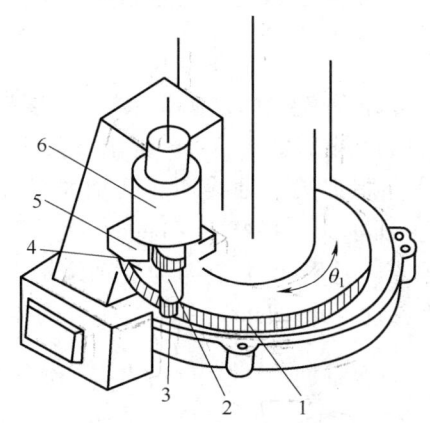

图 2-13　PUMA 机器人机座的结构

1、3、4、5—齿轮　2—偏心套　6—伺服电动机

2.1.3　腕部

1. 腕部的作用、自由度与分类

（1）腕部的作用与自由度

工业机器人的腕部是连接末端执行器与臂部的部件，起支承末端执行器的作用。机器人一般要具有六个自由度才能使末端执行器达到目标位置和处于期望的姿态，腕部的自由度主要用来实现所期望的姿态。

为了使末端执行器能处于空间任意方向，要求腕部能实现绕空间三个坐标轴 x、y、z 的转动，即具有回转、俯仰和偏转三个自由度，如图 2-14 所示。通常，把腕部的回转称为 roll，用 R 表示，把腕部的俯仰称为 pitch，用 P 表示；把腕部的偏转称为 yaw，用 Y 表示。

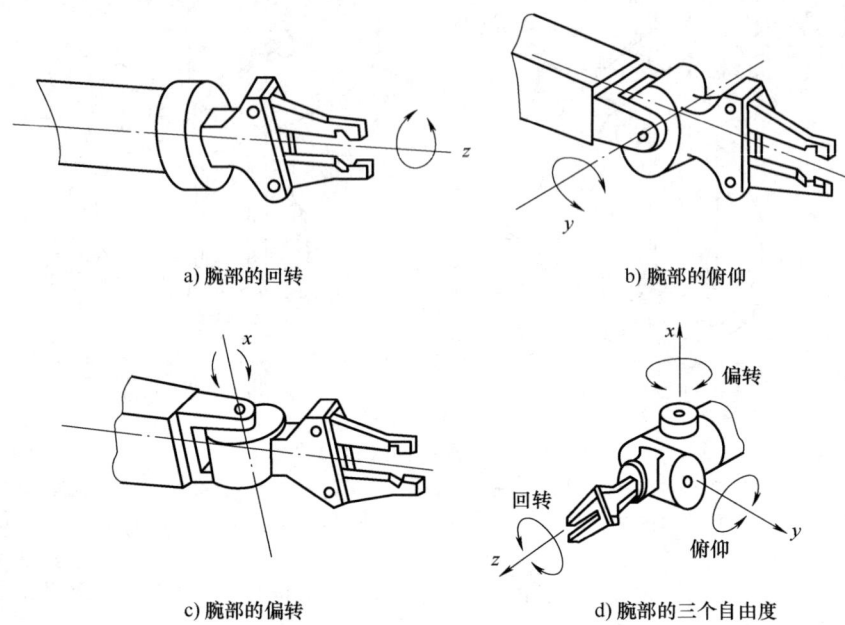

图 2-14 腕部的自由度

（2）腕部的分类

根据腕部的自由度数目，可分为单自由度腕部、二自由度腕部、三自由度腕部等。

1）单自由度腕部。单自由度腕部如图 2-15 所示。其中，图 2-15a 所示为一种回转（roll）关节，它使臂部纵轴线和腕部关节轴线构成共轴线形式，这种 R 关节旋转角度大，可达到 360°以上。图 2-15b、c 所示为一种弯曲（bend）关节，也称为 B 关节，关节轴线与前、后两个连接件的轴线相垂直。这种 B 关节因为受到结构上的干涉，旋转角度小，方向角大大受限。图 2-15d 所示为移动（translate）关节，也称为 T 关节。

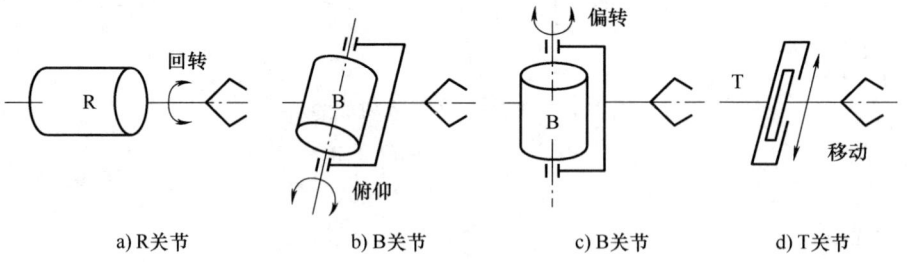

图 2-15 单自由度腕部

2）二自由度腕部。二自由度腕部如图 2-16 所示。二自由度腕部可以是由一个 B 关节和一个 R 关节组成的 BR 腕部（图 2-16a），也可以是由两个 B 关节组成的 BB 腕部（图 2-16b）。但是，不能是由两个 R 关节组成 RR 腕部，因为两个 R 关节共轴线，所以退化了一个自由度，实际只构成单自由度腕部（图 2-16c）。二自由度腕部中最常用的是 BR 腕部。

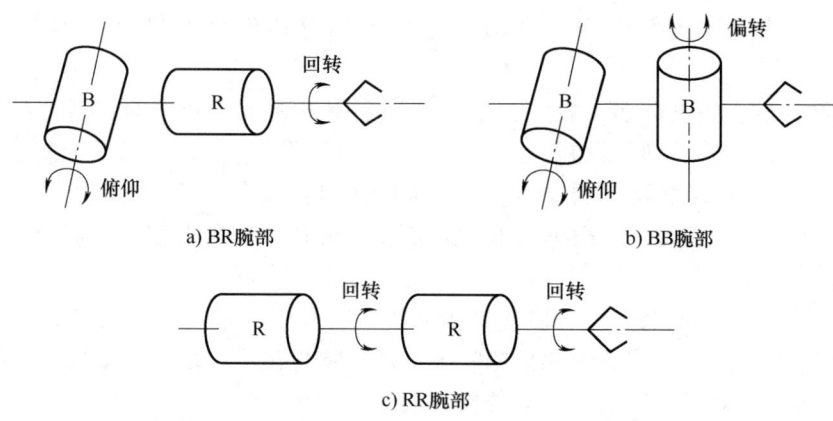

a) BR腕部

b) BB腕部

c) RR腕部

图 2-16 二自由度腕部

3）三自由度腕部。三自由度腕部可以是由 B 关节和 R 关节组成的多种形式的腕部，但在实际应用中，常用的只有 BBR、RRR、BRR 和 RBR 四种形式的腕部，如图 2-17 所示。PUMA 262 机器人的腕部采用的是 RRR 结构型式，MOTOMAN Sv3 机器人的腕部采用的是 RBR 结构型式。

RRR 结构型式的腕部主要用于喷涂作业；RBR 结构型式的腕部具有三条轴线相交于一点的结构特点，又称欧拉腕部，其运动学的求解简单，是一种主流的机器人腕部结构。

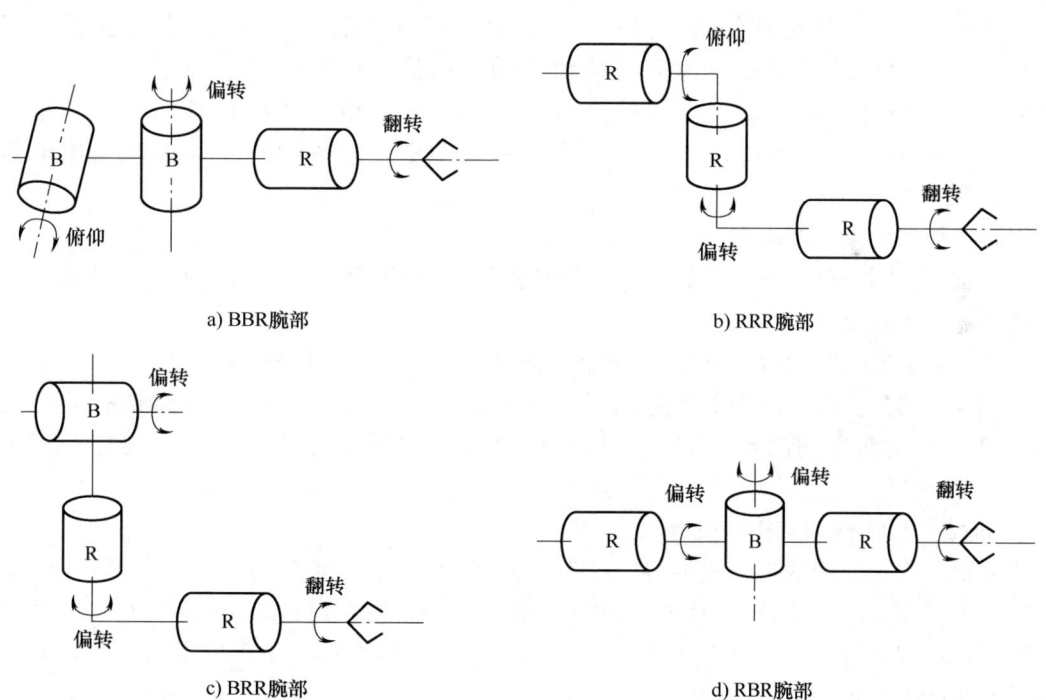

a) BBR腕部

b) RRR腕部

c) BRR腕部

d) RBR腕部

图 2-17 三自由度腕部的四种结构型式组合

2. 设计要求

工业机器人腕部的设计要求如下：

1）由于腕部处于臂部末端，为减轻臂部的载荷，应力求腕部部件的结构紧凑，减小其质量和体积。为此，腕部机构的驱动装置多采用分离传动，将驱动器安置在臂部的后端。

2) 腕部部件的自由度越多，各关节角的运动范围越大，其动作的灵活性越高，机器人对作业的适应能力也越强。但增加腕部自由度，会使腕部结构复杂，运动控制难度加大。因此，设计时，不应盲目增加腕部的自由度数。通用的机器人多配置三自由度腕部，某些动作简单的专用工业机器人的腕部，根据作业实际需要，可减少其自由度数，甚至可以不设置腕部，以简化结构。

3) 为提高腕部动作的精确性，应提高传动的刚度，应尽量减少机械传动系统中由于间隙产生的反转回差。如齿轮传动中的齿侧间隙、丝杠螺母传动中的传动间隙、联轴器的扭转间隙等。对分离传动采用链传动、同步带传动或传动轴传动。

4) 对腕部回转各关节轴上要设置限位开关和机械挡块，以防止关节超限造成事故。

2.1.4 末端执行器

1. 分类和设计要求

机器人是一种通用性较强的自动化作业设备，末端执行器则是直接执行作业任务的装置。大多数末端执行器的结构和尺寸都是根据其不同作业任务要求来设计的，从而形成了多种多样的结构型式。根据其用途和结构的不同，可以分为机械式夹持器、吸附式末端执行器和专用工具（如焊枪、喷嘴、电磨头等）三类。它安装在操作机腕部（如果配置有腕部）或臂部的机械接口上。多数情况下末端执行器是为特定的用途而专门设计的，但也可以设计成一种适用性较强的多用途末端执行器。为了方便地更换末端执行器，可设计一种末端执行器的换接器来形成操作机上的机械接口。较简单的可用法兰作为机械接口处的换接器，为了快速和自动更换末端执行器，可以采用电磁吸盘或气动锁紧的换接器。

末端执行器的设计要求如下：

1) 不论是夹持或吸附，末端执行器需具有满足作业需要的、足够的夹持（吸附）力和所需的夹持位置精度。

2) 应尽可能使末端执行器结构简单、紧凑，重量轻，以减轻臂部的负荷。专用的末端执行器结构简单，工作效率高，而能完成多种作业的"万能"末端执行器可能有结构复杂、费用昂贵的缺点。因此，提倡设计可快速更换的系列化、通用化专用末端执行器。

2. 机械式夹持器的结构与设计

工业机器人中应用的机械式夹持器多为双指手爪式，按其手爪的运动方式可分为平移型（图2-18c）和回转型，回转型手爪又可分为单支点回转型（图2-18a）和双支点回转型（图2-18b）；按夹持方式可分为外夹式和内撑式（图2-18d）；按驱动方式可分为电动（或电磁）、液压和气动三种。

下面分别介绍其典型结构及设计计算。回转型夹持器结构较简单，但所夹持工件的直径发生变动，将引起工件轴心的偏移。这个偏移量称为夹持误差，如图2-19所示。对平移型夹持器，工件直径的变化不影响其轴心的位置，但其结构较复杂，体积大，制造精度要求高。当设计机械式夹持器时，在满足工件定位精度要求的条件下（工件的定位精度取决于机器人的定位精度和夹持器的夹持误差大小），尽可能采用结构较简单的回转型夹持器。

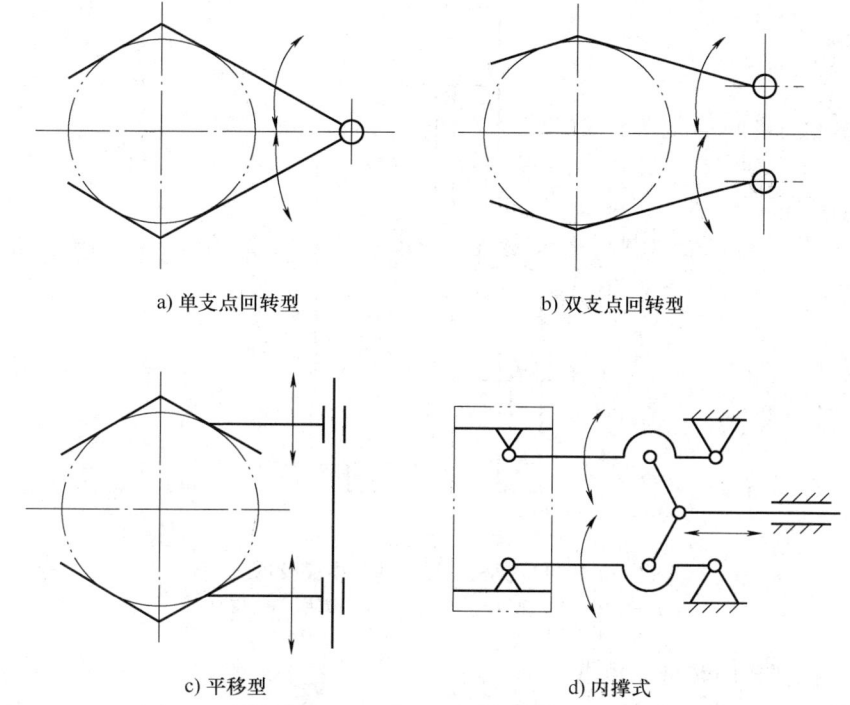

图 2-18 机械式夹持器

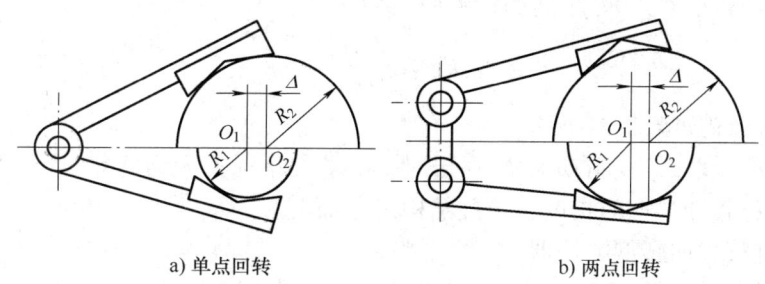

图 2-19 夹持误差示意图

(1) 楔块杠杆式回转型夹持器

如图 2-20 所示，楔块杠杆式回转型夹持器的驱动器可以是气动或液压马达驱动的，也可以是电磁式直线驱动器。图 2-20 所示的驱动器采用气动，当气缸 5 将楔块 4 向前推进时，楔块 4 上的斜面推动杠杆 1，使两个手爪产生夹紧动作和夹紧力。当楔块 4 后移时，靠弹簧 2 的拉力使手指松开。装在杠杆 1 上端的滚子 3 与楔块 4 为滚动接触。夹紧力 F_N 和驱动力 F_p 之间的计算公式为

$$F_N = \frac{F_p c}{2b\sin\alpha} \tag{2-11}$$

式中，各参数的含义如图 2-20 所示，这里略去了克服弹簧 2 伸长时的拉力和克服运动副中摩擦阻力所需的驱动力。这种末端执行器由于楔块斜面和滚子间为滚动接触，摩擦力小，运动灵活，且结构简单，但夹紧力较小，适用于轻载场合。

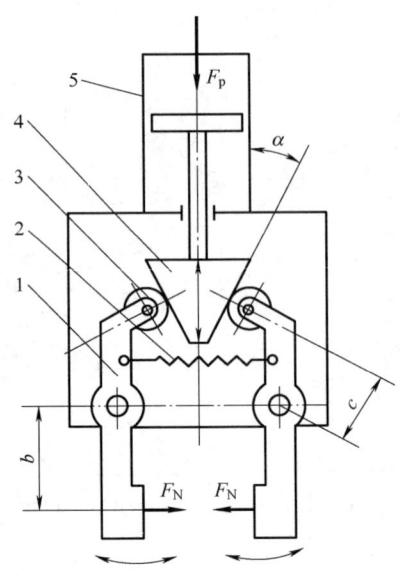

图 2-20　楔块杠杆式回转型夹持器
1—杠杆　2—弹簧　3—滚子　4—楔块　5—气缸

(2) 滑槽杠杆式回转型夹持器

如图 2-21 所示,当驱动器推动杆 2 向上运动时,圆柱销 3 在两杠杆 4 的滑槽中移动,迫使与支架 1 相连接的两手爪(钳爪)产生夹紧动作和夹紧力。当杆 2 向下运动时,手爪松开。夹紧力 F_N 和驱动力 F_p 之间的计算公式为

$$F_N = \frac{F_p a}{2b\cos\alpha} \tag{2-12}$$

式中,各参数的含义如图 2-21 所示。

由式(2-12)可知,在驱动力 F_p 一定时,α 增大,则夹紧力将增大,但这将加大杆 2 (即活塞杆) 的行程和滑槽的长度,导致结构尺寸加大。

(3) 连杆杠杆式回转型夹持器

如图 2-22 所示,当驱动器推动杆 1 上下移动时,由杆 1、连杆 2、摆动钳爪 3 和夹持器体构成四杆机构,迫使钳爪(手爪)完成夹紧和松开动作。夹紧力 F_N 和驱动力 F_p 之间的计算公式为

$$F_N = \frac{F_p c}{2b\tan\alpha} \tag{2-13}$$

式中,各参数的含义如图 2-22 所示。

由式(2-13)可知,在结构尺寸 b、c 和驱动力 F_p 一定时,夹紧力 F_N 与 α 角的正切成反比。当 α 角较小时,可得到较大的夹紧力。当 $\alpha=0$ 时,钳爪已闭合到最小极限位置,若此时钳爪的夹紧力还不足以夹紧工件(如出现工件尺寸偏小等情况),则此时杆 1 再向下移,钳爪反而会松开。为避免这种情况出现,对不同尺寸规格的工件可以更换钳爪。如果工件尺寸变化较小时,也可采取更换调整垫片 4 的办法。这种结构的夹紧方式可以产生较大的夹紧力,其缺点是钳爪的张开角较小,工件尺寸误差对夹紧力的影响较大。

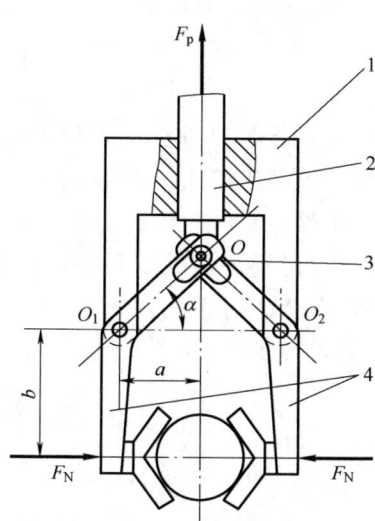
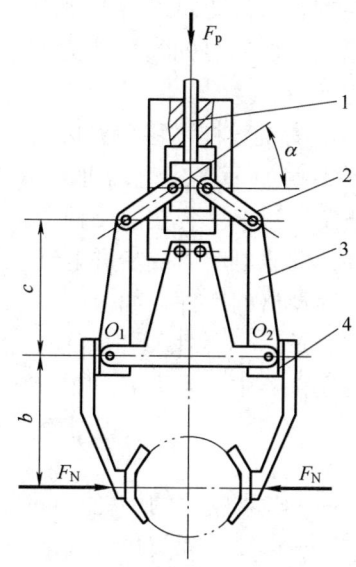

图 2-21 滑槽杠杆式回转型夹持器
1—支架 2—杆 3—圆柱销 4—杠杆

图 2-22 连杆杠杆式回转型夹持器
1—杆 2—连杆 3—摆动钳爪 4—调整垫片

（4）齿轮齿条平行连杆式平移型夹持器

如图 2-23 所示，电磁式驱动器 3 以驱动力 F_p，推动齿条杆 2 和两个扇形齿轮 1，扇形齿轮带动连杆 5（它们连接成一整体），绕 O_1、O_2 旋转。连杆 5、6，钳爪 7 和夹持器的机座 4 构成一平行四杆机构，驱动两钳爪平移，以夹紧和松开工件。其夹紧力 F_N 和驱动力 F_p 之间的计算公式为

$$F_N = \frac{F_p R}{2L\cos\alpha} \tag{2-14}$$

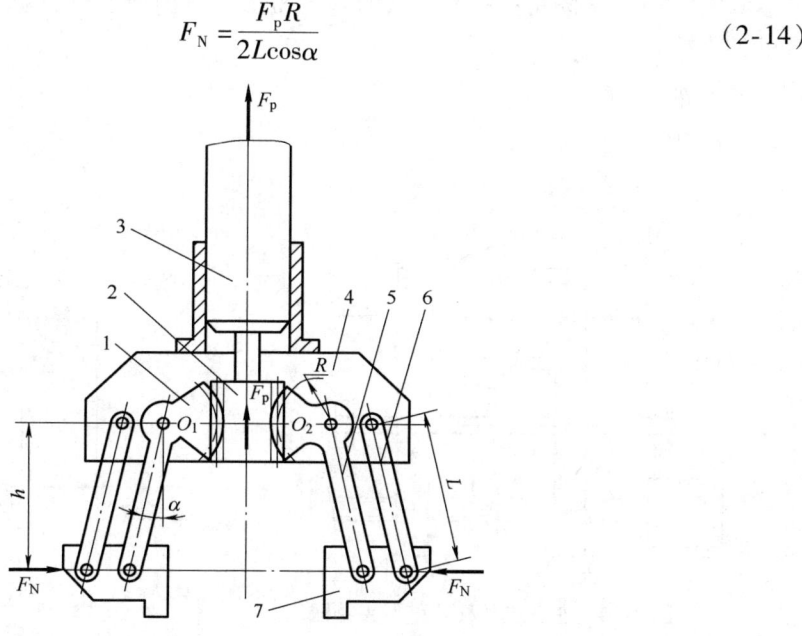

图 2-23 齿轮齿条平行连杆式平移型夹持器
1—扇形齿轮 2—齿条杆 3—电磁式驱动器 4—机座 5、6—连杆 7—钳爪

式中，各参数的含义如图 2-23 所示。

由式（2-14）可知，当外力 F_p 和 R/L 一定时，F_N 将随 α 的增大而增大，当 $\alpha = 0$ 时，夹紧力为极小值。

（5）左右旋丝杠平移型夹持器

如图 2-24 所示，由电动机 1 驱动的一对旋向相反的丝杠 2 提供准确的平移夹紧动作。两丝杠协调一致地安装在同一轴上。由导轨 3 保证钳爪杆 4 的平移运动。这种夹持器若配置一个单独的伺服电动机或步进电动机驱动，可方便地通过编程控制电动机的旋转来夹紧和松开不同尺寸规格的工件。如果采用滚珠丝杠和滚动导轨，能得到很高的重复定位精度（可达 ±0.005mm）。平移型钳爪可使工件自动定心，但其结构复杂，制造费用高。

这种夹持器中夹紧力 F_N 和向丝杠提供的驱动力矩 T 之间的计算公式为

$$F_N = \frac{T}{d_0 \tan\beta} \tag{2-15}$$

式中 d_0 ——丝杠螺纹的中径（mm）；
β ——螺纹的螺旋角。

（6）内撑连杆杠杆式夹持器

如图 2-25 所示，内撑连杆杠杆式夹持器采用四连杆机构传递撑紧力，其撑紧方向与外夹式相反。钳爪撑紧工件，为使撑紧后能准确地用内孔定位，多采用三个钳爪（图 2-25 中只画了两个钳爪），其钳爪上撑紧力 F_N 和驱动器 1 作用在推杆 2 上的推力 F_p 之间的计算公式为

$$F_N = \frac{F_p c}{3 b \tan\alpha} \tag{2-16}$$

式中，各参数的含义如图 2-25 所示。

式（2-16）是按配置三个钳爪的状况得出的。内撑连杆杠杆式夹持器多用于内孔薄壁零件的夹持。

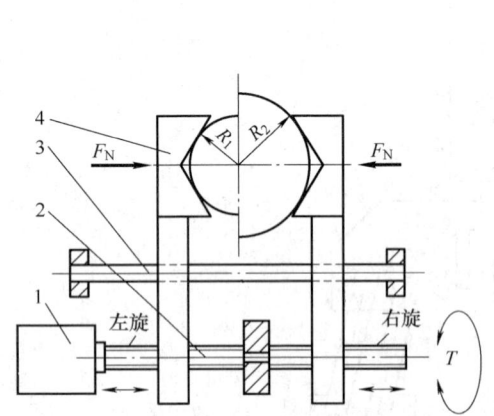

图 2-24　左右旋丝杠平移型夹持器
1—电动机　2—丝杠　3—导轨　4—钳爪杆

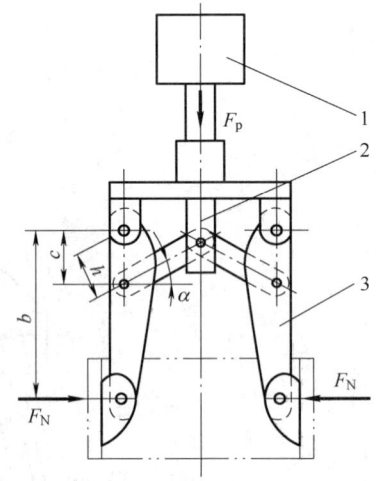

图 2-25　内撑连杆杠杆式夹持器
1—驱动器　2—推杆　3—钳爪

为满足各种作业的需要，机械式夹持器形式繁多，上面仅介绍了几种有代表性的形式。

3. 吸附式末端执行器的结构与设计

吸附式末端执行器（又称吸盘），有气吸式吸盘和磁吸式吸盘两种。它们分别是利用吸盘内负压产生的吸力或由磁力来吸住并移动工件的。

(1) 气吸式吸盘

它是在利用软性橡胶或塑料制成的吸盘中形成的负压来吸住工件的，适用于吸取大而薄、刚度差的金属和木质板材、纸张、玻璃和弧形壳体零件等。根据不同作业情况，可以做成单吸盘、双吸盘或特殊形状的吸盘。按形成负压的方法有以下几种方式：

1) 挤压排气式吸盘。如图 2-26a 所示，挤压排气式吸盘靠向下的挤压力将吸盘 3 内的空气排出，使其内部形成负压，将工件 4 吸住；靠挡块（或外力 F_p 作用）碰撞压盖 1 的上部，使密封垫 2 抬起，进入空气，释放工件。这种吸盘具有结构简单、重量轻、成本低的优点，但吸力不大，多用于吸取尺寸不大、薄而轻的物体。

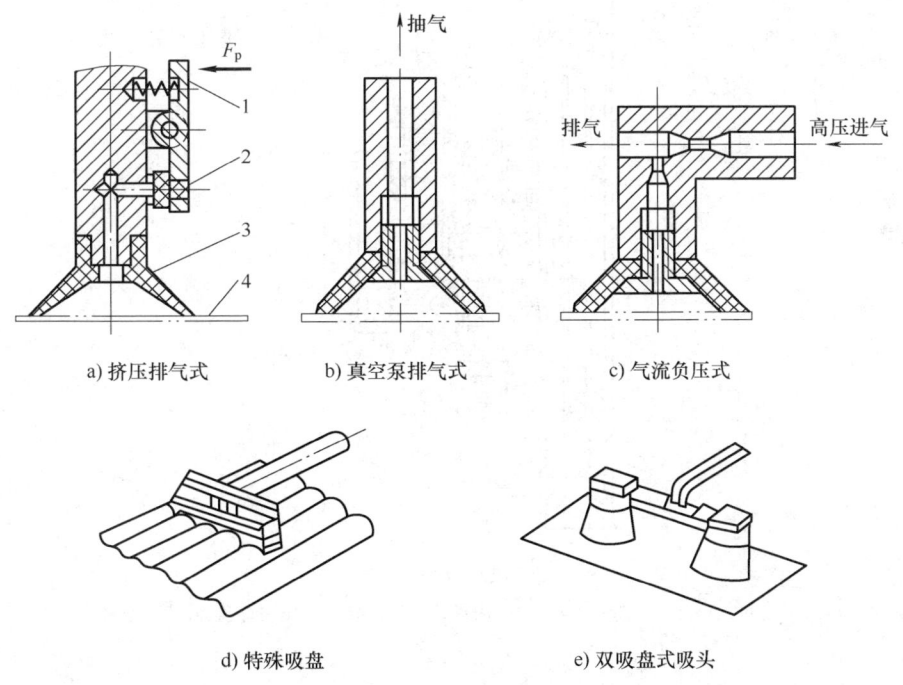

图 2-26 气吸式吸盘的结构

1—压盖　2—密封垫　3—吸盘　4—工件

2) 真空泵排气式吸盘。如图 2-26b 所示，真空泵排气式吸盘利用电磁控制阀将吸盘与真空泵相连，当抽气时，吸盘腔内的空气被抽出，形成负压而吸住工件。反之，控制阀将吸盘与大气相连时，吸盘即失去吸力而松开工件。这种吸盘工作可靠，吸力大，但需配备真空泵及其控制系统，费用较高。

3) 气流负压式吸盘。如图 2-26c 所示，控制阀将来自气泵的压缩空气自喷嘴通入，形成高速射流，将吸盘内腔中的空气带走而形成负压，使吸盘吸住工件。若作业现场有压缩空气供应，这种吸盘比较方便，且成本低。

图 2-26d 所示为吸取波纹板的特殊吸盘。图 2-26e 所示为双吸盘式吸头。

(2) 磁吸式吸盘

磁吸式吸盘可以分成电磁吸盘和永磁吸盘两种。电磁吸盘用接通和切断电磁线圈中的电流（直流或交流），来产生和消除磁力的方法来吸住和释放铁磁性物体，其结构如图2-27所示。线圈1通入电流后，铁心2中产生磁通，磁力线经内盘体4，避开隔磁物5，通过工件3、外盘面6和盘体7，回到铁心2，形成回路。由于磁力线通过工件，工件即被吸住。外盘面6也是为工件定位用的，可根据工件形状来设计。

永磁吸盘则是利用永久磁铁的磁力来吸住铁磁性物体的。它通过移动隔磁物体来改变吸盘中磁力线回路，从而达到吸住和释放物体的目的。它具有不需电源，结构简单，安全可靠等优点。但同样质量的吸盘，永磁吸盘的吸力不如电磁吸盘大。另外，电磁吸盘易主动控制，永磁吸盘难以控制。

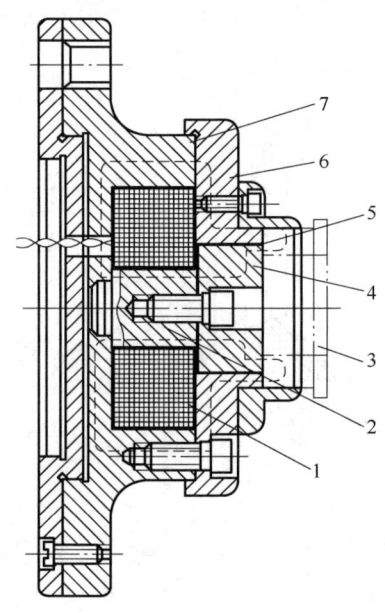

图2-27　电磁吸盘
1—线圈　2—铁心　3—工件　4—内盘体　5—隔磁物　6—外盘面　7—盘体

2.2　机器人的驱动机构

驱动机构（drive mechanism）用于把驱动元件的运动传递到机器人的关节和动作部位。按实现的运动方式，驱动机构可分为直线驱动机构和旋转驱动机构两种。驱动机构的运动可以由不同的驱动方式来实现。

2.2.1　驱动方式

机器人常用的驱动方式主要有液压驱动、气压驱动和电气驱动三种基本类型。

工业机器人出现的初期，由于其大多采用曲柄机构和连杆机构等，所以较多使用液压与气压驱动方式。但随着对机器人作业速度要求越来越高，以及机器人的功能日益复杂化，目前采用电气驱动的机器人所占比例越来越大。但在需要功率很大的应用场合或运动精度不高、有防爆要求的场合，液压、气压驱动仍应用较多。

1. 液压驱动

液压驱动的特点是功率大，结构简单，可省去减速装置，能直接与被驱动的杆件相连，响应快，伺服驱动具有较高的精度，但需要增设液压源，而且易产生液体泄漏，故目前多用于特大功率的机器人系统。

（1）液压驱动的优点

1）液压容易达到较高的单位面积压力（常用油压为 2.5～6.3MPa，最高已超过100MPa），液压设备体积较小，可以获得较大的推力或转矩。

2）液压系统介质的可压缩性小，系统工作平稳可靠，并可得到较高的位置精度。

3）在液压传动中，力、速度和方向比较容易实现自动控制。

4）液压系统采用油液作为介质，具有防锈蚀和自润滑性能，可以提高机械效率，系统的使用寿命长。

（2）液压驱动的不足

1）油液的强度随温度变化而变化，会影响系统的工作性能，且油温过高时容易引起燃烧爆炸等危险。

2）液体的泄漏难以克服，要求液压元件有较高的精度和质量，故造价较高。

3）需要相应的供油系统，尤其是电液伺服系统要求严格的滤油装置，否则会引起故障。

2. 气压驱动

气压驱动的能源、结构都比较简单，但与液压驱动相比，同体积条件下功率较小，而且速度不易控制，所以多用于精度不高的点位控制系统。

（1）气压驱动的优点

1）压缩空气黏度小，容易达到高速（1m/s）。

2）利用工厂集中的空气压缩机站供气，不必添加动力设备，且空气介质对环境无污染，使用安全，可在易燃、易爆、多尘埃、强磁、辐射、振动等恶劣工作环境中工作。

3）气动元件工作压力低，故制造要求也比液压元件低，价格低廉。

4）空气具有可压缩性，使气动系统能够实现过载自动保护，提高了系统的安全性和柔软性。

（2）气压驱动的不足

1）压缩空气常用压力为 0.4～0.6MPa，若要获得较大的动力，其结构就要相对增大。

2）空气压缩性大，工作平稳性差，与液压驱动系统相比，实现准确的位置控制难度要大。

3）压缩空气的除水问题在设计时需要考虑，处理不当会使钢类零件生锈，导致机器失灵，一般添加水分离器即可。

4）排气会造成噪声污染。

3. 电气驱动

电气驱动是指利用电动机直接或通过机械传动装置来驱动执行机构，其所用能源简单，机构速度变化范围大，效率高，速度和位置精度都很高，且具有使用方便、噪声低和控制灵活的特点，在机器人中得到了广泛应用。

根据选用电动机及配套驱动器的不同，电气驱动系统大致分为步进电动机驱动系统、直流伺服电动机驱动系统和交流伺服电动机驱动系统等。步进电动机多为开环控制，控制简单但功率不大，多用于低精度、小功率机器人系统；直流伺服电动机易于控制，有较理想的机械特性，但其电刷易磨损，且易形成火花；交流伺服电动机结构简单，运行可靠，可频繁起动、制动，没有无线电波干扰。交流伺服电动机与直流伺服电动机相比又具有以下特点：没有电刷等易磨损元件，外形尺寸小，能在重载下高速运行，加速性能好，能实现动态控制和平滑运动，但控制较复杂。目前，常用的交流伺服电动机有交流永磁伺服电动机（PMSM）、感应电动机（IM）、无刷直流电动机（BLDCM）等。交流伺服电动机驱动已逐渐成为机器人的主流驱动方式。

2.2.2　直线驱动机构

机器人采用的直线驱动方式包括直角坐标结构的 x、y、z 轴三个方向的驱动，圆柱坐标结构的径向驱动和竖直升降驱动，以及极坐标结构的径向伸缩驱动。直线运动可以直接由气缸或液压缸和活塞产生，也可以采用齿轮齿条、丝杠、螺母等传动元件由旋转运动转换而得到。

1. 齿轮齿条装置

通常齿条是固定不动的。当齿轮转动时，齿轮轴连同拖板沿齿条方向做直线运动。这样，齿轮的旋转运动就转换成为拖板的直线运动，如图 2-28 所示。拖板是由导杆或导轨支承的。该装置的回差较大。

2. 普通丝杠

普通丝杠驱动采用一个旋转的精密丝杠驱动一个螺母沿丝杠轴向移动，从而将丝杠的旋转运动转换成螺母的直线运动。由于普通丝杠的摩擦力较大，传动效率低，惯性大，在低速时容易产生爬行现象，精度低，回差大，所以在机器人中很少采用。

3. 滚珠丝杠

在机器人中经常采用滚珠丝杠，这是因为滚珠丝杠的摩擦力很小且运动响应速度快。由于滚珠丝杠螺母的螺旋槽里放置了许多滚珠，丝杠在传动过程中所受的是滚动摩擦力，摩擦力较小，因此传动效率高，同时可消除低速运动时的爬行现象，在装配时施加一定的预紧力，可消除回差。

如图 2-29 所示，滚珠丝杠里的滚珠从钢套管中出来，进入经过研磨的导槽，转动 2～3 圈以后，返回钢套管。滚珠丝杠副由于采用了滚动摩擦，其摩擦力很小，因此传动效率可以达到 90%。

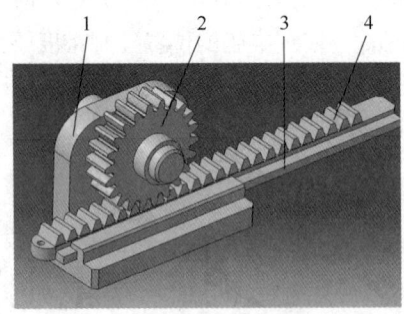

图 2-28　齿轮齿条装置

1—拖板　2—齿轮　3—导向杆　4—齿条

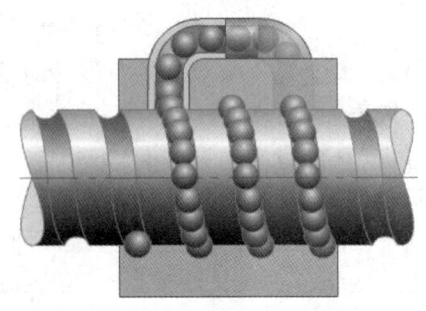

图 2-29　滚珠丝杠传动装置

通常，人们还使用两个背靠背的双螺母对滚珠丝杠进行预加载，以消除丝杠和螺母之间的间隙，提高运动精度。

4. 液压（气压）缸

液压（气压）缸是将液压泵（空气压缩机）输出的压力能转换为机械能、做直线往复运动的执行元件，使用液压（气压）缸可以很容易地实现直线运动。通过调节进入液压（气压）缸液压油（压缩空气）的流动方向和流量可以控制液压（气压）缸的运动方向和速度。

早期的许多机器人采用的都是由伺服阀控制的液压缸，用以产生直线运动。液压缸功率大，结构紧凑。虽然高性能的伺服阀价格较贵，但采用伺服阀时不需要把旋转运动转换成直线运动，可以节省转换装置的费用。美国 Unimation 公司生产的 Unimate 型机器人采用直线液压缸作为径向驱动源。Verstran 机器人也使用直线液压缸作为圆柱坐标机器人的垂直驱动源和径向驱动源。目前，高效专用设备和自动线大多采用液压驱动，因此配合其作业的机器人可直接使用主设备的动力源。

2.2.3 旋转驱动机构

多数普通电动机和伺服电动机都能够直接产生旋转运动，但其输出力矩比所要求的力矩小，转速比所要求的转速高，因此需要采用齿轮链、带传动装置或其他运动传动机构，把较高的转速转换成较低的转速，并获得较大的力矩。在传递大转矩时，有时也采用摆动缸作为动力源。运动的传递和转换必须高效率地完成，并且不能有损于机器人系统所需要的特性，特别是定位精度、重复定位精度和可靠性。通过下列机构可以实现运动的传递和转换。

1. 齿轮机构

齿轮机构是由两个或两个以上的齿轮组成的传动机构。它不但可以传递角位移和角速度，而且可以传递力和力矩。现以具有两个齿轮的齿轮机构为例，说明其中的传动转换关系。如图 2-30 所示，一个齿轮装在输入轴上，另一个齿轮装在输出轴上，可以得到输入、输出运动的若干关系式。为了简化分析，假设齿轮工作时没有能量损失，齿轮的转动惯量和摩擦力略去不计。

首先分析能量传递关系。由于不存在能量损失，故输入轴所做的总功与输出轴所做的总功相等，即

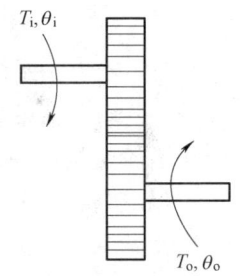

图 2-30 齿轮机构

$$T_i \theta_i = T_o \theta_o \tag{2-17}$$

式中　T_i——输入力矩（N·m）；
　　　T_o——输出力矩（N·m）；
　　　θ_i——输入齿轮角位移（°）；
　　　θ_o——输出齿轮角位移（°）。

由于啮合齿轮转过的总的圆周距离相等，可以得到齿轮半径与角位移之间的关系：

$$R_i \theta_i = R_o \theta_o \tag{2-18}$$

式中　R_i——输入轴上的齿轮半径（m）；
　　　R_o——输出轴上的齿轮半径（m）。

考虑到齿轮的齿数与其半径成正比，即

$$\frac{z_i}{z_o} = \frac{R_i}{R_o} \tag{2-19}$$

齿轮的齿数与其转动角速度成反比，即

$$\frac{z_i}{z_o} = \frac{\omega_o}{\omega_i} \tag{2-20}$$

可以得到输出轴与输入轴之间的运动转换关系，即

力矩

$$T_o = \frac{z_o}{z_i} T_i \tag{2-21}$$

角位移

$$\theta_o = \frac{z_i}{z_o} \theta_i \tag{2-22}$$

角速度

$$\omega_o = \frac{z_i}{z_o} \omega_i \tag{2-23}$$

式中 z_i——输入轴上齿轮的齿数；
z_o——输出轴上齿轮的齿数；
ω_i——输入轴上齿轮的角速度（rad/s）；
ω_o——输出轴上齿轮的角速度（rad/s）。

最后通过动力学分析，便可以得到，在与驱动电动机相连的输入轴上，系统总的等效转动惯量 J_θ 为

$$J_\theta = \left(\frac{z_i}{z_o}\right)^2 J_o + J_i \tag{2-24}$$

式中 J_o——输出轴系统的总转动惯量（kg·m²）；
J_i——输入轴系统的总转动惯量（kg·m²）。

使用齿轮机构应注意以下两点：

1) 齿轮机构的引入会减小系统的等效转动惯量，从而使驱动电动机的响应时间缩短，这样，伺服系统就更加容易控制。由式（2-24）可知，输出轴的转动惯量转换到驱动电动机上的等效转动惯量与输入、输出齿轮齿数比的二次方成正比。

2) 齿轮间隙误差将导致机器人臂部的定位误差增加，而且，假如不采取补偿措施，齿隙误差还会引起伺服系统的不稳定。

2. 同步带传动

同步带传动用来传递平行轴间的运动或将回转运动转换成直线运动，在机器人中的作用主要为前者。同步带和带轮的接触面都制成相应的齿形，靠啮合传递功率，其传动原理如图2-31所示。同步带的主要材料是氯丁橡胶，中间用钢、玻璃纤维等抗拉强度大的材料做加强层，齿面覆盖有耐磨性能好的尼龙布。用来传递轻载荷的同步带可用聚氨基甲酸酯制造。齿的节距用包络带轮时的圆节距 t 表示。

同步带传动的传动比 i 计算公式为

$$i = \frac{n_2}{n_1} = \frac{z_1}{z_2} \tag{2-25}$$

式中　n_1——主动轮转速（r/min）；
　　　n_2——从动轮转速（r/min）；
　　　z_1——主动轮齿数；
　　　z_2——从动轮齿数。

同步带传动的优点是：传动时无滑动，传动比准确，传动平稳；速比范围大；初始拉力小，轴及轴承不易过载。但是，这种传动机构的制造及安装要求严格，一般需要张紧轮，对带的材料要求也较高，因而成本较高。同步带传动是低惯性传动，适用于电动机和高减速比减速器之间的传动。

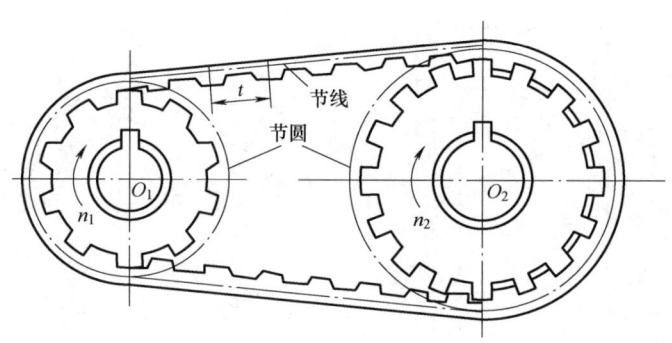

图 2-31　同步带传动原理

2.2.4　工业机器人常用的减速器

在实际应用中，大部分机器人的关节臂、腕部等都是用电动机驱动的，而驱动电动机的转速非常高，达到每分钟几千转，但机械本体的动作较慢，减速后要求输出转速为每分钟几百转，甚至低至每分钟几十转，所以减速器在机器人的驱动中是必不可少的。由于机器人的特殊结构，对减速器提出了较高要求：①减速比要大，可达数百；②重量要轻，结构要紧凑；③精度要高，回差要小。目前，在工业机器人中主要使用的减速器是谐波齿轮减速器和 RV 减速器两种。

1. 谐波齿轮减速器

虽然谐波齿轮已问世多年，但直到近年来人们才开始广泛地使用它。目前，机器人的旋转关节有 60%～70% 使用的都是谐波齿轮传动。

谐波齿轮减速器由刚性齿轮、谐波发生器和柔性齿轮三个主要零件组成，如图 2-32 所示。工作时，刚性齿轮固定安装，各齿均布于圆周上，具有外齿圈的柔性齿轮 3 沿刚性齿轮 4 的内齿圈转动。柔性齿轮比刚性齿轮少 2 个齿，所以柔性齿轮沿刚性齿轮每转一圈就反方向转过 2 个齿的相应转角。谐波发生器 1 具有椭圆形轮廓，装在其上的滚珠用于支承柔性齿轮，谐波发生器驱动柔性齿轮旋转并使之发生弹性变形。转动时，柔性齿轮的椭圆形端部只有少数齿与刚性齿轮啮合，只有这样，柔性齿轮才能相对于刚性齿轮自由地转过一定的角度。通常，刚性齿轮固定，谐波发生器作为输入端，柔性齿轮与输出轴相连。

此时，谐波齿轮传动的传动比 i 计算公式为

$$i = \frac{z_1}{z_2 - z_1}$$

(2-26)

式中　z_1——柔性齿轮齿数；
　　　z_2——刚性齿轮齿数。

假设刚性齿轮有 100 个齿，柔性齿轮比它少 2 个齿，则当谐波发生器转 50 圈时，柔性齿轮转 1 圈，这样，只占用很小的空间就可得到 1∶49 的减速比。由于同时啮合的齿数较多，谐波发生器的力矩传递能力强。在刚性齿轮、谐波发生器、柔性齿轮三个零件中，尽管任何两个都可以选为输入元件和输出元件，但通常总是把谐波发生器装在输入轴上，把柔性齿轮装在输出轴上，以获得较大的减速比。

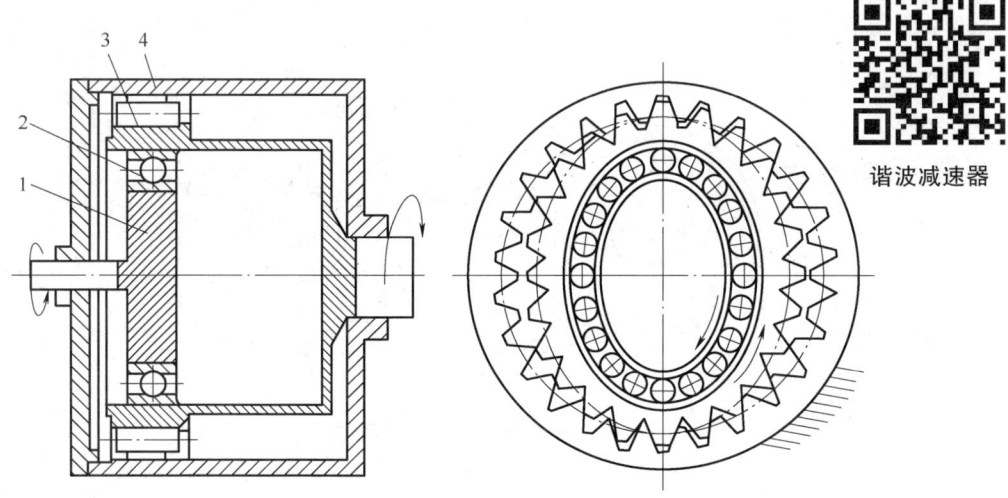

图 2-32　带杯形柔性齿轮和椭圆盘谐波发生器的谐波齿轮减速器
1—谐波发生器　2—柔性轴承　3—柔性齿轮　4—刚性齿轮（外壳）

由于自然形成的预加载谐波发生器啮合齿数较多，齿的啮合比较平稳，谐波齿轮传动的齿隙几乎为零，因此传动精度高，回差小。但是，由于柔性齿轮的刚度较差，承载后会出现较大的扭转变形，从而会引起一定的误差。不过，对于多数应用场合，这种变形将不会引起太大的问题。

谐波齿轮减速器的特点如下：

1）结构简单，体积小，重量轻。

2）传动比范围大，单级谐波齿轮减速器传动比可在 50～300 之间，优选在 75～250 之间。

3）运动精度高，承载能力大。由于是多齿啮合，与相同精度的普通齿轮传动相比，其运动精度能提高四倍左右，承载能力也大大提高。

4）运行平稳，无冲击，噪声小。

5）齿侧间隙可以调整。

2. RV 减速器

RV（rotvector，旋转矢量）减速器由第一级渐开线圆柱齿轮行星减速机构和第二级摆线针轮行星减速机构两部分组成，为一封闭差动轮系。RV 减速器具有结构紧凑、传动比大、振动小、噪声低、能耗低的特点，日益受到国内外的广泛关注。与机器人中常用的谐波齿轮减速器相比，它具有高得多的疲劳强度、刚度和寿命，而且回差精度稳定，不会出现如同谐波齿轮减速器随使用时间增长运动精度显著降低的情况，故 RV 减速器在高精度机器人传动中得到了广泛的应用。

(1) 结构组成

RV 减速器的结构与传动简图如图 2-33 所示。它主要由以下几个构件所组成。

1) 太阳轮 1。太阳轮 1 与输入轴连接在一起,以传递输入功率,且与行星轮 2 相互啮合。

2) 行星轮 2。行星轮 2 与曲柄轴 3 相连接,n 个（$n \geq 2$，图 2-33 中为 3 个）行星轮均匀地分布在一个圆周上。它起着功率分流的作用,即将输入功率分成 n 路传递给摆线针轮行星机构。

3) 曲柄轴 3。曲柄轴 3 一端与行星轮 2 相连接,另一端与支承圆盘 8 相连接,两端用圆锥滚子轴承支承。它是摆线轮 4 的旋转轴,既带动摆线轮进行公转,同时又支承摆线轮产生自转。

4) 摆线轮 4。摆线轮 4 的齿廓通常为短幅外摆线的内侧等距曲线。为了实现径向力的平衡,一般采用两个结构完全相同的摆线轮,通过偏心套安装在曲柄轴的曲柄处,且偏心相位差为 180°。在曲柄轴 3 的带动下,摆线轮 4 与针轮相啮合,即产生公转,又产生自转。

5) 针齿销 5。数量为 N 个的针齿销,固定安装在针轮壳体上,构成针轮,与摆线轮 4 相啮合而形成摆线针轮行星传动。一般针齿销的数量比摆线轮的齿数多一个。

6) 针轮壳体（机架）6 为针齿销的安装壳体。通常针轮壳体 6 固定,输出轴 7 旋转。如果输出轴固定,则针轮壳体旋转,两者之间由内置轴承支承。

7) 输出轴 7。输出轴 7 与支承圆盘 8 相互连接成为一个整体,在支承圆盘 8 上均匀分布 n 个曲柄轴的轴承孔和输出块 9 的支承孔（图 2-33 中各为 3 个）。在三对曲柄轴支承轴承推动下,通过输出块和支承圆盘,把摆线轮上的自转转速以 1:1 的速比传递出来。

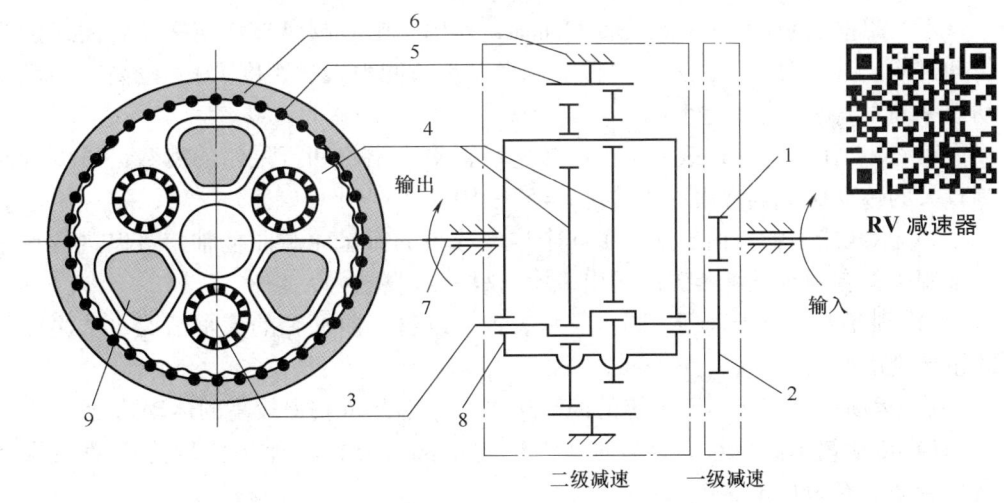

图 2-33　RV 减速器的结构与传动简图

1—太阳轮　2—行星轮　3—曲柄轴　4—摆线轮
5—针齿销　6—针轮壳体　7—输出轴　8—支承圆盘　9—输出块

(2) 工作原理

驱动电动机的旋转运动由太阳轮 1 传递给 n 个行星轮 2,进行第一级减速。行星轮 2 的旋转运动传给曲柄轴3，使摆线轮4产生偏心运动。当针轮固定（与机架连成一体）时，摆线轮4一边随曲柄轴3产生公转，一边与针轮相啮合。由于针轮固定，摆线轮在与针轮啮合的过程中，产生一个绕输出轴7旋转的反向自转运动，这个运动就是RV减速器的输出运动。

通常摆线轮的齿数比针齿销数少一个，且齿距相等。如果曲柄轴旋转一圈，摆线轮与固定的针轮相啮合，沿与曲柄轴相反的方向转过一个针齿销，形成自转，其工作原理如图2-34所示。摆线轮的自转运动通过支承圆盘上的输出块带动输出轴运动，实现第二级减速输出。

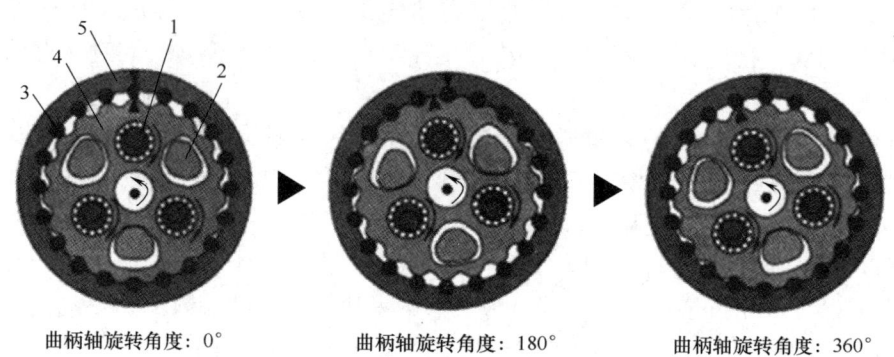

图 2-34　RV 减速器的工作原理
1—曲柄轴　2—输出块　3—针齿销　4—摆线轮　5—针轮壳体

（3）主要特点

RV减速器具有两级减速装置和曲轴，采用了中心圆盘支承结构的封闭式摆线针轮行星传动机构。其主要特点：三大（传动比大、承载能力大、刚度大）、二高（运动精度高、传动效率高）、一小（回差小）。

1）传动比大。通过改变第一级减速装置中太阳轮和行星轮的齿数，可以方便地获得范围较大的传动比，其常用的传动比 $i = 57 \sim 192$。

2）承载能力大。由于采用了 n 个均匀分布的行星轮和曲柄轴，可以进行功率分流，而且采用了具有圆盘支承装置的输出机构，故其承载能力大。

3）刚度大。由于采用了圆盘支承装置，改善了曲柄轴的支承情况，从而使得其传动轴的扭转刚度增大。

4）运动精度高。由于系统的回转误差小，因此可获得较高的运动精度。

5）传动效率高。除了针轮的针齿销支承部分外，其他构件均为滚动轴承，支承效率高。传动效率为 0.85~0.92。

6）回差小。各构件间所产生的摩擦和磨损较小，间隙小，传动性能好，间隙回差（backlash）小于 1′。

2.3　工业机器人的技术参数

技术参数是机器人制造商在产品供货时所提供的技术数据。技术参数反映了机器人可胜任的工作、具有的最高操作性能等情况，是选择、设计、应用机器人时必须考虑的数据。机器人的主要技术参数一般有自由度、作业范围、工作速度、承载能力、定位精度和重复定位精度等。

2.3.1 自由度

自由度（degree of freedom）是反映工业机器人机械本体通用性和适应性的一项重要指标。所谓自由度，是指机器人所具有独立坐标轴的数目（不包括末端执行器的自由度），是用来确定末端执行器相对于机座的位置和姿态的独立参变量的数目，它等于工业机器人机械本体独立驱动的关节数目。机器人的每一个自由度原则上都需要有一个伺服轴驱动其运动，因此，在产品说明书中，通常以控制轴数进行表示。

自由度越多，执行器的动作就越灵活，通用性也就越好，但其机械结构和控制也就越复杂。因此对于作业要求基本不变的批量作业机器人来说，运动速度、可靠性是其最重要的技术指标，其自由度可在满足作业要求的前提下，适当减少；而对于多品种、小批量作业的机器人，通用性、灵活性指标显得更加重要，这样的机器人就需要较多的自由度。机器人的自由度要根据其用途设计，一般在3～6个之间。如果机器人要在三维空间任意改变姿态，实现对执行器位置的完全控制就需要具备6个自由度，图2-35所示为MOTOMAN SV3机器人六根轴的名称与旋转方向。如果机器人的自由度超过6个，多余的自由度称为冗余自由度，冗余自由度一般用来回避障碍物。

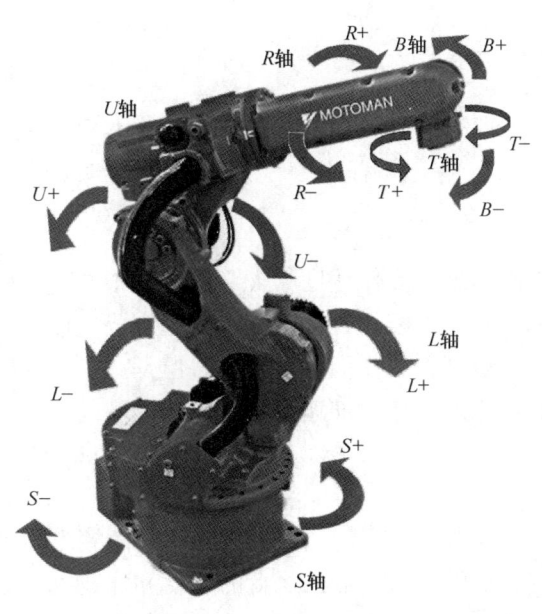

图2-35　MOTOMAN SV3机器人六根轴的名称与旋转方向

从运动学原理上说，绝大多数机器人的本体都是由若干关节和连杆组成的运动链。机器人的每一个关节都可使执行器产生一个或几个运动，但是由于结构设计和控制方面的原因，一个关节真正能够产生驱动力的运动往往只有一个，这一自由度称为主动自由度；其他不能产生驱动力的运动称为从动自由度。

2.3.2 作业范围

作业范围是机器人运动时臂部末端或腕部中心所能到达的所有点的集合，也称为工作区域。由于末端执行器的形状和尺寸是多种多样的，为真实反映机器人的特征参数，故作业范围是指不安装末端执行器时的工作区域。作业范围的大小不仅与机器人各连杆的尺寸有关，还与机器人的总体结构型式有关。

作业范围的形状和大小是十分重要的，机器人在执行某作业时可能会因存在末端执行器不能到达的作业死区（deadzone）而不能完成任务。图 2-36 所示为 MOTOMAN SV3 机器人的作业范围。

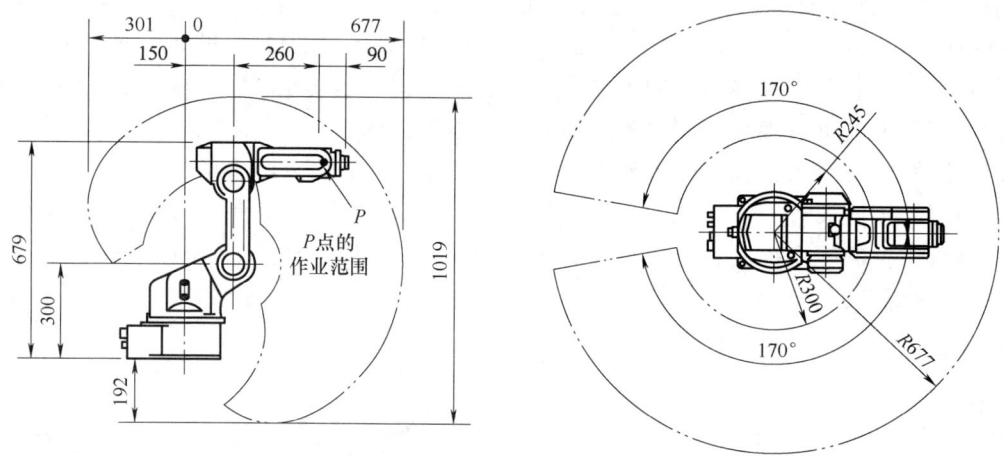

图 2-36　MOTOMAN SV3 机器人的作业范围

2.3.3 工作速度

生产机器人的厂家不同，最大工作速度的含义也可能不同。有的厂家指工业机器人主要自由度上最大的稳定速度，有的厂家指臂部末端最大的合成速度，对此通常都会在技术参数中加以说明。最大工作速度越高，工作效率就越高。但是，工作速度高就要花费更多的时间加速或减速，或者对工业机器人的最大加速度或最大减速度的要求就更高。

2.3.4 承载能力

承载能力是指机器人在作业范围内的任何位置上以任意姿态所能承受的最大重量。承载能力不仅取决于负载的重量，而且与机器人运行的速度和加速度的大小和方向有关。为保证安全，将承载能力这一技术指标确定为高速运行时的承载能力。通常，承载能力不仅指负载重量，也包括机器人末端执行器的重量。

2.3.5 定位精度和重复定位精度

定位精度和重复定位精度是机器人的两个精度指标。定位精度是指机器人末端执行器的实际位置与目标位置之间的偏差，受机械误差、控制算法误差与系统分辨力等因素影响。重复定位精度是指在同一环境、同一条件、同一目标动作、同一命令之下，机器人连续重复运动若干次时,其位置的分散情况,是关于精度的统计数据。因重复定位精度不受工作载荷变化的影响,故通常用重复定位精度这一指标作为衡量示教-再现工业机器人水平的重要指标。图 2-37 表示了定位精度与重复定位精度的好与差。

工业机器人具有定位精度低、重复定位精度高的特点,例如,MOTOMAN SV3 机器人的定位精度为 ±0.2mm,而重复定位精度为 ±0.03mm。

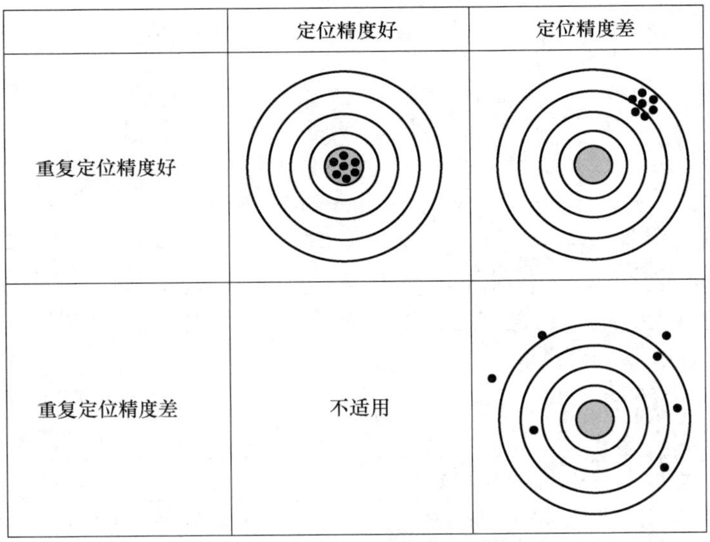

图 2-37 定位精度与重复定位精度的好与差

2.3.6 典型机器人的技术参数

MOTOMAN SV3 工业机器人的技术参数见表 2-1。其六根轴的名称与旋转方向如图 2-35 所示。

表 2-1 MOTOMAN SV3 工业机器人的技术参数

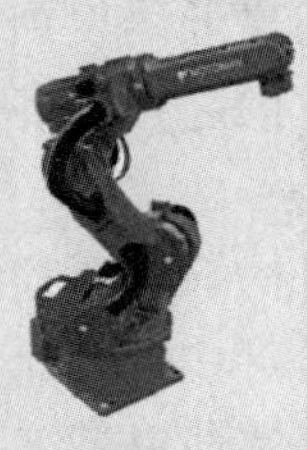	机械结构	关节型
	自由度数	6
	载荷质量	3kg
	重复定位精度	±0.03mm
	本体质量	30kg
	安装方式	地面安装
	电源容量	1.0kVA
最大作业范围	S 轴(回转)	±170°
	L 轴(下臂倾动)	+150°、-45°
	U 轴(上臂倾动)	+190°、-70°
	R 轴(臂部横摆)	±180°
	B 轴(腕部俯仰)	±135°
	T 轴(腕部回转)	±350°

(续)

最大速度	S轴	210（°）/s
	L轴	170（°）/s
	U轴	225（°）/s
	R轴	300（°）/s
	B轴	300（°）/s
	T轴	420（°）/s
容许力矩	R轴	5.39N·m（0.55kgf·m）
	B轴	5.39N·m（0.55kgf·m）
	T轴	2.94N·m（0.3kgf·m）
容许转动惯量	R轴	0.1kg·m²
	B轴	0.1kg·m²
	T轴	0.03kg·m²
标准涂色		活动部位：淡灰色
		固定部位：浅灰色
		电动机：黑色
安装环境	温度	0~45°C
	相对湿度	20%~80%（不能结露）
	振动加速度	4.9m/s²
	其他	避免接触易燃易腐蚀性气体或液体，不可接近水、油、粉尘等，远离电气噪声源

2.4 移动机器人的结构

机器人可以分为固定式、半移动式和移动式三种。一般的工业机器人大多是固定式的，还有一部分可以沿固定轨道移动。但是随着海洋开发、核能工业及宇宙空间事业的发展，可以预见，具有一定智能的、可移动的行走式机器人将是今后机器人发展的方向之一，并将在上述领域内得到广泛的应用。

行走机构是行走式机器人的重要执行部件，它由行走驱动装置、传动机构、位置检测元件、传感器、电线及管路等组成。行走机构一方面支承机器人的机身、臂部和末端执行器，因而必须具有足够的刚度和稳定性；另一方面，还需根据作业任务的要求，实现机器人在更广阔的空间内的运动。

行走机构按其运动轨迹可分为固定轨迹式和无固定轨迹式两类。固定轨迹式行走机构主要用于工业机器人，如横梁式机器人。无固定轨迹式行走机构根据其结构特点分为轮式行走机构、履带式行走机构和关节式行走机构等。在行走过程中，前两种行走机构与地面连续接触，其形态为运行车式，应用较多，一般用于野外、较大型作业场合，也比较成熟；后一种与地面为间断接触，为动物的腿脚式，该类机构正在发展和完善中。

行走机构根据其结构分为车轮式、步行式、履带式和其他方式。以下分别介绍各种行走机构。

2.4.1 车轮式行走机构

车轮式行走机构具有移动平稳、能耗小以及容易控制移动速度和方向等优点，因此得到了普遍的应用，但这些优点只有在平坦的地面上才能发挥出来。目前应用的车轮式行走机构主要为三轮式或四轮式。

三轮式行走机构具有最基本的稳定性，其主要问题是如何实现移动方向的控制。典型车轮的配置方法是一个前轮、两个后轮，前轮作为操纵舵，用来改变方向，后轮用来驱动；另一种是用后两轮独立驱动，另一个轮仅起支承作用，并靠两轮的转速差或转向来改变移动方向，从而实现整体灵活的、小范围的移动。不过，要做较长距离的直线移动时，两驱动轮的直径差会影响前进的方向。

四轮式行走机构也是一种应用广泛的行走机构，其基本原理类似于三轮式行走机构。图 2-38 所示为四轮式行走机构。其中，图 2-38a、b 所示机构采用了两个驱动轮和两个自位轮（图 2-38a 中后面两轮和图 2-38b 中左、右两轮是驱动轮）；图 2-38c 所示是和汽车行走方式相同的移动机构，为转向采用了四连杆机构，回转中心大致在后轮车轴的延长线上；图 2-38d 所示机构可以独立地进行左、右转向，因而可以提高回转精度；图 2-38e 所示机构的所有任意轮子都可以进行转向，能够减小转弯半径。

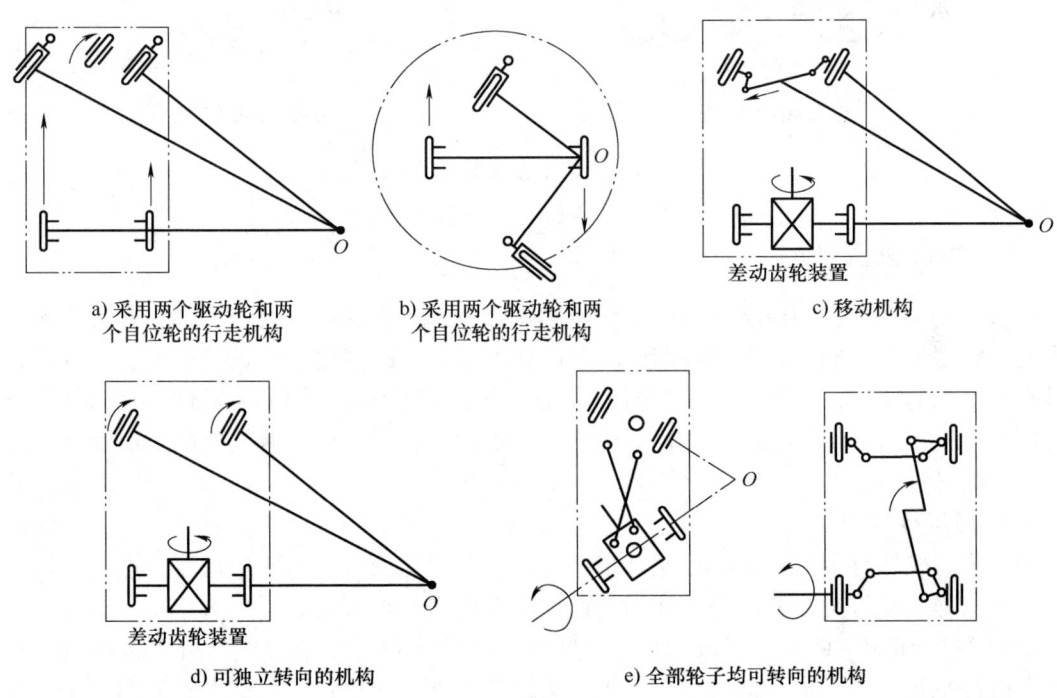

a) 采用两个驱动轮和两个自位轮的行走机构　　b) 采用两个驱动轮和两个自位轮的行走机构　　c) 移动机构

d) 可独立转向的机构　　e) 全部轮子均可转向的机构

图 2-38　四轮式行走机构

在四轮式行走机构中，自位轮可沿其回转轴回转，直至转到要求的方向上，这期间驱动轮会产生滑动，因而很难求出正确的移动量。另外，用转向机构改变运动方向时，在静止状态下行走机构会产生很大的阻力。

2.4.2　履带式行走机构

履带式行走机构的特点很突出，采用该类行走机构的机器人可以在凹凸不平的地面上行走，也可以跨越障碍物、爬不太高的台阶等。一般类似于坦克的履带式机器人，由于没有自位轮和转向机构，要转弯时只能靠左、右两个履带的速度差，所以不仅在横向而且在前进方向上也会产生滑动，转弯阻力大，不能准确地确定回转半径。

图 2-39a 所示是主体前、后装有转向器的履带式机器人，它没有上述的缺点，可以上、下台阶。它具有提起机构，该机构可以使转向器绕着图中的 $A—A$ 轴旋转，这使得机器人上、下台阶非常顺利，能实现诸如用折叠方式向高处伸臂、在斜面上保持主体水平等各种各样的姿势。图 2-39b 所示机器人的履带形状可为适应台阶形状而改变，也比一般履带式机器人的动作更为自如。

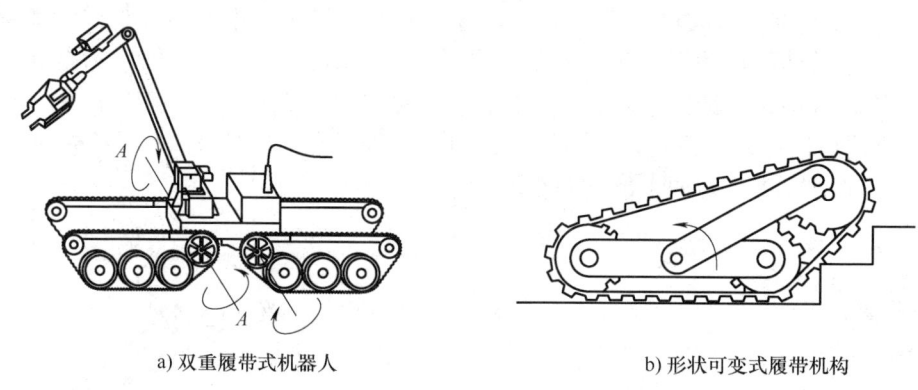

a) 双重履带式机器人　　　　　　b) 形状可变式履带机构

图 2-39　容易上、下台阶的履带式机器人

2.4.3　步行机构

类似于动物那样，利用脚部关节机构、用步行方式实现移动的机构，称为步行机构。采用步行机构的步行机器人，能够在凹凸不平的地上行走、跨越沟壑，还可以上、下台阶，因而具有广泛的适应性；但控制上有相当的难度，完全实现上述要求的实际例子很少。步行机构有两足、三足、四足、六足、八足等形式，其中两足步行机构具有最好的适应性，也最接近人类，故又称为类人双足行走机构。

1. 两足步行机构

两足步行机构是多自由度的控制系统，是现代控制理论很好的应用对象。这种机构结构简单，但其静、动行走性能及稳定性和高速运动性能都较难实现。

如图 2-40 所示，两足步行机构是一空间连杆机构。在行走过程中，行走机构始终满足静力学的静平衡条件，也就是机器人的重心始终落在支持地面的一只脚上，如图 2-41 所示。这种行走方式称为静止步态行走。

两足步行机器人的动步行有效地利用了惯性力和重力。人的步行就是动步行，动步行的典型例子是踩高跷。高跷与地面只是单点接触，两根高跷在地面不动时人想站稳是非常困难的。要想原地停留，必须不断踏步，不能总是保持步行中的某种瞬间姿态。

图 2-42 所示为本田公司开发的两足步行机器人 ASIMO，其共有 26 个自由度。它有效地采用了现代机械技术和计算机技术，人工配置了多种行走模式，这些模式存储在计算机的存

储器内，使机器人可像人一样以各种步态行走。

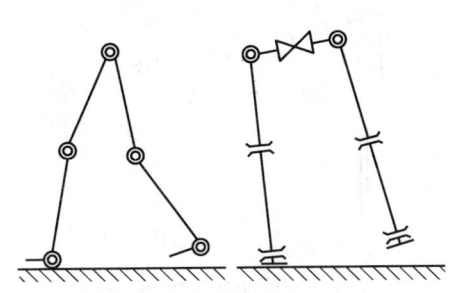

图 2-40　两足步行机构

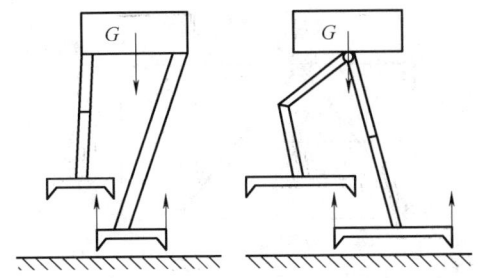

图 2-41　两足步行机构的静止步态

2. 四足步行机构

四足步行机构比两足步行机构承载能力强、稳定性好，其结构也比六足、八足步行机器人简单。图 2-43 所示为 Boston Dynamic 开发的四足机器人 SpotMini。四足步行机构在行走时机体首先要保证状态稳定，因此，其在运动的任一时刻至少应有三条腿与地面接触，以支撑机体，且机体的重心必须落在三足支撑点构成的三角形区域内，如图 2-44 所示。在这个前提下，四条腿才能按一定的顺序抬起和落地，实现行走。在行走的时候，机体相对地面始终向前运动，重心始终在移动。四条腿轮流抬、跨，相对机体也向前运动，不断改变足落地的位置，构成新的稳定三角形，从而保证静态稳定。

然而为了适应凹凸不平的地面，以及在上、下台阶时改变步行方向，每只脚必须有两个以上的自由度。

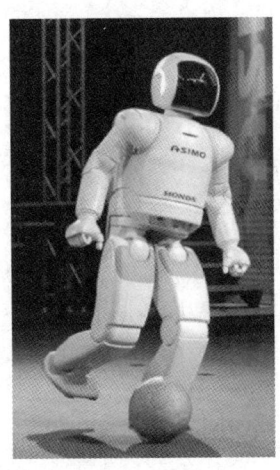

图 2-42　两足步行机器人 ASIMO

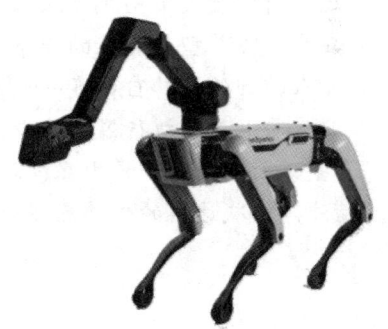

图 2-43　四足机器人 SpotMini

3. 六足步行机构

六足步行机器人的控制比四足步行机器人的控制更容易，六足步行机构也更加稳定。图 2-45 所示为六足缩放式腿步行机器人，该机器人能够实现相当从容的步态。但要实现相应的多自由度及包含力传感器、接触传感器、倾斜传感器在内的稳定的步行控制也相当困难。

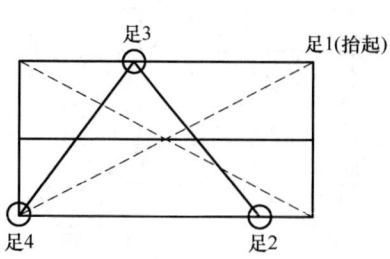
图 2-44 四足步行机构的静态稳定

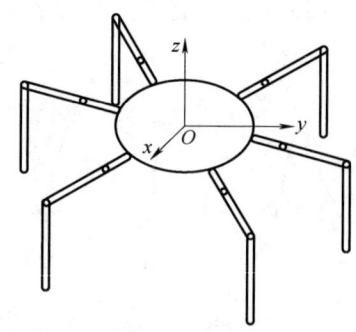
图 2-45 六足缩放式腿步行机器人

本章小结

本章在对关节型工业机器人总体设计要求进行详细分析的基础上，对机器人的机身、臂部、腕部和末端执行器的选型和设计流程做了详细的阐述，对移动机器人行走机构中的轮式行走机构、履带式行走机构和二足、四足及六足步行机构做了简单介绍。

思考题与习题

2-1 工业机器人机械系统总体设计主要包括哪几个方面的内容？
2-2 机器人的三种驱动方式各自的优缺点是什么？
2-3 机身设计要注意什么？
2-4 对工业机器人臂部设计有什么基本要求？
2-5 工业机器人常用的减速器有哪两种？
2-6 简述六自由度关节型机器人的电动机布置方案。
2-7 六自由度关节型机器人的六个关节一般如何布置？
2-8 机器人腕部的旋转自由度一般应如何布置？
2-9 工业机器人末端执行器的特点是什么？
2-10 真空吸附系统的设计内容包括哪几个方面？
2-11 谐波齿轮减速器的工作原理和特点是什么？

第 3 章 机器人运动学

导读

为了实现对机器人空间运动轨迹的控制，完成预定的作业任务，就必须知道机器人末端执行器在空间瞬时的位置与姿态。如何计算机器人末端执行器在空间的位姿是实现对机器人的控制首先要解决的问题。本章主要讨论机器人运动学的基本问题，将引入齐次坐标变换，推导出坐标变换方程；利用 D-H 参数法，求出两级坐标系之间的平移和旋转坐标变换参数值，建立机器人运动学方程，进行机器人的位姿分析；介绍机器人逆向运动学的基础知识。本章仅考虑工业机器人运动时的位置、速度和加速度，而不考虑引起运动的力。

本章知识点

- 坐标变换方程
- 机器人运动学方程
- 机器人逆向运动学

3.1 概述

机器人是开环空间连杆机构，通过各连杆的相对位置变化、速度变化和加速度变化，可使末端执行器达到不同的空间位置并呈现不同的姿态，得到不同的速度和加速度，从而满足期望的工作要求。

本书所讲的机器人采用的都是开式链结构，即机器人是由一系列关节连接起来的连杆所组成的。为了定量地确定和分析机器人末端执行器在空间的运动规律，需要一种合适的描述运动的数学方法。通常采用矩阵法来描述机器人的运动学问题，即把坐标系固定于每一个连杆的关节上，如果知道了这些坐标系之间的相互关系，末端执行器在空间的位姿也就能够确定了。那么，如何来描述两个相邻坐标系之间的相互关系呢？答案是用具有较直观几何意义的齐次坐标变换来描述，建立机器人的运动学方程，从而解决机器人运动学问题。

3.2 物体在空间中的位姿描述

物体在空间中的位姿可以用固定于物体任一点上的坐标系来表示。假设 $\{A: x_A, y_A,$

z_A} 为固定于地面上的固定坐标系，{B：x_B，y_B，z_B} 为固定于物体任一点上的动坐标系，如图 3-1 所示。i_A，j_A，k_A 是固定坐标系 {A} 对应坐标轴上的单位矢量，i_B，j_B，k_B 是动坐标系 {B} 对应坐标轴上的单位矢量。

物体在空间的位置可以用动坐标系 {B} 的原点 O_B 相对于固定坐标系 {A} 的位置来表示，即为 3×1 的列矢量：

$$^A\boldsymbol{P}_{O_B} = \begin{pmatrix} x \\ y \\ z \end{pmatrix} \tag{3-1}$$

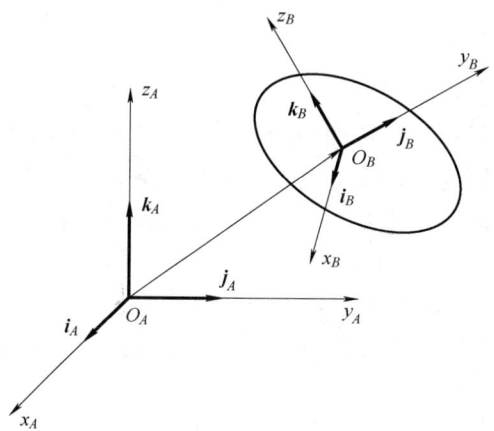

图 3-1 物体在空间中的位姿表示

物体在空间的姿态可以用动坐标系三个坐标轴上单位矢量 i_B，j_B，k_B 的方向来描述，也就是用 i_B，j_B，k_B 相对于固定坐标系三个坐标轴的方向余弦，即 ($i_B \cdot i_A$，$i_B \cdot j_A$，$i_B \cdot k_A$)，($j_B \cdot i_A$，$j_B \cdot j_A$，$j_B \cdot k_A$)，($k_B \cdot i_A$，$k_B \cdot j_A$，$k_B \cdot k_A$) 来表示，也可表示为 3×3 的矩阵形式：

$$^A_B\boldsymbol{R} = \begin{pmatrix} i_B \cdot i_A & j_B \cdot i_A & k_B \cdot i_A \\ i_B \cdot j_A & j_B \cdot j_A & k_B \cdot j_A \\ i_B \cdot k_A & j_B \cdot k_A & k_B \cdot j_A \end{pmatrix} = \begin{pmatrix} \cos(\angle x_B, x_A) & \cos(\angle y_B, x_A) & \cos(\angle z_B, x_A) \\ \cos(\angle x_B, y_A) & \cos(\angle y_B, y_A) & \cos(\angle z_B, y_A) \\ \cos(\angle x_B, z_A) & \cos(\angle y_B, z_A) & \cos(\angle z_B, z_A) \end{pmatrix} \tag{3-2}$$

方向余弦矩阵是正交矩阵，即矩阵中每行和每列中元素的平方和为 1，两个不同列或不同行中对应元素的乘积之和为 0。

在物体的位置和姿态描述中，左上标表示固定坐标系，左下标则表示被描述的坐标系。本书后续内容也采用此上、下标的规定。

3.3 齐次坐标与齐次坐标变换

3.3.1 齐次坐标

将一个 n 维空间的点用 $n+1$ 维坐标表示，则该 $n+1$ 维坐标即为 n 维坐标的齐次坐标。令 w 为该齐次坐标中的比例因子，当 $w=1$ 时，其表示方法称为齐次坐标的规格化形式。例如，在选定的坐标系 $\{O: x, y, z\}$ 中，对于空间任一点的位置矢量 $\boldsymbol{P}$，有
$$\boldsymbol{P} = (P_x \quad P_y \quad P_z \quad 1)^{\mathrm{T}}$$
式中 P_x, P_y, P_z——点 P 在坐标系中的三个坐标分量。

当 $w \neq 1$ 时，则相当于将该列阵中各元素同时乘以一个非零的比例因子 w，仍表示同一点的位置矢量 $\boldsymbol{P}$，即
$$\boldsymbol{P} = (a \quad b \quad c \quad w)^{\mathrm{T}}$$
其中，$P_x = a/w$；$P_y = b/w$；$P_z = c/w$。

需要指出的是，由于比例因子可以为任意非零实数，一个点位置的齐次坐标有无穷多个。为了简化计算，在机器人学中取比例因子为1。作为特例，笛卡儿坐标系的坐标轴是指向无穷远的矢量，三个坐标轴用齐次坐标可表示为
$$\boldsymbol{X} = (1 \quad 0 \quad 0 \quad 0)^{\mathrm{T}}, \boldsymbol{Y} = (0 \quad 1 \quad 0 \quad 0)^{\mathrm{T}}, \boldsymbol{Z} = (0 \quad 0 \quad 1 \quad 0)^{\mathrm{T}}$$

3.3.2 齐次坐标变换

在机器人坐标系中，运动时相对于连杆不动的坐标系称为固定坐标系，随着连杆运动的坐标系称为动坐标系。

假设机器人末端执行器抓取喷枪在工件上实施喷涂作业，已知喷枪中心 P 点相对于末端执行器中心的位置，求点 P 相对于机座的位置。分别将机座和末端执行器设置为固定坐标系 $\{A\}$ 和动坐标系 $\{B\}$，如图3-2所示。点 P 相对于动坐标系 $\{B\}$ 的描述为 $^B\boldsymbol{P}$，坐标系 $\{B\}$ 相对于 $\{A\}$ 的旋转用 $^A_B\boldsymbol{R}$ 表示，求点 P 相对于固定坐标系 $\{A\}$ 的描述 $^A\boldsymbol{P}$。引入中间坐标系 $\{C\}$，这个坐标系和 $\{A\}$ 的姿态相同，原点和 $\{B\}$ 重合，那么有 $^C\boldsymbol{P} = {^A_B}\boldsymbol{R}^B\boldsymbol{P}$。应用矢量加法得到

$$^A\boldsymbol{P} = {^C\boldsymbol{P}} + {^A\boldsymbol{P}_{O_B}} = {^A_B}\boldsymbol{R}^B\boldsymbol{P} + {^A\boldsymbol{P}_{O_B}} \tag{3-3}$$

式中 $^A\boldsymbol{P}_{O_B}$——位置矩阵，表示动坐标系原点到固定坐标系原点之间的距离。

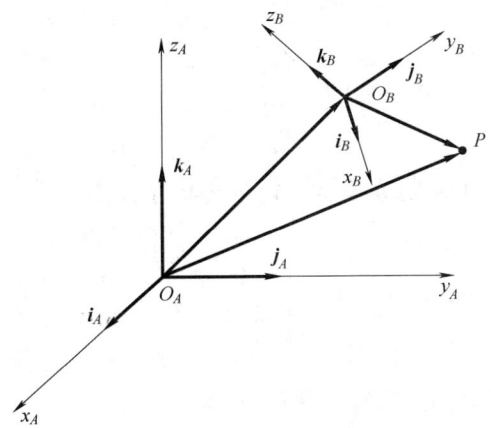

图 3-2 坐标变换

式（3-3）称为坐标变换方程。式（3-3）可以进一步用齐次坐标表示为

$$\begin{pmatrix} ^A\boldsymbol{P} \\ 1 \end{pmatrix} = \begin{pmatrix} ^A_B\boldsymbol{R} & ^A\boldsymbol{P}_{O_B} \\ 0 \quad 0 \quad 0 & 1 \end{pmatrix} \begin{pmatrix} ^B\boldsymbol{P} \\ 1 \end{pmatrix} \tag{3-4}$$

简化为

$$^A P = {}_B^A T \, ^B P \tag{3-5}$$

式中 ${}_B^A T$——齐次坐标变换矩阵，包含了两级坐标变换之间的位置平移和角度旋转两方面的信息。

式（3-5）称为齐次坐标变换方程。

3.3.3 齐次坐标变换举例

1. 平移（translation）坐标变换

将动坐标系相对固定坐标系平移 $(x_0 \; y_0 \; z_0)$，则

$$R = \begin{pmatrix} 1 & 0 & 0 \\ 0 & 1 & 0 \\ 0 & 0 & 1 \end{pmatrix}, \; P = \begin{pmatrix} x_0 \\ y_0 \\ z_0 \end{pmatrix}$$

齐次变换矩阵相乘顺序问题

所以经平移坐标变换后的齐次坐标变换矩阵为

$$T = \mathrm{Trans}(x_0, y_0, z_0) = \begin{pmatrix} 1 & 0 & 0 & x_0 \\ 0 & 1 & 0 & y_0 \\ 0 & 0 & 1 & z_0 \\ 0 & 0 & 0 & 1 \end{pmatrix} \tag{3-6}$$

2. 旋转（rotation）坐标变换

将动坐标系绕 x 轴旋转 θ 角，按右手规则确定旋转方向，$P = (0 \; 0 \; 0)^\mathrm{T}$。由式（3-2）和式（3-4）可得

$$R = \begin{pmatrix} 1 & 0 & 0 \\ 0 & \cos\theta & -\sin\theta \\ 0 & \sin\theta & \cos\theta \end{pmatrix}$$

$$T = \mathrm{Rot}(x, \theta) = \begin{pmatrix} 1 & 0 & 0 & 0 \\ 0 & \cos\theta & -\sin\theta & 0 \\ 0 & \sin\theta & \cos\theta & 0 \\ 0 & 0 & 0 & 1 \end{pmatrix} \tag{3-7}$$

同理，将动坐标系绕 y 轴旋转 θ 角后所得的坐标变换矩阵为

$$T = \mathrm{Rot}(y, \theta) = \begin{pmatrix} \cos\theta & 0 & \sin\theta & 0 \\ 0 & 1 & 0 & 0 \\ -\sin\theta & 0 & \cos\theta & 0 \\ 0 & 0 & 0 & 1 \end{pmatrix} \tag{3-8}$$

将动坐标系绕 z 轴旋转 θ 角后所得的坐标变换矩阵为

$$T = \mathrm{Rot}(z, \theta) = \begin{pmatrix} \cos\theta & -\sin\theta & 0 & 0 \\ \sin\theta & \cos\theta & 0 & 0 \\ 0 & 0 & 1 & 0 \\ 0 & 0 & 0 & 1 \end{pmatrix} \tag{3-9}$$

3. 广义旋转坐标变换

绕经过坐标系原点的任一矢量 K 进行的旋转变换称为广义旋转变换，如图 3-3 所示。

设 $K = k_x\boldsymbol{i} + k_y\boldsymbol{j} + k_z\boldsymbol{k}$ 表示过原点的单位矢量,且 $k_x^2 + k_y^2 + k_z^2 = 1$,则将动坐标系绕矢量 K 旋转 θ 角后所得的坐标变换矩阵为

$$\boldsymbol{T} = \mathrm{Rot}(\boldsymbol{K}, \theta) = \begin{pmatrix} k_xk_x\mathrm{vers}\theta + \mathrm{c}\theta & k_yk_x\mathrm{vers}\theta - k_z\mathrm{s}\theta & k_zk_x\mathrm{vers}\theta + k_y\mathrm{s}\theta & 0 \\ k_xk_y\mathrm{vers}\theta + k_z\mathrm{s}\theta & k_yk_y\mathrm{vers}\theta + \mathrm{c}\theta & k_zk_y\mathrm{vers}\theta - k_x\mathrm{s}\theta & 0 \\ k_xk_z\mathrm{vers}\theta - k_y\mathrm{s}\theta & k_yk_z\mathrm{vers}\theta + k_x\mathrm{s}\theta & k_zk_z\mathrm{vers}\theta + \mathrm{c}\theta & 0 \\ 0 & 0 & 0 & 1 \end{pmatrix} \quad (3\text{-}10)$$

其中,$\mathrm{s}\theta = \sin\theta$;$\mathrm{c}\theta = \cos\theta$;$\mathrm{vers}\theta = 1 - \cos\theta$。

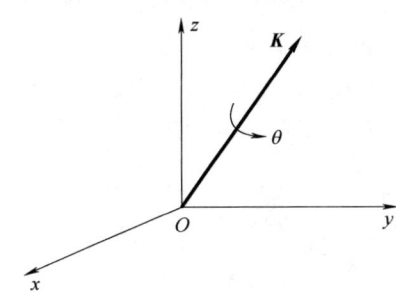

图 3-3 广义旋转坐标变换

当 $k_x = 1$,$k_y = k_z = 0$ 时,动坐标系绕 x 轴旋转;当 $k_y = 1$,$k_x = k_z = 0$ 时,动坐标系绕 y 轴旋转;当 $k_z = 1$,$k_x = k_y = 0$ 时,动坐标系绕 z 轴旋转。广义旋转变换矩阵的主要作用在于:当给定任意复合转动的变换矩阵 $\boldsymbol{T}$ 时,令其与广义旋转变换矩阵相等,便可求得绕一等效轴旋转一等效转角的单一转动角。

4. 综合坐标变换

例 3-1 设动坐标系 $\{B: u, v, w\}$ 与固定坐标系 $\{A: x, y, z\}$ 初始位置重合,经下列坐标变换:绕 z 轴旋转 $90°$;绕 y 轴旋转 $90°$;相对于固定坐标系平移位置矢量 $4\boldsymbol{i} - 3\boldsymbol{j} + 7\boldsymbol{k}$。试求合成齐次坐标变换矩阵 ${}_B^A\boldsymbol{T}$。

解 动坐标系绕固定坐标系 z 轴旋转 $90°$,其齐次变换矩阵为

$$\boldsymbol{T}_1 = \mathrm{Rot}(z, 90°) = \begin{pmatrix} 0 & -1 & 0 & 0 \\ 1 & 0 & 0 & 0 \\ 0 & 0 & 1 & 0 \\ 0 & 0 & 0 & 1 \end{pmatrix}$$

动坐标系再绕固定坐标系 y 轴旋转 $90°$,其齐次变换矩阵为

$$\boldsymbol{T}_2 = \mathrm{Rot}(y, 90°) = \begin{pmatrix} 0 & 0 & 1 & 0 \\ 0 & 1 & 0 & 0 \\ -1 & 0 & 0 & 0 \\ 0 & 0 & 0 & 1 \end{pmatrix}$$

动坐标系再平移 $4\boldsymbol{i} - 3\boldsymbol{j} + 7\boldsymbol{k}$,有

$$\boldsymbol{T}_3 = \mathrm{Trans}(4, -3, 7) = \begin{pmatrix} 1 & 0 & 0 & 4 \\ 0 & 1 & 0 & -3 \\ 0 & 0 & 1 & 7 \\ 0 & 0 & 0 & 1 \end{pmatrix}$$

所以合成齐次变换矩阵为

$${}^A_B T = T_3 T_2 T_1 = \begin{pmatrix} 0 & 0 & 1 & 4 \\ 1 & 0 & 0 & -3 \\ 0 & 1 & 0 & 7 \\ 0 & 0 & 0 & 1 \end{pmatrix}$$

物理意义：${}^A_B T$ 中第一列的前三个元素 0，1，0 表示动坐标系的 u 轴在固定坐标系三个坐标轴上的投影，故 u 轴平行于 y 轴；${}^A_B T$ 中第二列的前三个元素 0，0，1 表示动坐标系的 v 轴在固定坐标系三个坐标轴上的投影，故 v 轴平行于 z 轴；${}^A_B T$ 中第三列的前三个元素 1，0，0 表示动坐标系的 w 轴在固定坐标系三个坐标轴上的投影，故 w 轴平行于 x 轴；${}^A_B T$ 中第四列的前三个元素 4，-3，7 表示动坐标系的原点与固定坐标系原点之间的距离。

上述例题坐标变换的几何表示如图 3-4 所示。

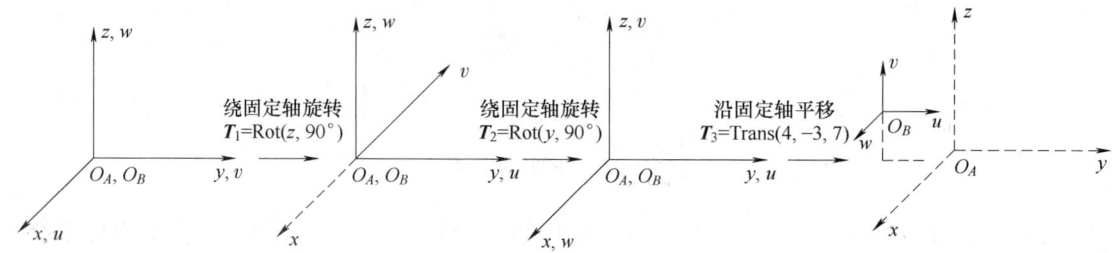

图 3-4　坐标变换的几何表示

如果一个矢量点 $P = 7i + 3j + 2k$ 固定于动坐标系上，则任何时刻这个矢量在坐标系 $\{B: u, v, w\}$ 中的表达都是不变的，动坐标系经过上述变换后，在 $\{A: x, y, z\}$ 坐标系中表示为矢量 X，且

$$X = {}^A_B T P = T_3 T_2 T_1 P = \mathrm{Trans}(4,-3,7)\mathrm{Rot}(y,90°)\mathrm{Rot}(z,90°) P \tag{3-11}$$

$$X = \begin{pmatrix} 0 & 0 & 1 & 4 \\ 1 & 0 & 0 & -3 \\ 0 & 1 & 0 & 7 \\ 0 & 0 & 0 & 1 \end{pmatrix} \begin{pmatrix} 7 \\ 3 \\ 2 \\ 1 \end{pmatrix} = \begin{pmatrix} 6 & 4 & 10 & 1 \end{pmatrix}^{\mathrm{T}} \tag{3-12}$$

固定于动坐标系中矢量变换的几何表示如图 3-5 所示。

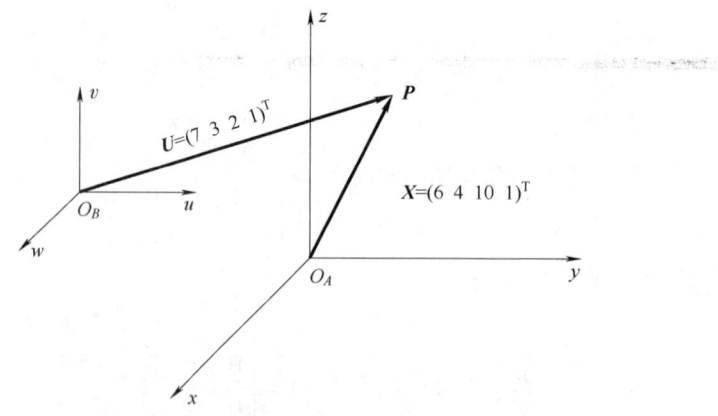

图 3-5　矢量变换的几何表示

这里尤其需要注意的是变换次序不能随意调换,因为矩阵的乘法不满足交换律,例如式 (3-11) 中,

$$\text{Trans}(4,-3,7)\text{Rot}(y,90°) \neq \text{Rot}(y,90°)\text{Trans}(4,-3,7)$$

同样

$$\text{Rot}(y,90°)\text{Rot}(z,90°) \neq \text{Rot}(z,90°)\text{Rot}(y,90°)$$

上面所述的坐标变换每步都是相对于固定坐标系进行的。也可以相对于动坐标系进行变换;坐标系 $\{B: u, v, w\}$ 初始与固定坐标系 $\{A: x, y, z\}$ 相重合,首先相对于固定坐标系平移 $4i - 3j + 7k$,然后绕活动坐标系的 v 轴旋转 $90°$,最后绕 w 轴旋转 $90°$,这时合成变换矩阵为

$$T = T_1 T_2 T_3 = \begin{pmatrix} 0 & 0 & 1 & 4 \\ 1 & 0 & 0 & -3 \\ 0 & 1 & 0 & 7 \\ 0 & 0 & 0 & 1 \end{pmatrix} \tag{3-13}$$

与前面的计算结果相同。绕动坐标系变换的几何表示如图 3-6 所示。

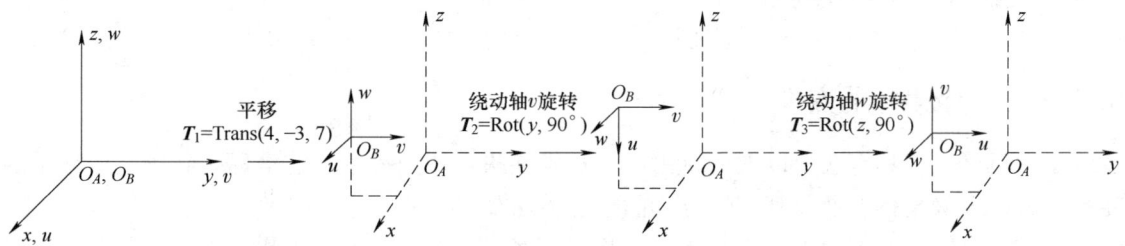

图 3-6 绕动坐标系变换的几何表示

结论:若每次的变换都是相对于固定坐标系进行的,则矩阵左乘;若每次的变换都是相对于动坐标系进行的,则矩阵右乘。

3.3.4 机器人末端执行器的位姿表示

机器人末端执行器的位姿也可以用固连于末端执行器的坐标系 $\{H\}$ 的位姿来表示,如图 3-7 所示。

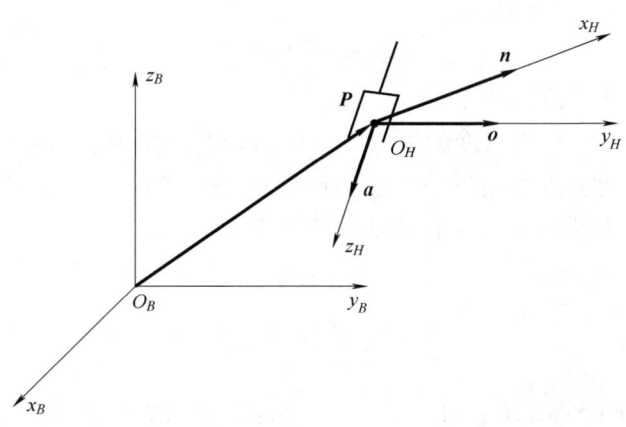

图 3-7 末端执行器的位姿表示

坐标系 $\{H\}$ 可以这样来确定：取末端执行器的中心点为原点 O_H；关节轴为 z_H 轴（z_H 轴的单位方向矢量 a 称为接近（approach）矢量，指向朝外），在抓取工件时，z_H 轴逐步接近工件；末端执行器两手指的横向连线为 y_H 轴（y_H 轴的单位方向矢量 o 称为定位（orientation）矢量，指向可任意选定，但要符合右手法则），y_H 轴的指向确定了末端执行器开口的方位；末端执行器的垂直方向为 x_H 轴（x_H 轴的单位方向矢量 n 称为法向（normal）矢量），x_H 轴与 y_H 轴和 z_H 轴垂直，且 $n = o \times a$，指向符合右手法则。

末端执行器的位置矢量为由固定参考系 $\{B\}$ 原点指向末端执行器坐标系 $\{H\}$ 原点的矢量 P，末端执行器的方向矢量为 n，o，a。于是末端执行器的位姿可用 4×4 矩阵表示为

$$T = (\boldsymbol{n} \quad \boldsymbol{o} \quad \boldsymbol{a} \quad \boldsymbol{P}) = \begin{pmatrix} n_x & o_x & a_x & p_x \\ n_y & o_y & a_y & p_y \\ n_z & o_z & a_z & p_z \\ 0 & 0 & 0 & 1 \end{pmatrix}$$

3.4 变换方程的建立

3.4.1 多级坐标的变换

工业机器人都具有两个以上的自由度，从末端执行器把持中心的坐标系到固定坐标系的变换要经过多级坐标变换，其变换方程的建立方法如下。

设有一具有 n 个自由度的机器人，如图 3-8 所示，点 O_n 为末端执行器把持中心动坐标系的原点，点 P 为末端执行器上的任意一点。点 P 相对于固定坐标系 $\{O_0: x_0, y_0, z_0\}$ 的坐标为 $P(x, y, z)$，而相对于动坐标系 $\{O_n: x_n, y_n, z_n\}$ 的坐标为 $P(x_n, y_n, z_n)$。现在已知 $P(x_n, y_n, z_n)$，要求 $P(x, y, z)$ 的表达式。很显然，从坐标系 $\{O_n: x_n, y_n, z_n\}$ 到坐标系 $\{O_0: x_0, y_0, z_0\}$ 经过了 n 级的逐次坐标变换，且每次都是相对于动坐标系进行的。如果求出了任一个相邻两级之间的坐标变换矩阵 T_i，那么，从坐标系 $\{O_n: x_n, y_n, z_n\}$ 到坐标系 $\{O_0: x_0, y_0, z_0\}$ 之间的坐标变换矩阵可表示为

$$T = T_1 T_2 T_3 T_4 \cdots T_{n-1} T_n \tag{3-14}$$

则齐次坐标变换方程式可以表示为

$$X = T X_n \tag{3-15}$$

其中，$X = (x \quad y \quad z \quad 1)^T$；$X_n = (x_n \quad y_n \quad z_n \quad 1)^T$。

式（3-15）确定了 n 个自由度的机器人末端执行器把持中心的任一点 P 相对于固定坐标系的位置，以及末端执行器把持中心在空间的姿态。当点 P 取在末端执行器把持中心，即 $x_n = y_n = z_n = 0$ 时，机器人末端执行器的位移方程式为

$$\begin{cases} x = x_0 \\ y = y_0 \\ z = z_0 \end{cases} \tag{3-16}$$

其中，x_0，y_0，z_0 为坐标系 $\{O_n: x_n, y_n, z_n\}$ 相对于坐标系 $\{O_0: x_0, y_0, z_0\}$ 坐标原点的平移量，由矩阵 T 的第四列确定。

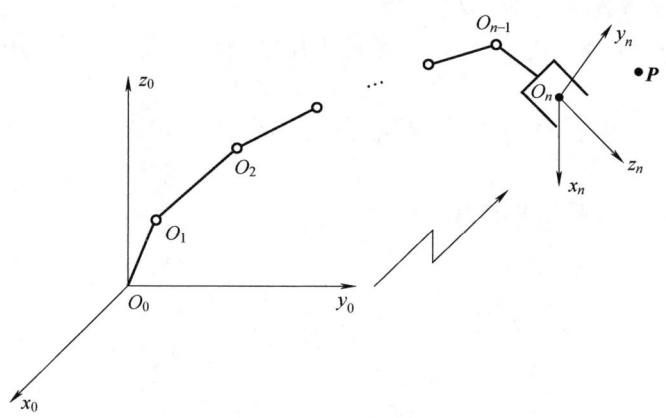

图 3-8　多级坐标变换

3.4.2　多种坐标系的变换

1. 多种坐标系

3.4.1 节仅仅应用到了固定坐标系和动坐标系。实际上，为了描述机器人的运动，以便于编程控制与操作，常常需要定义多种坐标系。如图 3-9 所示，假设机器人要抓取放在工作台上的工件，需以一定的位姿向工作台处移动，为了方便描述机器人与周围环境的相对位姿关系，常使用以下几种坐标系。

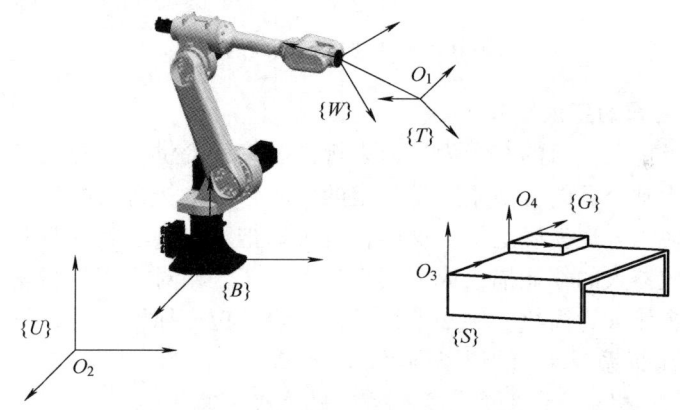

图 3-9　机器人的多种坐标系定义

1) 通用（世界）坐标系 $\{U\}$，它是机器人坐标系中最大的一个坐标系，用于多台机器人的协调控制。

2) 基（固定）坐标系 $\{B\}$，又表示为 $\{O\}$，固定在机器人的机座上，通常 x 轴表示机器人臂部方向，y 轴表示机器人的横方向，z 轴表示机器人的身高方向。相对于通用坐标系定义，即 $\{B\} = {}^U_B\boldsymbol{T}$。在默认情况下，通用坐标系与基坐标系是一致的。

3) 腕坐标系 $\{W\}$，坐标原点选在腕部中心（法兰盘处），相对于基坐标系定义，即 $\{W\} = {}^B_W\boldsymbol{T}$。

4) 工具坐标系 $\{T\}$，固定在工具的端部，其坐标原点为工具中心点（tool center point，

TCP），相对于腕坐标系定义，即 $\{T\} = {}_T^W\boldsymbol{T}$。

5) 工作台（用户）坐标系 $\{S\}$，固定在工作台的角上，相对于通用坐标系或基坐标系定义，即 $\{S\} = {}_S^U\boldsymbol{T}$。

6) 目标（工件）坐标系 $\{G\}$，固定在工作台上，相对于工作台坐标系定义，即 $\{G\} = {}_G^S\boldsymbol{T}$。

多种坐标系之间的关系如图 3-10 所示。

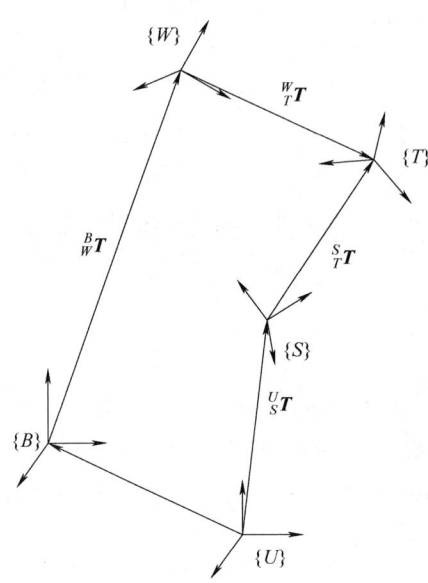

图 3-10 多种坐标系之间的关系

2. 多种坐标系之间的变换矩阵

规定以上标准坐标系，目的在于为机器人规划和编程提供一种标准符号。对于确定的机器人，腕坐标相对于基坐标的变换矩阵是一定的，一旦末端执行器所拿工具确定，工具坐标相对于腕坐标的变换矩阵也就确定了，这样，就可以把工具中心点（TCP）作为机器人控制定位的参照点，把机器人的作业描述成工具坐标系 $\{T\}$ 相对于工作台坐标系 $\{S\}$ 的一系列运动，使得编程操作大为简化。例如，为了按一定的位姿抓取工件，只需控制工具坐标系 $\{T\}$ 相对于工作台坐标系 $\{S\}$ 的位姿即可。

工具坐标系 $\{T\}$ 相对于通用坐标系 $\{U\}$ 的变换方程可表示为

$${}_T^U\boldsymbol{T} = {}_B^U\boldsymbol{T}\,{}_W^B\boldsymbol{T}\,{}_T^W\boldsymbol{T} \tag{3-17}$$

另外，工具坐标系 $\{T\}$ 相对于通用坐标系 $\{U\}$ 的变换方程也可表示为

$${}_T^U\boldsymbol{T} = {}_S^U\boldsymbol{T}\,{}_T^S\boldsymbol{T} \tag{3-18}$$

由以上两式可得

$${}_B^U\boldsymbol{T}\,{}_W^B\boldsymbol{T}\,{}_T^W\boldsymbol{T} = {}_S^U\boldsymbol{T}\,{}_T^S\boldsymbol{T} \tag{3-19}$$

变换方程的任一变换矩阵都可用其余的变换矩阵来表示。例如，为了求出工具坐标系 $\{T\}$ 到工作台坐标系 $\{S\}$ 的变换矩阵 ${}_T^S\boldsymbol{T}$，需对式（3-22）左乘 ${}_S^U\boldsymbol{T}^{-1}$，得

$${}_T^S\boldsymbol{T} = {}_S^U\boldsymbol{T}^{-1}\,{}_B^U\boldsymbol{T}\,{}_W^B\boldsymbol{T}\,{}_T^W\boldsymbol{T} \tag{3-20}$$

由式（3-20）便可求出工具相对工作台的位姿，以完成抓取工件的作业任务。一些机器人控制系统具有求解式（3-20）的功能，称为"where"功能。

这个方程可以用有向变换图来表示，如图 3-11 所示。图中每一弧段表示一个变换，从它定义的参考坐标系由外指向内，封闭于物体上的某一共同点，这就是变换方程的封闭性。

实际上，可以从封闭的有向变换图的任一变换弧开始列变换方程。从某一变换弧开始，顺箭头方向为正变换，一直连续列写到相邻于该变换弧为止（但不再包括该起点变换），则得到一个单位变换。

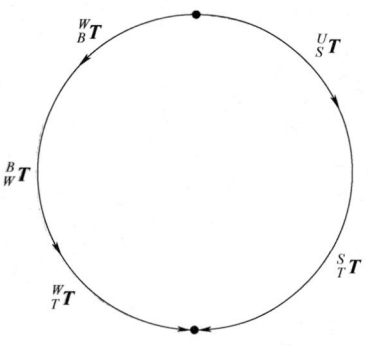

图 3-11 封闭的有向变换

3.5 RPY 角与欧拉角

旋转矩阵 R 的九个元素中，只有三个是独立元素，用它来做矩阵运算算子或进行矩阵变换非常方便，但用来表示方位却不太方便，所以通常用 RPY 角与欧拉角来表示机器人在空间的方位。

3.5.1 RPY 角（绕固定轴 x、y、z 旋转）

RPY 角是描述船舶在大海中航行或飞机在空中飞行时姿态的一种方法。将船的行驶方向取为 z 轴，则绕 z 轴的旋转（α 角）称为回转（roll）；将船体的横向取为 y 轴，则绕 y 轴的旋转（β 角）称为俯仰（pitch）；将垂直于船体的方向取为 x 轴，则绕 x 轴的旋转（γ 角）称为偏转（yaw），如图 3-12 所示。操作臂手爪姿态的规定方法与此类似（图 3-13），习惯上称为 RPY 角方法。

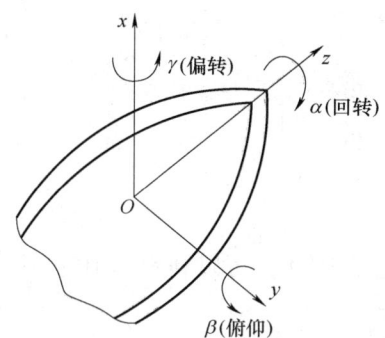

图 3-12 RPY 角定义

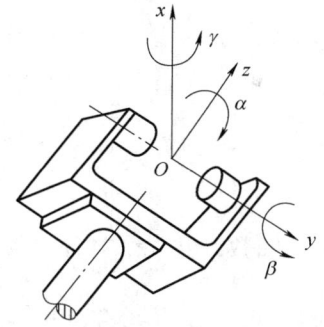

图 3-13 操作臂 RPY 角示意图

用 RPY 角描述活动坐标系方位的法则如下：活动坐标系的初始方位与参考坐标系重合，首先将动坐标系绕参考坐标系的 x 轴旋转 γ 角，再绕参考坐标系的 y 轴旋转 β 角，最后绕参考坐标系的 z 轴旋转 α 角，如图 3-14 所示。

因为三次旋转都是相对于参考坐标系的，所以得到相应的旋转矩阵

$$\text{RPY}(\gamma,\beta,\alpha) = \text{Rot}(z,\alpha)\text{Rot}(y,\beta)\text{Rot}(x,\gamma) \tag{3-21}$$

$$\text{RPY}(\gamma,\beta,\alpha) = \begin{pmatrix} c\alpha & -s\alpha & 0 & 0 \\ s\alpha & c\alpha & 0 & 0 \\ 0 & 0 & 1 & 0 \\ 0 & 0 & 0 & 1 \end{pmatrix} \begin{pmatrix} c\beta & 0 & s\beta & 0 \\ 0 & 1 & 0 & 0 \\ -s\beta & 0 & c\beta & 0 \\ 0 & 0 & 0 & 1 \end{pmatrix} \begin{pmatrix} 1 & 0 & 0 & 0 \\ 0 & c\gamma & -s\gamma & 0 \\ 0 & s\gamma & c\gamma & 0 \\ 0 & 0 & 0 & 1 \end{pmatrix}$$

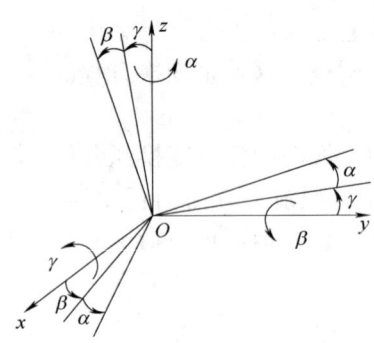

图 3-14 RPY 角

其中，$c\alpha = \cos\alpha$，$s\alpha = \sin\alpha$，$c\beta = \cos\beta$，$s\beta = \sin\beta$，$c\gamma = \cos\gamma$，$s\gamma = \sin\gamma$（后文中表示方法与此处相同，不再赘述）。将矩阵相乘得

$$\mathrm{RPY}(\gamma,\beta,\alpha) = \begin{pmatrix} c\alpha c\beta & c\alpha s\beta s\gamma - s\alpha c\gamma & c\alpha s\beta c\gamma + s\alpha s\gamma & 0 \\ s\alpha c\beta & s\alpha s\beta s\gamma - c\alpha c\gamma & s\alpha s\beta c\gamma - c\alpha s\gamma & 0 \\ -s\beta & c\beta s\gamma & c\beta c\gamma & 0 \\ 0 & 0 & 0 & 1 \end{pmatrix} \tag{3-22}$$

它表示绕固定坐标系的三个轴依次旋转得到的旋转矩阵，因此称为绕固定轴 x、y、z 旋转的 RPY 角法。

现在来讨论逆解问题：从给定的旋转矩阵求出等价的绕固定轴 x、y、z 的转角 γ、β、α。

令

$$\mathrm{RPY}(\gamma,\beta,\alpha) = \begin{pmatrix} n_x & o_x & a_x & 0 \\ n_y & o_y & a_y & 0 \\ n_z & o_z & a_z & 0 \\ 0 & 0 & 0 & 1 \end{pmatrix} \tag{3-23}$$

式中有三个未知数，共九个方程，其中六个方程不独立，因此，可以利用其中的三个方程解出未知数。

由式（3-22）、式（3-23）可以得出

$$\cos\beta = \sqrt{n_x^2 + n_y^2} \tag{3-24}$$

如果 $\cos\beta \neq 0$，则得到各个角的反正切表达式为

$$\begin{cases} \beta = \arctan2(-n_z, \sqrt{n_x^2 + n_y^2}) \\ \alpha = \arctan2(n_y, n_x) \\ \gamma = \arctan2(o_z, a_z) \end{cases} \tag{3-25}$$

其中，$\arctan2(y, x)$ 为双变量反正切函数。利用双变量反正切函数 $\arctan2(y, x)$ 计算 $\arctan(y/x)$ 的优点在于利用 x 和 y 的符号就能确定所得角度所在的象限，这是利用单变量反正切函数所不能完成的。

式（3-25）中的根式一般有两个解，通常取在 $-90° \sim +90°$ 范围内的一个解。

3.5.2 欧拉角

1. 绕动坐标系轴 z、y、x 转动的欧拉角

这种描述坐标系运动的法则如下:动坐标系的初始方位与参考坐标系相同,首先使动坐标系绕其 z 轴旋转 α 角,然后绕动坐标系的 y 轴旋转 β 角,最后绕动坐标系的 x 轴旋转 γ 角,如图 3-15 所示。

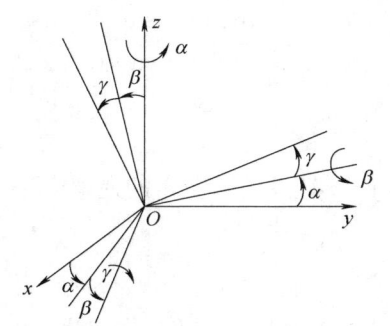

机器人工具箱
MATLAB robotics toolbox
及基本指令简介

图 3-15 绕动坐标系轴 z、y、x 转动的欧拉角

在这种描述法中各次转动都是相对于动坐标系的某轴进行的,而不是相对于固定的参考坐标系进行的。这样的三次转动角称为欧拉角。因此可以得出欧拉变换矩阵为

$$\mathrm{Euler}(\alpha,\beta,\gamma) = \mathrm{Rot}(z,\alpha)\mathrm{Rot}(y,\beta)\mathrm{Rot}(x,\gamma)$$

$$= \begin{pmatrix} c\alpha & -s\alpha & 0 & 0 \\ s\alpha & c\alpha & 0 & 0 \\ 0 & 0 & 1 & 0 \\ 0 & 0 & 0 & 1 \end{pmatrix} \begin{pmatrix} c\beta & 0 & s\beta & 0 \\ 0 & 1 & 0 & 0 \\ -s\beta & 0 & c\beta & 0 \\ 0 & 0 & 0 & 1 \end{pmatrix} \begin{pmatrix} 1 & 0 & 0 & 0 \\ 0 & c\gamma & -s\gamma & 0 \\ 0 & s\gamma & c\gamma & 0 \\ 0 & 0 & 0 & 1 \end{pmatrix}$$

矩阵相乘得

$$\mathrm{Euler}(\alpha,\beta,\gamma) = \begin{pmatrix} c\alpha c\beta & c\alpha s\beta s\gamma - s\alpha c\gamma & c\alpha s\beta c\gamma + s\alpha s\gamma & 0 \\ s\alpha c\beta & s\alpha s\beta s\gamma - c\alpha c\gamma & s\alpha s\beta c\gamma - c\alpha s\gamma & 0 \\ -s\beta & c\beta s\gamma & c\beta c\gamma & 0 \\ 0 & 0 & 0 & 1 \end{pmatrix} \quad (3\text{-}26)$$

这一结果与绕固定轴 x、y、z 旋转的结果完全相同。这是因为当绕固定轴旋转的顺序与绕运动轴旋转的顺序相反,且旋转的角度对应相等时,所得到的变换矩阵是相同的。因此用绕动坐标系轴 z、y、x 转动的欧拉角与用固定轴 x、y、z 旋转的转角描述动坐标系是完全等价的。

2. 绕动坐标系轴 z、y、z 转动的欧拉角

这种描述动坐标系的法则如下:最初,动坐标系与参考坐标系重合,首先使动坐标系绕其 z 轴旋转 α 角,然后绕动坐标系的 y 轴旋转 β 角,最后绕动坐标系的 z 轴旋转 γ 角,如图 3-16 所示。

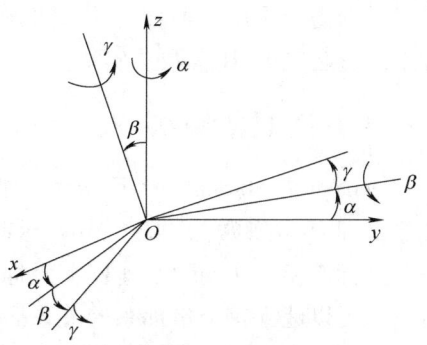

图 3-16 绕动坐标系轴 z、y、z 转动的欧拉角

可以求得

$$\begin{aligned}
\text{Euler}(\alpha,\beta,\gamma) &= \text{Rot}(z,\alpha)\text{Rot}(y,\beta)\text{Rot}(z,\gamma) \\
&= \begin{pmatrix} c\alpha & -s\alpha & 0 & 0 \\ s\alpha & c\alpha & 0 & 0 \\ 0 & 0 & 1 & 0 \\ 0 & 0 & 0 & 1 \end{pmatrix} \begin{pmatrix} c\beta & 0 & s\beta & 0 \\ 0 & 1 & 0 & 0 \\ -s\beta & 0 & c\beta & 0 \\ 0 & 0 & 0 & 1 \end{pmatrix} \begin{pmatrix} c\gamma & -s\gamma & 0 & 0 \\ s\gamma & c\gamma & 0 & 0 \\ 0 & 0 & 1 & 0 \\ 0 & 0 & 0 & 1 \end{pmatrix} \\
&= \begin{pmatrix} c\alpha c\beta c\gamma - s\alpha s\gamma & -c\alpha c\beta s\gamma - s\alpha c\gamma & c\alpha s\beta & 0 \\ s\alpha c\beta c\gamma + c\alpha s\gamma & -s\alpha c\beta s\gamma + c\alpha c\gamma & s\alpha s\beta & 0 \\ -s\beta c\gamma & s\beta s\gamma & c\beta & 0 \\ 0 & 0 & 0 & 1 \end{pmatrix}
\end{aligned} \quad (3\text{-}27)$$

同样，求绕动坐标系轴 z、y、z 转动的欧拉角的逆解方法如下：

令

$$\text{Euler}(\alpha,\beta,\gamma) = \begin{pmatrix} n_x & o_x & a_x & 0 \\ n_y & o_y & a_y & 0 \\ n_z & o_z & a_z & 0 \\ 0 & 0 & 0 & 1 \end{pmatrix} \quad (3\text{-}28)$$

如果 $\sin\beta \neq 0$，则

$$\begin{cases} \beta = \arctan2(\sqrt{n_z^2 + o_z^2}, a_z) \\ \alpha = \arctan2(a_y, a_x) \\ \gamma = \arctan2(o_z, -n_z) \end{cases} \quad (3\text{-}29)$$

虽然 $\sin\beta = \sqrt{n_z^2 + o_z^2}$ 有两个 β 解存在，但一般总是取在 $0 \sim 180°$ 范围内的一个解。

3.6 机器人连杆 D-H 参数及其坐标变换

在建立坐标变换方程时，把一系列的坐标系建立在连接连杆的关节上，用齐次坐标变换来描述这些坐标系之间的相对位置和方向，就可建立起机器人的运动学方程。现在的问题是如何在每个关节上确定坐标系的方向，以及如何确定相邻两个坐标系之间的相对平移量和旋转量，即需要采用一种合适的方法来描述相邻连杆之间的坐标方向和几何参数。解决该问题常用的方法是 D-H 参数法。

3.6.1 D-H 参数法

Denavit 和 Hartenberg 于 1955 年提出了一种为关节链中的每一个杆件建立坐标系的矩阵方法，即 D-H 参数法。在机器人运动学上，这种方法在每个连杆上建立一个坐标系，通过齐次坐标变换来实现两个连杆上坐标的变换，在多连杆串联的系统中，多次使用齐次坐标变换，就可以建立首末坐标系的关系。D-H 方法分为标准 D-H 方法和修正的 D-H 方法两种，两者之间区别在于：前者将坐标系置于连杆末端，而后者将坐标系置于连杆首端。修正的 D-H 方法克服了标准 D-H 方法建模中的一些问题，比较常用，本文介绍修正的 D-H 建模方法。

1. 连杆参数

如图 3-17 所示，用两个相邻关节轴线间的相对位置关系来描述单根连杆自身的几何尺寸，有两个参数。

1) 连杆长度 a_{i-1} 为两相邻关节轴线之间的距离，即关节轴 z_i 和 z_{i-1} 轴之间公法线长度，沿着 x_{i-1} 轴方向测量。当两关节轴线平行时，$a_{i-1} = l_{i-1}$，l_{i-1} 为连杆的长度；当两关节轴线垂直时，$a_{i-1} = 0$。

2) 连杆扭角 α_{i-1} 为两关节轴线之间的夹角，即 z_i 和 z_{i-1} 轴之间的夹角，绕 x_{i-1} 轴从 z_{i-1} 轴旋转到 z_i 轴，符合右手定则时为正。当两关节轴线平行时，$\alpha_{i-1} = 0°$；当两关节轴线垂直时，$\alpha_{i-1} = \pm 90°$。

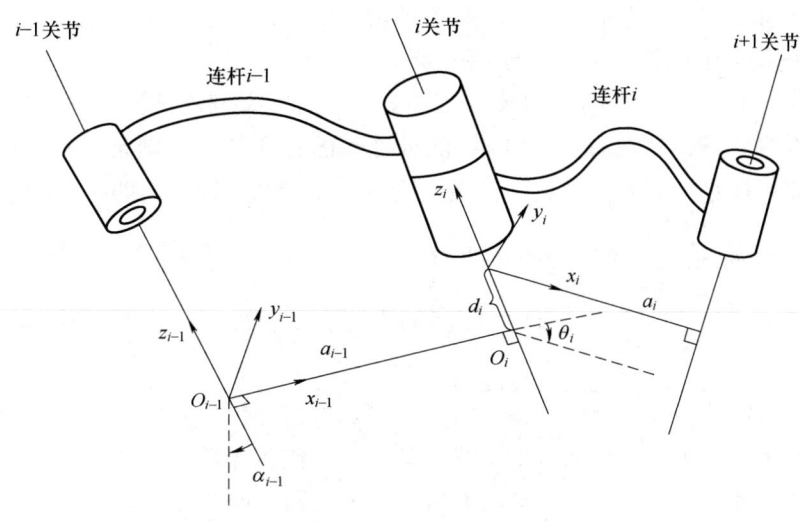

图 3-17 转动关节连杆 D-H 坐标系建立示意图

2. 关节参数

关节参数，由关节前后两根连杆的公垂线之间的关系表述。

1) 关节偏置距离 d_i 为两根公垂线 a_i 与 a_{i-1} 之间的距离，即 x_i 和 x_{i-1} 轴之间的距离，在 z_i 轴上测量。对于转动关节，d_i 为常数；对于移动关节，d_i 为变量。

2) 关节转角 θ_i 为两根公垂线 a_i 与 a_{i-1} 之间的夹角，即 x_i 和 x_{i-1} 轴之间的夹角，绕 z_i 轴从 x_{i-1} 轴旋转到 x_i 轴，符合右手定则时为正。对于转动关节，θ_i 为变量；对于移动关节，θ_i 为常数。

如此，每根连杆由四个参数描述，其中两个描述连杆自身尺寸，另外两个描述相邻连杆之间的相对位置关系。

3. 连杆坐标系的建立

D-H 建模需要在每根连杆上固连一个坐标系，对于一个 n 关节机器人来说，需要建立 $n+1$ 个连杆坐标系，包括基坐标系 $\{0\}$，中间连杆坐标系 $\{i\}$，末端连杆坐标系 $\{n\}$。建立 D-H 坐标系的顺序是先建立中间坐标系 $\{i\}$，再建立两端坐标系 $\{0\}$ 和 $\{n\}$。

（1）中间连杆坐标系 $\{i\}$ 的建立

如图 3-17 所示，坐标系 $\{i\}$ 的 z 轴记为 z_i，与关节轴 i 重合，坐标系的原点位于 z_i 和 z_{i+1} 轴的公垂线 a_i 与关节轴 i 的交点处，x_i 坐标轴沿公垂线方向指向下一个关节 $i+1$。当公

垂线 $a_i = 0$ 时，x_i 坐标轴垂直于 z_i 和 z_{i+1} 轴所在平面，有两种方向选择。y_i 轴由右手定则确定，一般不用画出。

(2) 两端坐标系 {0} 和 {n} 的建立

在建立机器人运动学方程时需要一个固定坐标系作为参照来描述机器人连杆坐标系的位姿。通常选取与机器人机座固连的坐标系 {0} 作为参考坐标系。理论上坐标系 {0} 可以任意确定，但是为了便于计算，尽量使得连杆参数为0，为此通常设定坐标系 {0} 和 {1} 的初始状态重合。

对于机器人最末端的关节 n，若关节 n 为转动关节，则设定 x_n 与 x_{n-1} 的方向相同，并确立坐标系 {n} 的原点使 $d_n = 0$。若关节 n 为移动关节，则设定 x_n 方向尽量使 $\theta_n = 0$，并设定当 $d_n = 0$ 时，坐标系 {n} 的原点为 x_n 轴与关节轴 n 的交点。通常，坐标系 {0} 和 {n} 的原点需要结合机器人的结构及运动学建模需求确定。

总结：机器人的每根连杆的几何尺寸都可以用四个参数来描述，其中两个参数 a_{i-1} 和 α_{i-1} 表示连杆自身特征，其数值由 z_i 和 z_{i-1} 两轴之间的距离和夹角确定；另外两个参数 d_i 和 θ_i 用于描述相邻连杆之间的连接关系，其数值大小是 x_i 和 x_{i-1} 轴之间的距离和角度决定的。

3.6.2 连杆坐标系之间的坐标变换

从坐标系 $\{O_{i-1}\}$ 到坐标系 $\{O_i\}$ 之间的坐标变换，可由坐标系 $\{O_{i-1}\}$ 经过下述变换顺序来实现：

1) 当前坐标系 $\{O_{i-1}\}$ 绕 x_{i-1} 轴旋转 α_{i-1} 角，使 z_{i-1} 和 z_i 轴平行。
2) 当前坐标系 $\{O_{i-1}\}$ 沿 x_{i-1} 轴平移距离 a_{i-1}，使 z_{i-1} 和 z_i 轴重合。
3) 当前坐标系 $\{O_{i-1}\}$ 绕 z_i 轴旋转 θ_i 角，使 x_{i-1} 和 x_i 轴平行。
4) 沿 z_i 轴平移距离 d_i，使坐标系 $\{O_{i-1}\}$ 和坐标系 $\{O_i\}$ 完全重合。

上述变换均相对于动坐标系进行，所以经过四次变换可以表示坐标系 $\{O_i\}$ 相对于 $\{O_{i-1}\}$ 的齐次变换矩阵为

$$^{i-1}_i T = \mathrm{Rot}(x, \alpha_{i-1}) \mathrm{Trans}(a_{i-1}, 0, 0) \mathrm{Rot}(z, \theta_i) \mathrm{Trans}(0, 0, d_i)$$

即

$$^{i-1}_i T = \begin{pmatrix} \cos\theta_i & -\sin\theta_i & 0 & a_{i-1} \\ \sin\theta_i \cos\alpha_{i-1} & \cos\theta_i \cos\alpha_{i-1} & -\sin\alpha_{i-1} & -d_i \sin\alpha_{i-1} \\ \sin\theta_i \sin\alpha_{i-1} & \cos\theta_i \sin\alpha_{i-1} & \cos\alpha_{i-1} & d_i \cos\alpha_{i-1} \\ 0 & 0 & 0 & 1 \end{pmatrix} \quad (3\text{-}30)$$

3.7 机器人运动学方程实例

根据 3.6 节所述方法，首先建立机器人各连杆坐标系，确立各连杆的 D-H 参数，从而得出齐次坐标变换矩阵 $^{i-1}_i T$，该矩阵仅描述连杆坐标系之间相对平移和旋转的一次坐标变换。

对于一个六连杆结构的机器人，机器人末端（连杆坐标系 6）相对于固定坐标系的变换可表示为

$$_{6}^{0}T = {_{1}^{0}T}{_{2}^{0}T}\cdots{_{6}^{0}T} = \begin{pmatrix} n_x & o_x & a_x & p_x \\ n_y & o_y & a_y & p_y \\ n_z & o_z & a_z & p_z \\ 0 & 0 & 0 & 1 \end{pmatrix} \quad (3\text{-}31)$$

3.7.1 运动学方程建立实例

下面给出机器人运动学方程的求解实例。

例 3-2 图 3-18a 所示为平面 3 连杆机器人，三个关节均为转动关节，故此机器人也称为 3R 机构。在此机构上建立连杆坐标系并写出 D-H 参数，计算该机构的运动学方程。

解 建立各连杆的坐标系，如图 3-18b 所示。

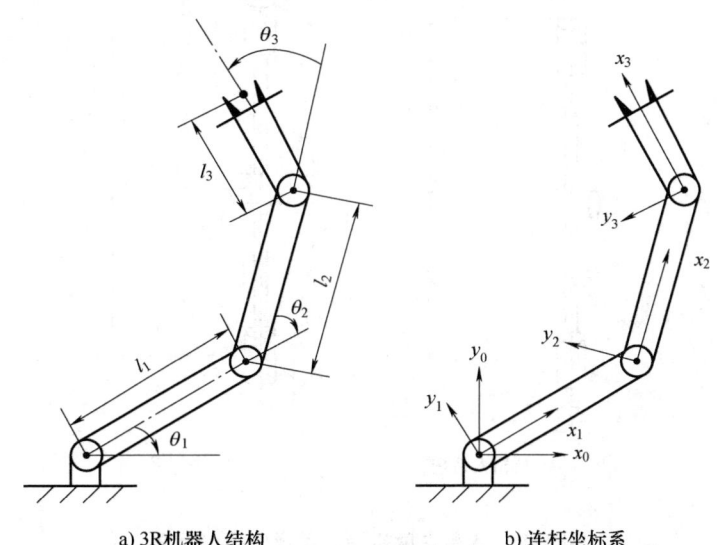

a) 3R机器人结构　　　　　　b) 连杆坐标系

图 3-18 平面 3R 机器人及其连杆坐标系

根据建立的坐标系，写出 D-H 参数，见表 3-1。

表 3-1　平面 3R 机器人的 D-H 参数

连杆 i	$\alpha_{i-1}/(°)$	a_{i-1}/m	d_i/m	$\theta_i/(°)$
1	0	0	0	θ_1
2	0	l_1	0	θ_2
3	0	l_2	0	θ_3

根据 D-H 参数计算出相邻两坐标系之间的变换矩阵为

$${_{1}^{0}T} = \begin{pmatrix} c_1 & -s_1 & 0 & 0 \\ s_1 & c_1 & 0 & 0 \\ 0 & 0 & 1 & 0 \\ 0 & 0 & 0 & 1 \end{pmatrix}, {_{2}^{1}T} = \begin{pmatrix} c_2 & -s_2 & 0 & l_1 \\ s_2 & c_2 & 0 & 0 \\ 0 & 0 & 1 & 0 \\ 0 & 0 & 0 & 1 \end{pmatrix}, {_{3}^{2}T} = \begin{pmatrix} c_3 & -s_3 & 0 & l_2 \\ s_3 & c_3 & 0 & 0 \\ 0 & 0 & 1 & 0 \\ 0 & 0 & 0 & 1 \end{pmatrix}$$

其中，$c_1 = \cos\theta_1$；$s_1 = \sin\theta_1$；其余依此类推。

平面 3 连杆机器人的正运动学方程为：

$$_3^0T = \begin{pmatrix} c_{123} & -s_{123} & 0 & l_1c_1 + l_2c_{12} \\ s_{123} & c_{123} & 0 & l_1s_1 + l_2s_{12} \\ 0 & 0 & 1 & 0 \\ 0 & 0 & 0 & 1 \end{pmatrix}$$

例 3-3 图 3-19a 所示为一个 3 自由度机器人结构示意图，3 个关节都是旋转关节，第 2 关节轴线垂直于 1、3 关节轴线，各个关节的旋转方向如图所示。要求用修正的 D-H 方法建立各连杆坐标系，写出 D-H 参数，并求出机器人运动学方程。

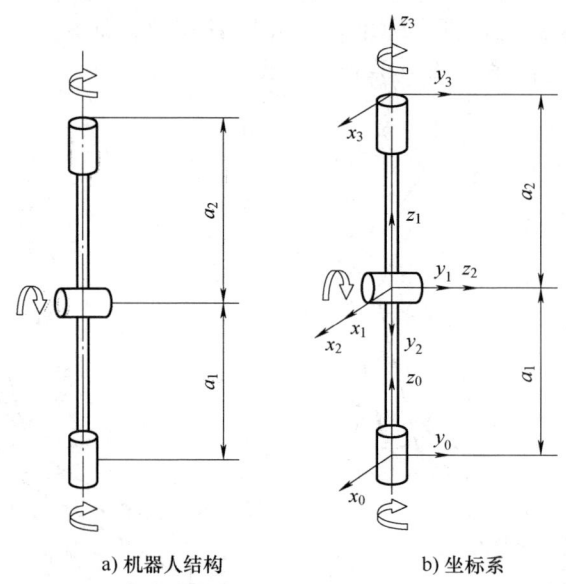

a) 机器人结构 b) 坐标系

图 3-19 3 自由度机器人示意图及坐标系

解 1）首先，依据 D-H 坐标系的建立方法建立连杆坐标系，如图 3-19b 所示。由于 z_1 轴和 z_2 轴的交点位于关节 2 上，所以坐标系 {1} 需建立在关节 2 上，且 x_1 轴垂直于 z_1 轴和 z_2 轴构成的平面，x_1 轴有 2 个方向可选，这里选择向外。坐标系 {0} 与坐标系 {1} 姿态相同，置于机座，坐标系 {2} 与 {1} 类似，为尽可能使 D-H 参数中零值较多，简化计算，这里旋转 x_2 轴和 x_1 轴同向。坐标系 {3} 建立在机器人末端，选择 x_3 轴和 x_2 轴方向相同。

2）根据建立的坐标系，写出 D-H 参数，见表 3-2。

表 3-2 3R 机器人的 D-H 参数

连杆 i	$\alpha_{i-1}/(°)$	a_{i-1}/m	d_i/m	$\theta_i/(°)$
1	0	0	a_1	θ_1
2	-90	0	0	θ_2
3	90	0	a_2	θ_3

3）将 D-H 参数代入矩阵表达式中，得到三个矩阵

$$^0_1T = \begin{pmatrix} c_1 & -s_1 & 0 & 0 \\ s_1 & c_1 & 0 & 0 \\ 0 & 0 & 1 & a_1 \\ 0 & 0 & 0 & 1 \end{pmatrix}, \quad ^1_2T = \begin{pmatrix} c_2 & -s_2 & 0 & 0 \\ 0 & 0 & 1 & 0 \\ -s_2 & -c_2 & 0 & 0 \\ 0 & 0 & 0 & 1 \end{pmatrix}, \quad ^2_3T = \begin{pmatrix} c_3 & -s_3 & 0 & 0 \\ 0 & 0 & -1 & -a_2 \\ s_3 & c_3 & 0 & 0 \\ 0 & 0 & 0 & 1 \end{pmatrix}$$

4) 三个矩阵连乘得到机器人运动学方程

$$^0_3T = \begin{pmatrix} c_1c_2c_3 - s_1s_3 & -c_3s_1 - c_1c_2s_3 & c_1s_2 & a_2c_1s_2 \\ c_1s_3 + c_2c_3s_1 & c_1c_3 - c_2s_1s_3 & s_1s_2 & a_2s_1s_2 \\ -c_3s_2 & s_2s_3 & c_2 & a_1 + a_2c_2 \\ 0 & 0 & 0 & 1 \end{pmatrix}$$

5) 验证。将机器人的结构常数及关节变量初值 $a_1 = 10\mathrm{dm}$，$a_2 = 20\mathrm{dm}$，$\theta_1 = \theta_2 = \theta_3 = 0$ 代入上述表达式，可得

$$^0_3T = \begin{pmatrix} 1 & 0 & 0 & 0 \\ 0 & 1 & 0 & 0 \\ 0 & 0 & 1 & 30 \\ 0 & 0 & 0 & 1 \end{pmatrix}$$

对照该矩阵与图 3-19 所示的坐标系 {3} 相对于坐标系 {0} 的位姿关系，可知该机器人的运动学方程是正确的。

3.7.2 建立运动学方程的步骤总结

对于图 3-20 所示的 n 自由度机器人，其运动学方程建立步骤如下：

步骤 1 建立坐标系并确定四个 D-H 参数。

步骤 2 计算两坐标系之间的齐次变换矩阵

$$^{i-1}_iT = \mathrm{Rot}(x, \alpha_{i-1})\mathrm{Trans}(a_{i-1}, 0, 0)\mathrm{Rot}(z, \theta_i)\mathrm{Trans}(0, 0, d_i)$$

步骤 3 计算整个机器人的齐次坐标变换矩阵 T

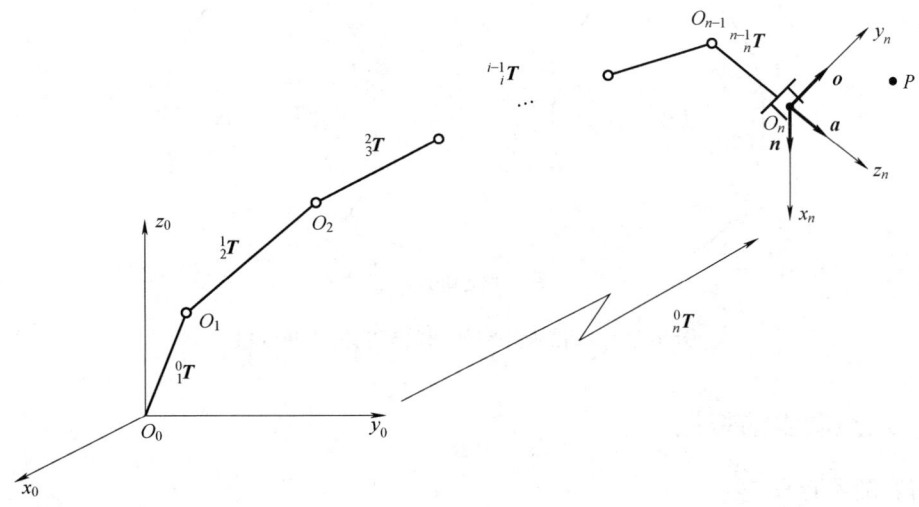

图 3-20 机器人运动学方程的建立

$$
{}^0_n T = {}^0_1 T {}^1_2 T {}^2_3 T \cdots {}^{i-1}_i T \cdots {}^{n-1}_n T = \begin{pmatrix} n_x & o_x & a_x & p_x \\ n_y & o_y & a_y & p_y \\ n_z & o_z & a_z & p_z \\ 0 & 0 & 0 & 1 \end{pmatrix}
$$

步骤4 求机器人末端执行器中心的运动学方程式。

机器人末端执行器中心在空间中的位置方程为

$$
\begin{cases} x = p_x \\ y = p_y \\ z = p_z \end{cases}
$$

机器人末端执行器钳爪在空间中的姿态由矩阵 R 确定

$$
R = \begin{pmatrix} n_x & o_x & a_x \\ n_y & o_y & a_y \\ n_z & o_z & a_z \end{pmatrix}
$$

3.8 机器人逆运动学

前面讨论了机器人运动学的正向求解问题，即给出关节变量值就可求出末端执行器在空间笛卡儿坐标系下的位姿，也就是说，实现了由机器人关节变量组成的关节空间到笛卡儿空间的变换。但在机器人控制中，问题却往往相反，即需在已知末端执行器要到达的目标位姿的情况下求出所需的关节变量值，以驱动各关节的电动机旋转，使末端执行器的位姿要求得到满足，这就是机器人反向运动学问题，也称为求运动学逆解，即由笛卡儿空间到关节空间的逆变换，如图3-21所示。由于机器人的末端执行器作业是在笛卡儿空间中完成的，所以笛卡儿空间又称为操作空间。

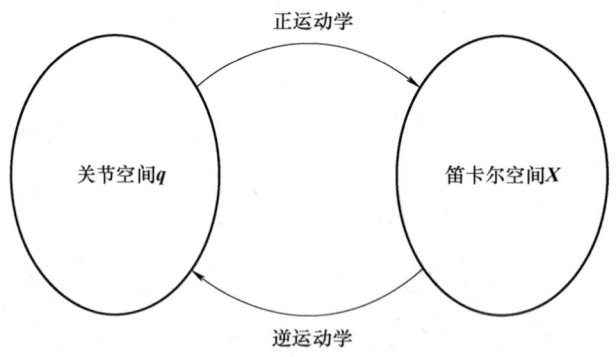

图3-21 由笛卡儿空间到关节空间的逆变换

3.8.1 逆运动学的特性

1. 解可能不存在

机器人具有一定的工作范围，假如给定的末端执行器位置在工作范围之外，则解不存在。图3-22所示为二自由度平面关节机械手，假如给定的末端执行器位置矢量 (x, y) 位

于外半径为 l_1+l_2 与内半径为 $|l_1-l_2|$ 的圆环之外，则无法求出逆解 θ_1、θ_2，即该逆解不存在。

2. 解的多重性

机器人的逆运动学问题可能出现多解。图 3-23 所示的二自由度平面关节机械手就有两个逆解。对于给定的在机器人工作范围内的末端执行器位置 $A(x,y)$，可以得到两组逆解：θ_1、θ_2 及 θ_1'、θ_2'。

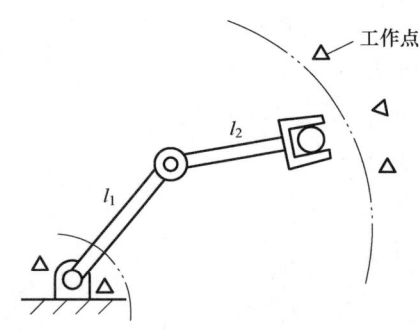
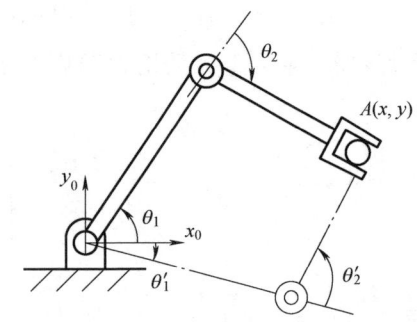

图 3-22　工作范围外逆解不存在　　　　图 3-23　机器人运动学逆解多解性示意

机器人运动学逆解具有多个，是解反三角函数方程造成的。对于一个真实的机器人，只有一组解与实际情况对应，为此必须做出判断，以选择合适的解。通常采用的剔除多余解的方法有：①根据关节运动空间来选择合适的解；②选择一个最接近的解，在实际编程中选择离上一个解最接近的解；③根据避障要求选择合适的解；④逐级剔除多余解。

3. 求解方法的多样性

机器人逆运动学求解有多种方法。一般分为两类：封闭解法和数值解法。采用数值解法时，用递推算法得出关节变量的具体数值。在求逆解时，总是力求得到封闭解。因为求封闭解计算速度快、效率高，便于实时控制。数值解法不具备这些特点，因此多采用封闭解法。在终端位姿已知的条件下，采用封闭解法可得出每个关节变量的数学函数表达式。封闭解法有代数解法和几何解法。目前，已建立的一种系统化的代数解法为：运用变换矩阵的逆矩阵 T_i^{-1} 左乘。然后找出右端为常数的元素，并令这些元素与左端元素相等，这样就可以得出一个可以求解的三角函数方程式；重复上述过程，直到解出所有未知数为止。这种方法也称为分离变量法。

4. Pieper 准则

Donald Lee Pieper 经过研究发现：如果串联机器人在结构上满足下面两个充分条件中的一个，就会有解析解。这两个充分条件也被称为 Pieper 准则，即：

1）三个相邻关节轴线交于一点。
2）三个相邻关节轴线相互平行。

现在绝大部分工业机器人都满足 Pieper 准则的第一个条件：机器人末端的三个关节轴线相交于一点，该点称为腕点。当前，满足 Pieper 准则第二个条件的机器人较少，最为典型的是 SCARA 机器人。研究发现，Pieper 准则也可用于带有移动关节的机器人。

3.8.2　逆运动学求解举例

例 3-4　求例 3-2 中 3R 机器人的运动学逆解。

解 很显然，该机器人在结构上满足 Pieper 准则 1)，所以存在解析解。在例 3-2 中已经建立了该机器人的运动学方程。

由机器人 D-H 参数可得各连杆的齐次变换矩阵为

$${}^0_1T = \begin{pmatrix} c_1 & -s_1 & 0 & 0 \\ s_1 & c_1 & 0 & 0 \\ 0 & 0 & 1 & a_1 \\ 0 & 0 & 0 & 1 \end{pmatrix}, {}^1_2T = \begin{pmatrix} c_2 & -s_2 & 0 & 0 \\ 0 & 0 & 1 & 0 \\ -s_2 & -c_2 & 0 & 0 \\ 0 & 0 & 0 & 1 \end{pmatrix}, {}^2_3T = \begin{pmatrix} c_3 & -s_3 & 0 & 0 \\ 0 & 0 & -1 & -a_2 \\ s_3 & c_3 & 0 & 0 \\ 0 & 0 & 0 & 1 \end{pmatrix}$$

假设机器人末端坐标系相对于基坐标系的位姿矩阵为

$${}^0_3T = \begin{pmatrix} n_x & o_x & a_x & p_x \\ n_y & o_y & a_y & p_y \\ n_z & o_z & a_z & p_z \\ 0 & 0 & 0 & 1 \end{pmatrix}$$

则

$${}^0_1T {}^1_2T {}^2_3T = {}^0_3T$$

即

$$\begin{pmatrix} c_1c_2c_3 - s_1s_3 & -c_3s_1 - c_1c_2s_3 & c_1s_2 & a_2c_1s_2 \\ c_1s_3 + c_2c_3s_1 & c_1c_3 - c_2s_1s_3 & s_1s_2 & a_2s_1s_2 \\ -c_3s_2 & s_2s_3 & c_2 & a_1 + a_2c_2 \\ 0 & 0 & 0 & 1 \end{pmatrix} = \begin{pmatrix} n_x & o_x & a_x & p_x \\ n_y & o_y & a_y & p_y \\ n_z & o_z & a_z & p_z \\ 0 & 0 & 0 & 1 \end{pmatrix} \quad (3\text{-}32)$$

式（3-32）两侧左乘 ${}^0_1T^{-1}$，得

$${}^1_2T {}^2_3T = {}^0_1T^{-1} {}^0_3T$$

即

$$\begin{pmatrix} c_2c_3 - s_1s_3 & -c_2s_3 & s_2 & a_2s_2 \\ s_3 & c_3 & 0 & 0 \\ -c_3s_2 & s_2s_3 & c_2 & a_2c_2 \\ 0 & 0 & 0 & 1 \end{pmatrix} = \begin{pmatrix} n_xc_1 + n_ys_1 & o_xc_1 + o_ys_1 & a_xc_1 + a_ys_1 & p_xc_1 + p_ys_1 \\ -n_xs_1 + n_yc_1 & -o_xs_1 + o_yc_1 & -a_xs_1 + a_yc_1 & -p_xs_1 + p_yc_1 \\ n_x & o_z & a_z & -a_1 + p_z \\ 0 & 0 & 0 & 1 \end{pmatrix} \quad (3\text{-}33)$$

由式（3-33）中等号两侧矩阵（2，3）元素相等，可得

$$-a_xs_1 + a_yc_1 = 0$$

1）若 $a_x = a_y = 0$，则由式（3-33）中等号两侧矩阵（1，3）和（3，4）元素相等，可得

$$s_2 = a_xc_1 + a_ys_1 = 0$$
$$-a_1 + p_z = a_2c_2$$

所以，$\begin{cases} \theta_2 = 0, & p_z = a_1 + a_2 \\ \theta_2 = \pi, & p_z = a_1 - a_2 \end{cases}$。

当 $\theta_2 = 0$ 时，根据式（3-32）中等号两侧矩阵（1，1）和（1，2）元素相等，可得

$$n_x = c_1c_3 - s_1s_3 = c_{13}, \quad o_x = -c_1s_3 - s_1c_3 = -s_{13}$$

所以得

$$\theta_1 + \theta_3 = \arctan2(-o_x, n_x)$$

即有：$\theta_1 = C_1$，$\theta_3 = \arctan2(-o_x, n_x) - C_1$。其中，$C_1$ 为任意角度。

当 $\theta_2 = \pi$ 时，根据式（3-32）中等号两侧矩阵（1，1）和（1，2）元素相等，可得
$$n_x = -c_1c_3 - s_1s_3 = -\cos(\theta_3 - \theta_1), \quad o_x = c_1s_3 - s_1c_3 = \sin(\theta_3 - \theta_1)$$

所以得
$$\theta_3 - \theta_1 = \arctan2(o_x, -n_x)$$

即有：$\theta_1 = C_2$，$\theta_3 = \arctan2(o_x, -n_x) + C_2$。其中，$C_2$ 为任意角度。

在 $a_x = a_y = 0$ 这种情况下，θ_1 和 θ_3 有无穷多解，只需满足上述条件即可。

2）若 $a_x \neq 0$ 或 $a_y \neq 0$，则有
$$\theta_1 = \arctan2(a_y, a_x) \text{ 或 } \theta_1 = \arctan2(-a_y, -a_x)$$

由式（3-33）中等号两侧矩阵（3，3）元素相等，可得
$$\cos\theta_2 = a_z$$

由式（3-32）中等号两侧矩阵（1，3）和（2，3）元素相等，可得
$$\cos\theta_1 \sin\theta_2 = a_x$$
$$\sin\theta_1 \sin\theta_2 = a_y$$

若 $\theta_1 = \arctan2(a_y, a_x)$，则 $\sin\theta_2 > 0$，即 $\sin\theta_2 = \sqrt{1 - a_z^2}$，则
$$\theta_2 = \text{acrtan2}(\sqrt{1 - a_z^2}, a_z)$$

若 $\theta_1 = \arctan2(-a_y, -a_x)$，则 $\sin\theta_2 < 0$，即 $\sin\theta_2 = -\sqrt{1 - a_z^2}$，则
$$\theta_2 = \text{acrtan2}(-\sqrt{1 - a_z^2}, a_z)$$

根据所得 θ_2 及式（3-33）中等号两侧矩阵（3，1）和（3，2）元素相等，得
$$-\cos\theta_3 \sin\theta_2 = n_z$$
$$\sin\theta_3 \sin\theta_2 = o_z$$

所以得
$$\theta_3 = \text{acrtan2}(o_z \csc\theta_2, -n_z \csc\theta_2)$$

所以，该机器人的逆解是

当 $a_x = a_y = 0$ 时，$p_z = a_1 + a_2$ 时，$\theta_1 = C_1$，$\theta_2 = 0$，$\theta_3 = \arctan2(-o_x, n_x) - C_1$，其中 C_1 为任意角度。

当 $a_x = a_y = 0$ 时，$p_z = a_1 - a_2$ 时，$\theta_1 = C_2$，$\theta_2 = \pi$，$\theta_3 = \arctan2(o_x, -n_x) + C_2$，其中 C_2 为任意角度。

当 $a_x \neq 0$ 或 $a_y \neq 0$，则有两组解
$$\begin{cases} \theta_1 = \arctan2(-a_y, -a_x), & \theta_2 = \text{acrtan2}(-\sqrt{1 - a_z^2}, a_z), & \theta_3 = \text{acrtan2}(o_z \csc\theta_2, -n_z \csc\theta_2) \\ \theta_1 = \arctan2(a_y, a_x), & \theta_2 = \text{acrtan2}(\sqrt{1 - a_z^2}, a_z), & \theta_3 = \text{acrtan2}(o_z \csc\theta_2, -n_z \csc\theta_2) \end{cases}$$

本章小结

本章介绍机器人的数学基础，包括空间任意点的位置和姿态表示方法、坐标和齐次坐标变换、物体的变换与通用旋转变换等。齐次坐标变换包括平移齐次坐标变换和旋转齐次坐标变换。讨论了机器人的运动学问题，包括机器人运动学方程的表示、求解与实例等。

对于机器人运动学方程的表示，详细介绍了连杆坐标系建立方法，D-H 参数的确立，

以及相邻连杆之间变换矩阵的推导过程，最终确立机器人末端执行器在机座坐标系下的位姿表示。对于机器人运动方程的求解，即逆向运动学，分析了逆解存在的条件。详细给出了三关节机器人的解析解求解过程。

思考题与习题

3-1 点矢量 v 为 $(10\ \ 20\ \ 30)^T$，相对参考坐标系做如下齐次变换：

$$A = \begin{pmatrix} 0.866 & -0.500 & 0.000 & 11.0 \\ 0.500 & 0.866 & 0.000 & -3.0 \\ 0.000 & 0.000 & 1.000 & 9.0 \\ 0 & 0 & 0 & 1 \end{pmatrix}$$

写出变换后点矢量 V 的表达式，并说明是什么性质的变换，写出其经平移坐标变换和旋转变换后的齐次坐标变换矩阵。

3-2 有一旋转变换，先绕固定坐标系 z_0 轴转 $45°$，再绕 x_0 轴转 $30°$，最后绕 y_0 轴转 $60°$，试求该齐次变换矩阵。

3-3 动坐标系 $\{B\}$ 初始与固定坐标系 $\{O\}$ 重合，现绕 z_B 轴旋转 $30°$，然后绕旋转后的动坐标系的 x_B 轴旋转 $45°$，试写出动坐标系 $\{B\}$ 的起始矩阵表达式和最终矩阵表达式。

3-4 坐标系 $\{A\}$ 和 $\{B\}$ 在固定坐标系 $\{O\}$ 中的矩阵表达式如下，试画出它们在坐标系 $\{O\}$ 中的位姿。

$$A = \begin{pmatrix} 1.000 & 0.000 & 0.000 & 0.0 \\ 0.000 & 0.866 & -0.500 & 10.0 \\ 0.000 & 0.500 & 0.866 & -20.0 \\ 0 & 0 & 0 & 1 \end{pmatrix}$$

$$B = \begin{pmatrix} 0.866 & -0.500 & 0.000 & -3.0 \\ 0.433 & 0.750 & -0.500 & -3.0 \\ 0.250 & 0.433 & 0.866 & 3.0 \\ 0 & 0 & 0 & 1 \end{pmatrix}$$

3-5 写出齐次变换矩阵 ^A_BT，它表示坐标系 $\{B\}$ 连续相对固定坐标系 $\{A\}$ 做以下变换：

1) 绕 z_A 轴旋转 $90°$。
2) 绕 x_A 轴旋转 $-90°$。
3) 移动 $(3\ \ 7\ \ 9)^T$。

3-6 写出齐次变换矩阵 ^A_BT。它表示坐标系 $\{B\}$ 连续相对自身动坐标系 $\{B\}$ 做以下变换：

1) 移动 $(3\ \ 7\ \ 9)^T$。
2) 绕 x_B 轴旋转 $-90°$。
3) 绕 z_B 轴旋转 $90°$。

3-7 图 3-24 所示为二自由度平面机械手，关节 1 为转动关节，关节变量为 θ_1，关节 2 为移动关节，关节变量为 d_2。

1) 建立关节坐标系，并写出该机械手的运动方程式。
2) 按表3-3中的关节变量参数，求出末端执行器中心的位置值。

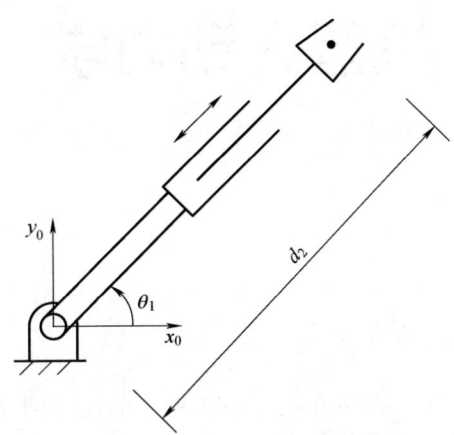

图 3-24　二自由度平面机械手

表 3-3　关节变量参数

$\theta_1/(°)$	0	30	60	90
d_2/m	0.50	0.80	1.00	0.70

3-8　对于题3-7中的二自由度平面机械手，已知末端执行器中心坐标值为x_1，y_1。求该机械手运动方程的逆解θ_1及d_2。

3-9　三自由度机械手如图3-25所示，臂长为l_1和l_2，末端执行器中心离腕部中心的距离为h，转角为θ_1，θ_2，θ_3，试建立杆件坐标系，并推导出该机械手的运动学方程。

3-10　什么是机器人运动学逆解的多重性？

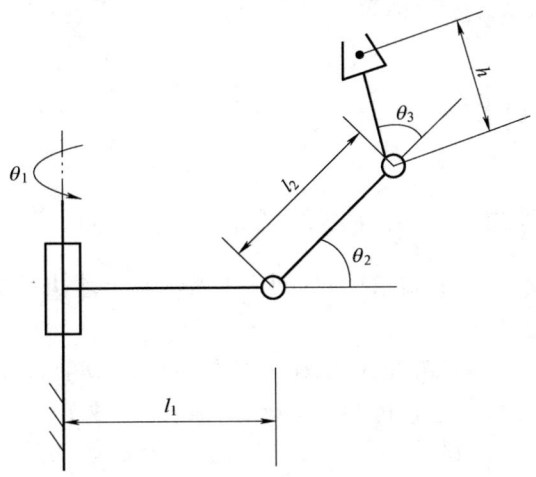

图 3-25　三自由度机械手

第 4 章 机器人动力学

导读

本章分两个主要部分。第一部分主要考虑机器人的速度问题。为了使末端执行器以指定的速度沿指定的方向移动,必须协调各个关节的运动。本章将研究在多关节机器人系统中实现这种协调运动的基本方法和有关注意事项。第二部分主要考虑机器人动力学的基本概念。为了使末端执行器完成指定的工作,必须控制各个关节的力或力矩。本章重点介绍了两种经典的机器人动力学推导过程。这两种方法的基本结论是相同的,但有关的中间结果、计算机实施过程等有较大区别。

本章知识点

- 机器人末端执行器速度和关节速度
- 机器人雅可比矩阵和奇异位形
- 牛顿-欧拉法动力学的计算
- 机器人动力学方程的物理含义
- 拉格朗日方程法动力学的推导

4.1 机器人速度分析

4.1.1 末端执行器速度与关节速度的关系

首先考虑两个自由度的平面机械臂,如图 4-1 所示。末端执行器坐标 (x_e, y_e) 与关节位移 θ_1 和 θ_2 相关的运动方程为

$$x_e(\theta_1, \theta_2) = l_1\cos\theta_1 + l_2\cos(\theta_1 + \theta_2) \tag{4-1}$$

$$y_e(\theta_1, \theta_2) = l_1\sin\theta_1 + l_2\sin(\theta_1 + \theta_2) \tag{4-2}$$

各关节在当前位置进行"微运动",导致末端执行器的运动是什么?这可以通过上述运动方程的总导数获得

$$\mathrm{d}x_e = \frac{\partial x_e(\theta_1, \theta_2)}{\partial \theta_1}\mathrm{d}\theta_1 + \frac{\partial x_e(\theta_1, \theta_2)}{\partial \theta_2}\mathrm{d}\theta_2 \tag{4-3}$$

$$\mathrm{d}y_e = \frac{\partial y_e(\theta_1, \theta_2)}{\partial \theta_1}\mathrm{d}\theta_1 + \frac{\partial y_e(\theta_1, \theta_2)}{\partial \theta_2}\mathrm{d}\theta_2 \tag{4-4}$$

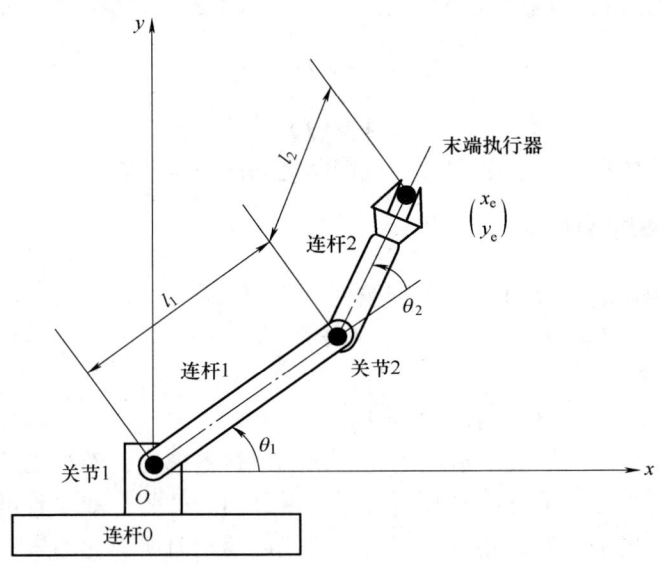

图 4-1 两旋转关节的 2 自由度平面机械臂

其中，θ_1 和 θ_2 都是 x_e 和 y_e 的变量，所以总导数包含两个变量的偏微分。用矢量形式表达上面的等式为

$$d\boldsymbol{X} = \boldsymbol{J} d\boldsymbol{q} \tag{4-5}$$

其中，

$$d\boldsymbol{X} = \begin{pmatrix} dx_e \\ dy_e \end{pmatrix} \tag{4-6}$$

$$d\boldsymbol{q} = \begin{pmatrix} d\theta_1 \\ d\theta_2 \end{pmatrix} \tag{4-7}$$

$\boldsymbol{J}$ 是 2×2 的矩阵，

$$\boldsymbol{J} = \begin{pmatrix} \dfrac{\partial x_e(\theta_1, \theta_2)}{\partial \theta_1} & \dfrac{\partial x_e(\theta_1, \theta_2)}{\partial \theta_2} \\ \dfrac{\partial y_e(\theta_1, \theta_2)}{\partial \theta_1} & \dfrac{\partial y_e(\theta_1, \theta_2)}{\partial \theta_2} \end{pmatrix} \tag{4-8}$$

矩阵 $\boldsymbol{J}$ 包含函数 $x_e(\theta_1, \theta_2)$、$y_e(\theta_1, \theta_2)$ 对关节位移 θ_1 和 θ_2 的偏导数。矩阵 $\boldsymbol{J}$ 称为雅可比矩阵，表示关节位移与末端执行器运动之间的微分关系。大多数机器人具有多个活动关节，雅可比矩阵的项数就更多，本质上它描述了关节运动矢量到末端执行器运动之间的映射。

对于图 4-1 所示的平面机械臂，雅可比矩阵的分量用式 (4-8) 计算结果如下

$$\boldsymbol{J} = \begin{pmatrix} -l_1 \sin\theta_1 - l_2 \sin(\theta_1 + \theta_2) & -l_2 \sin(\theta_1 + \theta_2) \\ l_1 \cos\theta_1 + l_2 \cos(\theta_1 + \theta_2) & l_2 \cos(\theta_1 + \theta_2) \end{pmatrix} \tag{4-9}$$

根据偏微分定义，雅可比矩阵表示了末端执行器各坐标对各个关节位移的敏感度。欲使末端执行器上产生所期望的运动，就需要得到敏感度信息，以便协调多自由度关节位移。

考虑一下机械臂的两个关节以关节速度 $\dot{\boldsymbol{q}} = (\dot{\theta}_1 \quad \dot{\theta}_2)^T$ 运动的瞬间，并假设 $\boldsymbol{V}_e = $

$(\dot{x}_e \quad \dot{y}_e)^T$ 为当时的末端执行器的速度矢量。将等式（4-5）两端对时间求导得到

$$\frac{dX_e}{dt} = J\frac{dq}{dt} \tag{4-10}$$

即

$$V_e = J\dot{q}$$

因此，雅可比矩阵确定了关节和末端执行器之间的速度关系。

4.1.2 雅可比矩阵的性质

把式（4-8）所示的 2×2 雅可比矩阵按列分成两矢量

$$J = (J_1 \quad J_2) \quad J_1, J_2 \in \mathbf{R}^{2\times1} \tag{4-11}$$

机器人雅可比矩阵的意义

则式（4-10）可写成

$$V_e = J_1\dot{\theta}_1 + J_2\dot{\theta}_2 \tag{4-12}$$

右侧的第一项是仅由第一关节运动引起的末端执行器速度，而第二项是仅由第二关节运动引起的末端执行器速度。最终的末端执行器速度是两者的矢量和。雅可比矩阵的每个列矢量表示当固定所有其他关节时，相应关节以单位速度运动时所引起的末端执行器速度。

图 4-2 说明式（4-8）给出的两自由度机械臂的两个列矢量 J_1 和 J_2 在平面上的表示。其中，矢量 J_2 的指向垂直连杆 2 的方向。但是请注意，矢量 J_1 不垂直于连杆 1，而是垂直于线 OE（关节 1 到端点 E 的连线）。这是因为 J_1 表示固定关节 2 时由关节 1 引起的端点速度；换言之，连杆 1 和连杆 2 被牢固地连接成为连杆长度为 OE 的单个刚体，J_1 是"连杆 OE"的尖端速度。

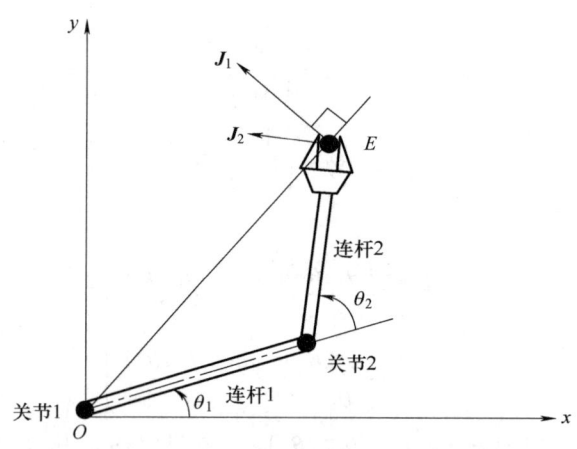

图 4-2 雅可比矩阵矢量的几何解释

可以推广到多自由度机器人，定义任何维数的雅可比矩阵。实际上雅可比矩阵的行数等于机器人在笛卡儿空间的自由度数量；雅可比矩阵的列数等于机器人的关节数量。雅可比矩阵的每个列矢量代表固定所有其他关节时，由单个关节速度引起的末端执行器速度和角速度。设 $\dot{P}$ 是末端执行器线速度和角速度，简称末端执行器速度，J_i 是雅可比矩阵的第 i 列。末端执行器的速度就是由各个关节速度加权的雅可比列矢量的线性组合，即

$$\dot{P} = J_1\dot{q}_1 + J_2\dot{q}_2 + \cdots + J_n\dot{q}_n \tag{4-13}$$

式中　n——有效活动关节的数量。

列向量 J_i 的几何解释是：固定关节 i 以外的所有关节并且只有第 i 个关节以单位速度运

动时，末端执行器的线速度和角速度。

请注意雅可比矩阵的元素 J_{ij} 是关节位移的函数，因此随机械臂的位置变化而变化。偏导数 $\partial x_e/\partial \theta_i$，$\partial y_e/\partial \theta_i$ 也是 θ_1 和 θ_2 的函数。因此列矢量 $\boldsymbol{J}_1$ 和 $\boldsymbol{J}_2$ 将根据手臂姿势变化而变化。末端执行器的速度是由列矢量 $\boldsymbol{J}_1$ 和 $\boldsymbol{J}_2$ 的线性组合给出的。因此，最终的末端执行器的速度取决于列矢量 $\boldsymbol{J}_1$ 和 $\boldsymbol{J}_2$ 的加权矢量和。如果两个矢量指向不同的方向，则整个二维空间将被两个矢量的线性组合覆盖，即可以使末端执行器以任意速度沿任意方向移动。另外，如果两个列矢量方向对齐，则末端执行器（在笛卡儿空间）无法沿任意方向移动。如图 4-3 所示，这可能发生在两个连杆完全收缩或伸展的特定姿态上。这些特定姿态称为"奇点"或奇异位形。雅可比矩阵在这些位置变得奇异。使用矩阵的行列式，该条件表示为

$$\det \boldsymbol{J} = 0 \tag{4-14}$$

事实上，在雅可比矩阵在关节 2 处于 $0°$ 或 $180°$ 时退化成奇异矩阵。将 $\theta_2 = 0$，π 代入式（4-9）可得（注意 $\cos\pi = -1$）

$$\det \boldsymbol{J} = \begin{pmatrix} -(l_1 \pm l_2)\sin\theta_1 & \mp l_2 \sin\theta_1 \\ (l_1 \pm l_2)\cos\theta_1 & \pm l_2 \cos\theta_1 \end{pmatrix} \tag{4-15}$$

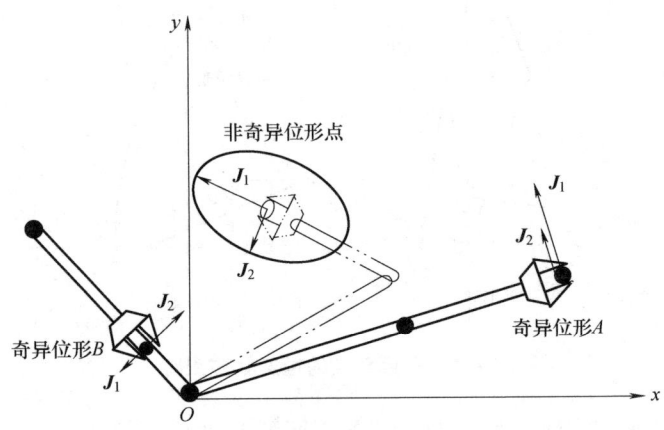

图 4-3 两自由度机械臂的奇异位形

4.1.3 微分运动的逆运动学

实际控制中，人们更关心的是要求末端执行器以给定速度沿指定轨迹运动时，怎样分配关节速度。这是运动学的逆问题，可以通过求取方程式（4-10）中的雅可比矩阵的逆得到。以上面的两自由度机械臂为例，要求的末端执行器速度 $\boldsymbol{V}_e = (v_x \quad v_y)^T$，求各关节速度 $\dot{\boldsymbol{q}} = (\dot{\theta}_1 \quad \dot{\theta}_2)^T$，即

$$\dot{\boldsymbol{q}} = \boldsymbol{J}^{-1} \boldsymbol{V}_e \tag{4-16}$$

显然，在雅可比矩阵非奇异的（可逆）条件下，方程的解是唯一的，这有别于上一章中讨论的运动学逆问题的多解性。

以上解决方案确定了末端执行器速度 $\boldsymbol{V}_e$ 是如何分解为各个关节速度的。如果各个关节控制器能调节、跟踪解析的关节速度 $\dot{\boldsymbol{q}}$，则最终合成末端执行器速度将是所需的 $\boldsymbol{V}_e$。这种控制方案称为分解运动速度控制（RMRC）方法。由于雅可比矩阵的元素是关节坐标的函数，逆雅可比行列式根据臂的实际位姿变化而变化。这意味着尽管所需的末端执行器速度是恒定的，但关节速度却不一定是恒定的，因此需要在关节速度控制系统之间进行协调，以便在末

端执行器上产生所需的运动。

例4-1 再次考虑两自由度的机械臂。要想以恒定的速度从起始点 $A(+2,0)$ 沿着 x 轴移动机械臂的端点,并通过点 $B(+\varepsilon,0)$ 和点 $C(0,+\varepsilon)$ 绕过原点,然后沿着 y 轴到达 y 轴的终点 $D(0,+2)$,如图4-4所示。为简单起见,假设每个机械臂均为单位长度。当末端执行器以恒定速度跟踪路径时,获取各个关节速度的轮廓。

用 $V_e = (v_x \quad v_y)^T$ 代入式(4-16)可得

$$\dot{\theta}_1 = \frac{v_x \cos(\theta_1 + \theta_2) + v_y \sin(\theta_1 + \theta_2)}{\sin\theta_2} \tag{4-17}$$

$$\dot{\theta}_2 = \frac{v_x[\cos\theta_1 + \cos(\theta_1 + \theta_2)] + v_y[\sin\theta_1 + \sin(\theta_1 + \theta_2)]}{\sin\theta_2} \tag{4-18}$$

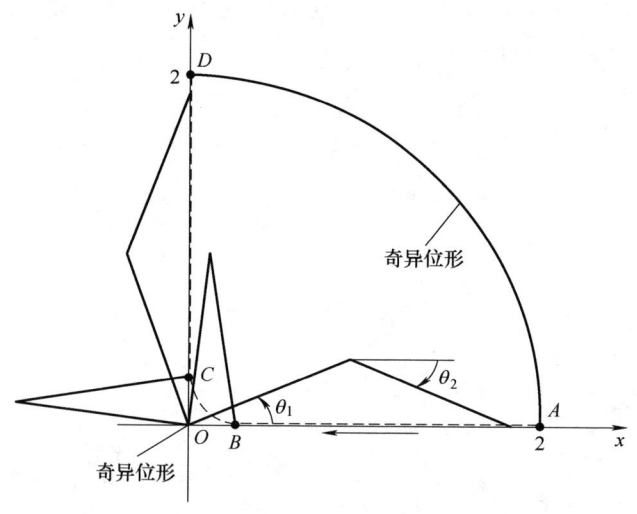

图4-4 靠近奇点的恒速轨迹跟踪

图4-5显示了沿着指定轨迹计算的分解关节速度 $\dot{\theta}_1$ 和 $\dot{\theta}_2$。注意关节速度在起点和终点附近非常大,并且在点 A 和点 D 处是无界的。这些点处于手臂的奇异位形处,即 $\theta_2 = 0$。随着末端执行器接近原点,第一个关节的速度变得非常大,以便快速将机械臂从 B 点转到 C 点。在这些位置范围内,第二个关节几乎为 $-180°$,这意味着机械臂接近奇点。使用雅可比矩阵的行列式,结果与奇点条件一致(两连杆长度均为1),即

$$\det \boldsymbol{J} = \sin\theta_2 = 0$$

所以

$$\theta_2 = k\pi, k = 0, \pm 1, \pm 2, \cdots$$

在式(4-17)和式(4-18)中,分子被 $\sin\theta_2$ 去除,即雅可比矩阵特征值去除,机械臂接近奇点时关节速度就要求迅速增加。

另外,可以通过将 $\theta_2 = 0$,π 代入式(4-15)获得雅可比行列式来分析机械臂在奇点附近的行为。对于 $l_1 = l_2 = 1$ 和 $\theta_2 = 0$,雅可比列矢量在相同方向上减小为

$$\boldsymbol{J}_1 = \begin{pmatrix} -2\sin\theta_1 \\ 2\cos\theta_1 \end{pmatrix}, \boldsymbol{J}_2 = \begin{pmatrix} -\sin\theta_1 \\ \cos\theta_1 \end{pmatrix}, \theta_2 = 0 \tag{4-19}$$

如图4-3(奇点 A)所示,两个关节速度 $\dot{\theta}_1$ 和 $\dot{\theta}_2$ 沿相同方向生成端点速度。注意,在垂直于对齐的机械臂连杆方向上无法生成端点速度。

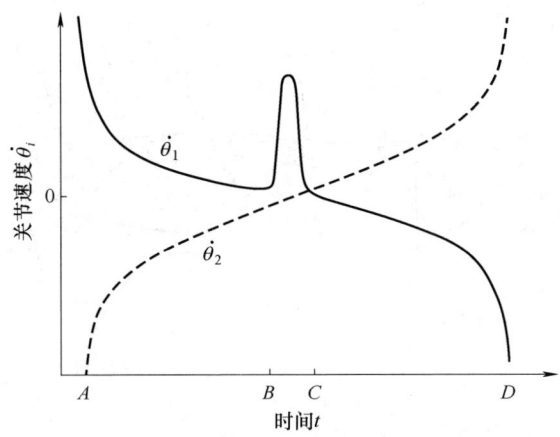

图 4-5 恒速轨迹跟踪分解关节速度曲线

对于 $\theta_2 = \pi$，$\sin\theta_2 = 0$，$\cos\theta_2 = -1$，则

$$\boldsymbol{J}_1 = \begin{pmatrix} 0 \\ 0 \end{pmatrix}, \boldsymbol{J}_2 = \begin{pmatrix} \sin\theta_1 \\ -\cos\theta_1 \end{pmatrix}, \theta_2 = \pi \tag{4-20}$$

此时由于机械臂完全收缩，因此在此瞬间第一关节无法贡献任何端点速度。请参阅图 4-3 中的奇点 B。

在奇点，雅可比矩阵以奇异构型退化，机器人至少有一个方向无法在末端执行器上产生非零速度，这与前面的讨论一致。

4.2 牛顿-欧拉动力学方程

4.2.1 基本动力学方程

在本小节中，将基于牛顿-欧拉公式推导单个连杆的运动方程。刚体的运动可以分解为两个运动，相对于固定在刚体上的任意点的平移运动和刚体绕该点的旋转运动。刚体的动力学方程也可以用两个方程来表示：一个描述质心的平移运动，另一个描述绕质心的旋转运动。前者是牛顿的质点运动方程，后者称为欧拉运动方程。

首先考虑单根连杆的受力分析。图 4-6 显示了作用在连杆 i 上的所有力和力矩。先考虑力的平衡式。设连杆 i 质心相对于基准坐标系 $Oxyz$ 的线速度 $\boldsymbol{v}_{ci}$，其惯性力则为 $-m_i \dot{\boldsymbol{v}}_{ci}$，其中 m_i 是连杆的质量，$\dot{\boldsymbol{v}}_{ci}$ 是 $\boldsymbol{v}_{ci}$ 的时间导数，即加速度。根据达朗贝尔原理，得到力平衡式为

$$\boldsymbol{f}_{i-1,i} - \boldsymbol{f}_{i,i+1} + m_i \boldsymbol{g} - m_i \dot{\boldsymbol{v}}_{ci} = 0, \quad i = 1, \cdots, n \tag{4-21}$$

式中，$\boldsymbol{f}_{i-1,i}$ 和 $\boldsymbol{f}_{i,i+1}$ 分别为连杆 $i-1$ 和 $i+1$ 施加在连杆 i 上的耦合力，$\boldsymbol{g}$ 是重力加速度。

现在考虑力矩的平衡。旋转运动用欧拉方程描述。描述单个刚体相对于质心旋转的质量特性由惯性张量 $\boldsymbol{I}$ 即 3×3 的惯性矩阵定义

$$\boldsymbol{I} = \begin{pmatrix} \int [(y-y_c)^2 + (z-z_c)^2] \rho \mathrm{d}V & -\int [(x-x_c)(y-y_c)] \rho \mathrm{d}V & -\int [(z-z_c)(x-x_c)] \rho \mathrm{d}V \\ -\int [(x-x_c)(y-y_c)] \rho \mathrm{d}V & \int [(z-z_c)^2 + (x-x_c)^2] \rho \mathrm{d}V & -\int [(y-y_c)(z-z_c)] \rho \mathrm{d}V \\ -\int [(z-z_c)(x-x_c)] \rho \mathrm{d}V & -\int [(y-y_c)(z-z_c)] \rho \mathrm{d}V & \int [(x-x_c)^2 + (y-y_c)^2] \rho \mathrm{d}V \end{pmatrix} \tag{4-22}$$

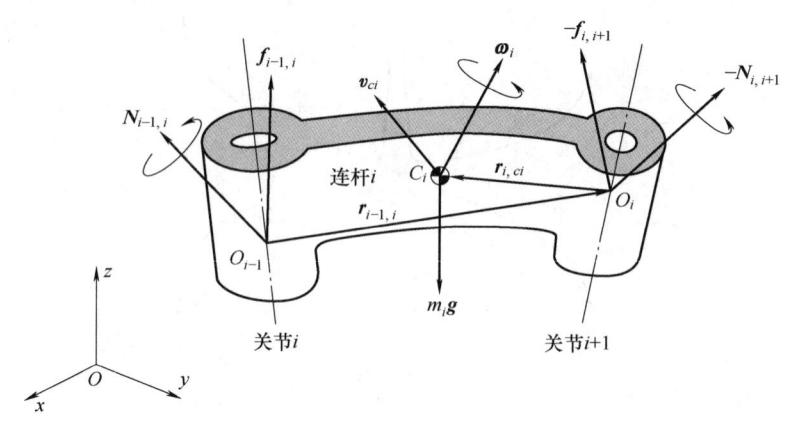

图 4-6 连杆 i 受力分析

式中 ρ——连杆的密度；

x_c，y_c，z_c——刚体质心的坐标。

每个积分取刚体的整个体积 V。需要注意的是，惯性张量随刚体方向的变化而变化。虽然从固定在物体上的坐标系上看，刚体的固有惯性矩阵没有变化，但是当从固定的坐标系 $Oxyz$（即惯性参考系）观察时，刚体惯性张量随着物体的旋转而变化。

作用在连杆 i 上的惯性力矩由该连杆瞬间角动量的时间变化率给出。设 ω_i 为角速度矢量，I_i 为连杆 i 的质心惯性张量，则角动量由 $I_i\omega_i$ 给出。由于惯性张量随连杆方向的变化而变化，因此角动量的时间导数不仅包括角加速度项 $I_i\dot{\omega}_i$，还包括从固定坐标系看惯性张量变化产生的项。后一项称为陀螺力矩，由 $\omega_i \times (I_i\omega_i)$ 给出。根据力矩平衡，可以得到

$$N_{i-1,i} - N_{i,i+1} - (r_{i-1,i} + r_{i,ci}) \times f_{i-1,i} + (-r_{i,ci}) \times (-f_{i,i+1}) - I_i\dot{\omega}_i - \omega_i \times (I_i\omega_i) = 0, \quad i = 1,\cdots,n \tag{4-23}$$

式中使用图 4-6 中的符号。式（4-22）和式（4-23）控制单根连杆的动态行为。通过对所有连杆的两个方程进行求值，得到了整个机器人的完整方程组，$i = 1, \cdots, n$。

4.2.2 动力学方程的封闭形式

上述推导的牛顿-欧拉方程并不合适动力学分析和控制设计，因为它们没有明确地描述输入-输出关系。因此需要修改牛顿-欧拉方程，以便得到显式的输入-输出关系。牛顿-欧拉方程包含耦合力 $f_{i-1,i}$ 和耦合力矩 $N_{i-1,i}$。作为机器人连杆输入的关节扭矩 τ_i 包含在耦合力或力矩中。然而，τ_i 在上述牛顿-欧拉方程中没有明确显示出来。此外，耦合力和耦合力矩还包括无功约束力，这些力在内部作用，使得各个连杆的运动符合机械的几何约束。为了得到显式的输入-输出动态关系，需要将关节输入力矩、约束力和约束力矩分开。牛顿-欧拉方程是用单根连杆的质心速度和加速度来描述的，然而单根连杆的运动不是独立的，而是通过连杆耦合的，它们必须满足一定的运动学关系才能符合几何约束。因此单个质心位置变量不适合作为输出变量，因为它们不是独立的。

动力学方程的适当形式应该由所有独立的位置变量和输入力（即关节扭矩）描述的方程组成，这些位置变量和输入力应该明确地包含在动力学方程中。这种显式输入-输出形式的动力学方程称为封闭形式的动力学方程。如前几章所讨论的，关节位移 q 是一组完整且独

立的广义坐标，用于定位整个机器人机构，关节力矩 τ 是一组独立的输入，与约束力和约束力矩分离。因此，以关节位移 q 和关节力矩 τ 表示的动力学方程是封闭形式的动力学方程。下面通过例子来说明怎样得到封闭形式的动力学方程。

例 4-2 图 4-7 表示一个两自由度平面机械手。首先得到两个独立杆件的牛顿-欧拉平衡方程，然后根据关节位移 θ_1 和 θ_2，以及关节力矩 τ_1 和 τ_2 导出封闭形式的动力学方程。由于连杆机构是平面的，因此可用二维矢量 v_i 表示每个连杆的质心速度，用标量速度 ω_i 表示角速度。假设连杆 i 的质心位于相邻关节的中心线上，距离关节 i 的距离是 l_{ci}，如图 4-7 所示。平面连杆旋转轴的方向不变，在这种情况下，惯性张量被简化为用 I_i 表示的标量惯性矩。

由式（4-21）以及式（4-23），连杆 1 的牛顿-欧拉方程为

$$f_{0,1} - f_{1,2} + m_1 g - m_1 \dot{v}_{c1} = 0$$
$$N_{0,1} - N_{1,2} + r_{1,c1} \times f_{1,2} - r_{0,c1} \times f_{0,1} - I_1 \dot{\omega}_1 = 0 \tag{4-24}$$

注意，所有矢量都是 2×1，因此力矩 $N_{i-1,i}$ 和其他矢量的积都是标量。同样，对于连杆 2，有

$$f_{1,2} + m_2 g - m_2 \dot{v}_{c2} = 0$$
$$N_{1,2} - r_{1,c2} \times f_{1,2} - I_2 \dot{\omega}_2 = 0 \tag{4-25}$$

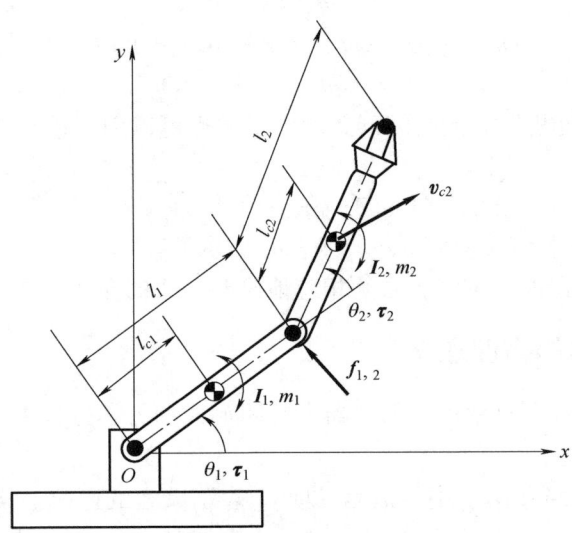

图 4-7 两自由度平面机械手的质量性质

为了得到封闭形式的动力学方程，首先消除约束力，并将其与关节力矩分离，以便在动力学方程中明确地包含关节力矩。对于平面机械手，关节力矩 τ_1 和 τ_2 等于耦合力矩，即

$$N_{i-1,i} = \tau_i, \quad i = 1, 2 \tag{4-26}$$

将式（4-26）代入式（4-25），去掉 $f_{1,2}$，得到

$$\tau_2 - r_{1,c2} \times m_2 \dot{v}_{c2} + r_{1,c2} \times m_2 g - I_2 \dot{\omega}_2 = 0 \tag{4-27}$$

同样，消除 $f_{0,1}$ 得到

$$\tau_1 - \tau_2 - r_{0,c1} \times m_1 \dot{v}_{c1} - r_{0,c1} \times m_2 \dot{v}_{c2} + r_{0,c1} \times m_1 g + r_{0,1} \times m_2 g - I_1 \dot{\omega}_1 = 0 \tag{4-28}$$

接下来，使用自变量关节位移 θ_1 和 θ_2 重写 v_{ci}、ω_i 和 $r_{i,i+1}$。注意，ω_2 是相对于基准坐标系的角速度，而是 θ_2 相对于连杆 1 测量的。因此有

$$\omega_1 = \dot{\theta}_1, \omega_2 = \dot{\theta}_1 + \dot{\theta}_2 \tag{4-29}$$

线速度可以写成

$$\begin{cases} \boldsymbol{v}_{c1} = \begin{pmatrix} -l_{c1}\dot{\theta}_1\sin\theta_1 \\ l_{c1}\dot{\theta}_1\cos\theta_1 \end{pmatrix} \\ \boldsymbol{v}_{c2} = \begin{pmatrix} -[l_1\sin\theta_1 + l_{c2}\sin(\theta_1+\theta_2)]\dot{\theta}_1 - l_{c2}\sin(\theta_1+\theta_2)\dot{\theta}_2 \\ [l_1\cos\theta_1 + l_{c2}\cos(\theta_1+\theta_2)]\dot{\theta}_1 + l_{c2}\cos(\theta_1+\theta_2)\dot{\theta}_2 \end{pmatrix} \end{cases} \tag{4-30}$$

将式（4-29）和式（4-30）以及它们的时间导数代入式（4-27）和式（4-28）得到关于 θ_1 和 θ_2 的封闭形式动力学方程

$$\tau_1 = H_{11}\ddot{\theta}_1 + H_{12}\ddot{\theta}_2 - h\dot{\theta}_2^2 - 2h\dot{\theta}_1\dot{\theta}_2 + G_1 \tag{4-31a}$$

$$\tau_2 = H_{22}\ddot{\theta}_2 + H_{12}\ddot{\theta}_1 + h\dot{\theta}_1^2 + G_2 \tag{4-31b}$$

式中

$$H_{11} = m_1 l_{c1}^2 + I_1 + m_2(l_1^2 + l_{c2}^2 + 2l_1 l_{c2}\cos\theta_2) + I_2 \tag{4-32a}$$

$$H_{22} = m_2 l_{c2}^2 + I_2 \tag{4-32b}$$

$$H_{12} = m_2(l_{c2}^2 + l_1 l_{c2}\cos\theta_2) + I_2 \tag{4-32c}$$

$$h = m_2 l_1 l_{c2}\sin\theta_2 \tag{4-32d}$$

$$G_1 = m_1 l_{c1} g\cos\theta_1 + m_2 g[l_{c2}\cos(\theta_1+\theta_2) + l_1\cos\theta_1] \tag{4-32e}$$

$$G_2 = m_2 g l_{c2}\cos(\theta_1+\theta_2) \tag{4-32f}$$

更一般地，n 自由度机器人的封闭形式动力学方程可以用下述形式给出

$$\boldsymbol{\tau}_i = \sum_{j=1}^{n} H_{ij}\ddot{q}_j + \sum_{j=1}^{n}\sum_{k=1}^{n} h_{ijk}\dot{q}_j\dot{q}_k + G_i, i=1,\cdots,n \tag{4-33}$$

式中 H_{ij}、h_{ijk} 和 G_i——关节位移 q_1，q_2，$\cdots$，q_n 的函数。

当有外力作用于机器人系统时，必须相应地修改等式的左边。

4.2.3 动力学方程的物理意义

在本小节中，将解释两自由度平面机器人封闭形式动力学方程中所涉及的每一项的物理意义。

式（4-31a）和式（4-31b）中的最后一项 G_i 表示重力的影响。实际上，由式（4-32e）和式（4-32f）给出的 G_1 和 G_2 表示质量 m_1 和 m_2 围绕各自关节轴产生的力矩。力矩取决于手臂当时的位姿。当手臂沿 x 轴完全伸展时，重力的力矩值最大。

当第二个关节固定，即 $\dot{\theta}_1 = 0$ 和 $\dot{\theta}_2 = 0$ 时，忽略重力项，式（4-31a）简化为 $\tau_1 = H_{11}\dot{\theta}_1$。根据这个表达式，系数 H_{11} 表示当第二个关节固定时，第一个关节看到的惯性矩。系数 H_{11} 由式（4-32a）给出，解释为两个连杆的总惯性矩反映在第一个连杆的关节轴上。式（4-32a）中的前两项，$m_1 l_{c1}^2 + I_1$ 表示连杆 1 对转轴 1 的惯性矩，而其他项是连杆 2 对第一根连杆关节轴惯性矩的贡献。第二连杆惯性矩取决于连杆 2 的质心和第一关节轴之间的距离 L，如图 4-8 所示。距离 L 是关节角度 θ_2 的函数，如下所示

$$L^2 = l_1^2 + l_{c2}^2 + 2l_1 l_{c2}\cos\theta_2 \tag{4-34}$$

利用平行轴转动惯量定理，连杆 2 相对于关节轴 1 的惯量为 $m_2 L^2 + I_2$，这与式（4-32a）中的最后两项一致。注意，惯性矩随臂的位姿变化而变化。当臂完全伸展时（$\theta_2 = 0$）惯性

最大,当臂完全收缩时($\theta_2 = \pi$)惯性最小。

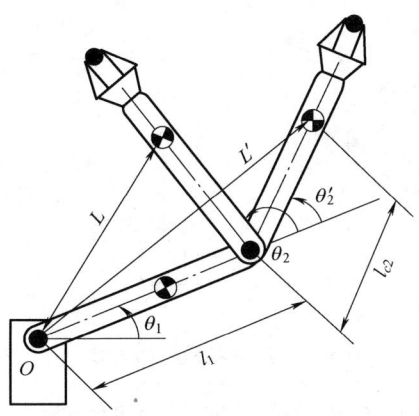

图 4-8 惯性矩取决于机械臂的位姿

现在来看式(4-31a)和式(4-31b)右边的第二项。假如 $\dot{\theta}_1 = \dot{\theta}_2 = 0$ 和 $\ddot{\theta}_1 = 0$,式(4-31a)就减缩为 $\tau_1 = H_{12}\ddot{\theta}_2$,其中重力项又被忽略了。这个表达式中的第二项代表了第二连杆运动对第一关节的影响。当第二连杆加速时,第二连杆产生的反作用力和扭矩将作用于第一连杆。这在最初的牛顿-欧拉方程式(4-24)中有很清晰的表示,其中连杆 2 的耦合力 $-f_{1,2}$ 和力矩 $-N_{1,2}$ 包含在连杆 1 的动力学方程中。耦合力和力矩对第一关节轴产生转矩 τ_{int} 为

$$\begin{aligned}\tau_{int} &= -N_{1,2} - r_{0,1} \times f_{1,2} \\ &= -I_2\dot{\omega}_2 - r_{0,c2} \times m_2\dot{v}_{c2} \\ &= [I_2 + m_2(l_{c2}^2 + l_1 l_{c2}\cos\theta_2)]\ddot{\theta}_2\end{aligned} \quad (4\text{-}35)$$

其中,$N_{1,2}$ 和 $f_{1,2}$ 用式(4-25)计算并假设 $\dot{\theta}_1 = \dot{\theta}_2 = 0$ 和 $\ddot{\theta}_1 = 0$。这与式(4-31a)中的第二项吻合。因此第二项解释了两关节之间的相互作用。

式(4-31a)和式(4-31b)右边的第三项与关节速度的平方成正比。考虑 $\dot{\theta}_1 = \dot{\theta}_2 = 0$ 和 $\ddot{\theta}_1 = 0$ 的瞬间,如图 4-9a 所示。在这种情况下,离心力作用在第二根连杆上。设 f_{cent} 为离心力,其大小由下式给出

$$|f_{cent}| = m_2 L\dot{\theta}_1^2 \quad (4\text{-}36)$$

式中 L——质心 C_2 和第一个关节 O 之间的距离。

离心力作用在位置矢量 $r_{0,c2}$ 方向上。这个离心力在第二个关节处产生一个力矩 τ_{cent}。使用式(4-36),力矩 τ_{cent} 计算如下

$$\tau_{cent} = r_{1,c2} \times f_{cent} = -m_2 l_1 l_{c2}\dot{\theta}_1^2 \sin\theta_2 \quad (4\text{-}37)$$

这与式(4-31b)右边的第三项 h 一致。因此得出结论,即第三项是由第一个关节的运动对第二个关节的离心效应引起的。同样,第二个关节以恒定速度旋转时也会因离心效应对第一个关节产生扭矩 $-h\dot{\theta}_2^2$。

最后讨论式(4-31a)右边的第四项,它与两关节速度的乘积成正比。考虑同一时间两个关节分别以 $\dot{\theta}_1$ 和 $\dot{\theta}_2$ 速度运动。假设 $O_b x_b y_b$ 是如图 4-9b 所示附在连杆端头的坐标系。注意,坐标系 $O_b x_b y_b$ 在如图瞬间与基准坐标系平行。但是坐标系与连杆 1 一起以角速度 $\dot{\theta}_1$ 旋转。质量连杆 2 的质心以 $l_{c2}\dot{\theta}_2$ 的速度相对于连杆 1(即移动坐标系 $O_b x_b y_b$)移动。当质子 m

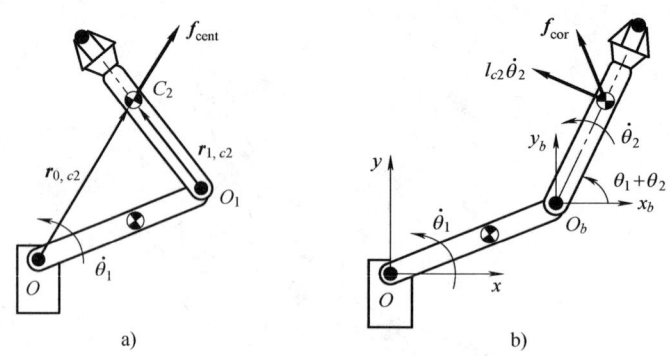

图 4-9 离心力和科氏力作用

相对于以角速度 ω 旋转的运动坐标系以 v_b 的速度运动时，质子产生 $-2m(\omega \times v_b)$ 大小的科氏力。设 f_{cor} 是由于科氏效应作用在连杆 2 上的力，科氏力 f_{cor} 为

$$f_{cor} = \begin{pmatrix} 2m_2 l_{c2} \dot{\theta}_1 \dot{\theta}_2 \cos(\theta_1 + \theta_2) \\ 2m_2 l_{c2} \dot{\theta}_1 \dot{\theta}_2 \sin(\theta_1 + \theta_2) \end{pmatrix} \quad (4-38)$$

科氏力在第一个关节处产生力矩 τ_{cor}，由下式得出

$$\tau_{cor} = r_{0,c2} \times f_{cor} = 2m_2 l_{c2} \dot{\theta}_1 \dot{\theta}_2 \sin\theta_2 \quad (4-39)$$

上述等式右侧与式（4-31a）右边的第四项一致。由于式（4-38）给出的科氏力与连杆 2 平行作用，在这种特殊情况下，该力不会对第二个关节产生力矩。总之，机器人手臂的动力学方程需考虑与结构相关的惯量、重力力矩、与其他关节加速度引起的相互作用力矩，以及离心力和科氏力效应等因素。

4.3　机器人动力学的拉格朗日方程

4.3.1　拉格朗日动力学

设 $q_i(i=1,\cdots,n)$ 为使系统具有完全确定位置的广义关节变量，T 为动态系统总动能，U 为动态系统的总势能。定义拉格朗日函数 L 为

$$L(q_i, \dot{q}_i) = T(q_i, \dot{q}_i) - U(q_i) \quad (4-40)$$

注意，势能是广义坐标 q_i 的函数，动能是广义速度 $\dot{q}_i$ 和广义坐标 q_i 的函数。利用拉格朗日函数，动力学系统的运动方程由下式给出

$$\frac{\mathrm{d}}{\mathrm{d}t}\left(\frac{\partial L}{\partial \dot{q}_i}\right) - \frac{\partial L}{\partial q_i} = Q_i, \quad i=1,\cdots,n \quad (4-41)$$

式中　Q_i——对应于广义坐标 q_i 的广义力。

利用虚功原理可以识别作用在系统上的广义力。

用拉格朗日法建立机器人动力学方程的过程一般按以下四个步骤进行：

1）选取坐标系，选定完全且独立的广义关节变量 q_i，$i=1,\cdots,n$。
2）选定相应关节上的广义力。
3）求出机器人各构件的动能和势能，构造拉格朗日函数。

4）代入拉格朗日方程，求出机器人系统的动力学方程。

4.3.2 平面机器人动力学

在讨论三维空间中一般机器人动力学问题之前，前文中以 2 自由度平面机器人为例，推导了基于牛顿-欧拉公式的运动方程。图 4-10 显示了相同的机器人机构，以及应用拉格朗日公式所需的几个新变量。

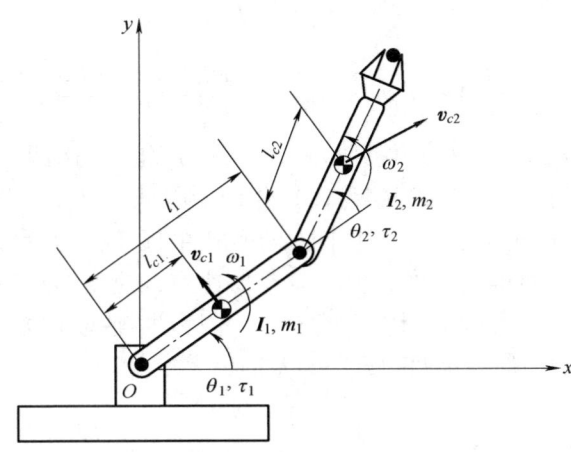

图 4-10 2 自由度机械手

如图 4-10 所示，在质心处以线速度 v_{ci} 和角速度 ω_i 移动的两个连杆中存储的总动能为

$$T = \sum_{i=1}^{2} \left(\frac{1}{2} m_i |v_{ci}|^2 + \frac{1}{2} I_i \omega_i^2 \right) \tag{4-42}$$

式中　$|v_{ci}|$——速度矢量的大小。

注意线速度和角速度不是自变量，而是关节角和关节角速度的函数，即唯一确定系统动态状态的广义坐标和广义速度。因此需要重写上面的动能以便用 θ_i 和 $\dot{\theta}_i$ 来表达。角速度由下式给出

$$\omega_1 = \dot{\theta}_1, \quad \omega_2 = \dot{\theta}_1 + \dot{\theta}_2 \tag{4-43}$$

第一个连杆的线速度由下式简单地给出

$$|v_{c1}|^2 = l_{c1}^2 \dot{\theta}_1^2 \tag{4-44}$$

然而，第二连杆 v_{c2} 的质心线速度需要更多的计算。将质心 C_2 视为端点，应用计算端点速度的公式得出质心速度。设 2×2 雅可比矩阵 J_{c2} 将质心速度矢量与关节速度联系起来。

$$|v_{c2}|^2 = |J_{c2} \dot{q}|^2 = \dot{q}^T J_{c2}^T J_{c2} \dot{q} \tag{4-45}$$

其中，$\dot{q} = (\dot{\theta}_1 \quad \dot{\theta}_2)^T$，将式（4-43）、式（4-44）和式（4-45）代入式（4-42）中得到

$$T = \frac{1}{2} H_{11} \dot{\theta}_1^2 + H_{12} \dot{\theta}_1 \dot{\theta}_2 + \frac{1}{2} H_{22} \dot{\theta}_2^2 = \frac{1}{2} (\dot{\theta}_1 \quad \dot{\theta}_2)^T \begin{pmatrix} H_{11} & H_{12} \\ H_{21} & H_{22} \end{pmatrix} \begin{pmatrix} \dot{\theta}_1 \\ \dot{\theta}_2 \end{pmatrix} \tag{4-46}$$

其中，系数 H_{ij} 与式（4-32）中的系数相同。式（4-32）的公式重复在下面以便比较。

$$H_{11} = m_1 l_{c1}^2 + I_1 + m_2 (l_1^2 + l_{c2}^2 + 2 l_1 l_{c2} \cos\theta_2) + I_2 \tag{4-32a}$$

$$H_{22} = m_2 l_{c2}^2 + I_2 \tag{4-32b}$$

$$H_{12} = m_2 (l_{c2}^2 + l_1 l_{c2} \cos\theta_2) + I_2 \tag{4-32c}$$

注意，系数 H_{11} 和 H_{12} 是 θ_2 的函数。

两个连杆中储存的势能为

$$U = m_1 g l_{c1} \sin\theta_1 + m_2 g [l_1 \sin\theta_1 + l_{c2} \sin(\theta_1 + \theta_2)] \tag{4-47}$$

现在通过对上述动能和势能进行微分就可得到拉格朗日运动方程。对于第一个关节有

$$\frac{\partial L}{\partial q_1} = -\frac{\partial U}{\partial q_1} = -\{m_1 l_{c1} g \cos\theta_1 + m_2 g [l_{c2} \cos(\theta_1 + \theta_2) + l_1 \cos\theta_1]\} = -G_1 \tag{4-48}$$

$$\frac{\partial L}{\partial \dot{q}_1} = H_{11} \dot{\theta}_1 + H_{12} \dot{\theta}_2$$

$$\frac{\mathrm{d}}{\mathrm{d}t}\left(\frac{\partial L}{\partial \dot{q}_i}\right) = H_{11} \ddot{\theta}_1 + H_{12} \ddot{\theta}_2 + \frac{\partial H_{11}}{\partial \theta_2} \dot{\theta}_2 \dot{\theta}_1 + \frac{\partial H_{12}}{\partial \theta_2} \dot{\theta}_2^2 \tag{4-49}$$

将上述两个方程代入式（4-40）得到与式（4-31a）相同的结果。第二个关节的运动方程可以用同样的方式得到，结果与式（4-31b）相同。因此，基于拉格朗日方程得到的运动方程与基于牛顿-欧拉法相同。注意，拉格朗日方程比牛顿-欧拉方程更简单、更系统。用拉格朗日方程计算动能时必须得到速度，但不需要加速度，速度在运动方程计算中被自动处理；而在牛顿-欧拉方程中，加速度计算非常复杂，因为牛顿-欧拉方程中存在许多无功约束力和力矩，随着自由度的增加，这两种方法的差别更大。

4.3.3 惯性矩阵

在本小节中，将拉格朗日运动方程由 2 个平面自由度推广到一般的 n 自由度的机器人。拉格朗日方程的核心是推导机器人系统中所有刚体中存储的总动能。研究动能将为机器人动力学提供有用的物理见解。这种基于拉格朗日方程的物理见解将补充基于牛顿-欧拉方程获得的物理见解。

如式（4-42）所示，对于平面机器人，单个手臂连杆中存储的动能由两项组成：一项是质量 m_i 的平移运动产生的动能，另一项是绕质心旋转而产生的动能。对于一般的三维刚体，这可以写成

$$T_i = \frac{1}{2} m_i \boldsymbol{v}_{ci}^\mathrm{T} \boldsymbol{v}_{ci} + \frac{1}{2} \boldsymbol{\omega}_i^\mathrm{T} \boldsymbol{I}_i \boldsymbol{\omega}_i, \quad i = 1, \cdots, n \tag{4-50}$$

式中 $\boldsymbol{\omega}_i$、$\boldsymbol{I}_i$——从基准坐标系（即惯性基准）看的第 i 根连杆的 3×1 角速度矢量和 3×3 惯性矩阵。

因为能量是可叠加性的，整个机器人连杆中储存的总动能为

$$T = \sum_{i=1}^{n} T_i \tag{4-51}$$

动能的表达式是用每个连杆构件的速度和角速度来表示的，它们不是自变量，如前文所述。现在用一组独立的完整的广义坐标，即联合坐标 $\boldsymbol{q} = (q_1 \ \cdots \ q_n)^\mathrm{T}$ 来重新表达式（4-51）。对于平面机器人，使用雅可比矩阵将质心速度与关节速度联系起来重写表达式。可以用同样的方法重写三维多体系统的质心速度和角速度，即

$$\begin{cases} \boldsymbol{v}_{ci} = \boldsymbol{J}_i^L \dot{\boldsymbol{q}} \\ \boldsymbol{\omega}_i = \boldsymbol{J}_i^A \dot{\boldsymbol{q}} \end{cases} \tag{4-52}$$

式中 $\boldsymbol{J}_i^L$、$\boldsymbol{J}_i^A$——$3 \times n$ 雅可比矩阵。

这两个矩阵将第 i 根连杆的质心线速度和角速度与关节速度联系起来。请注意，第 i 根

连杆的线速度和角速度仅取决于前 i 个关节速度，因此这些雅可比矩阵的最后 $n-i$ 列是零矢量。将式（4-52）代入式（4-50）和式（4-51）得到

$$T = \frac{1}{2} \sum_{i=1}^{n} \left[m_i \dot{\boldsymbol{q}}_i^{\mathrm{T}} (\boldsymbol{J}_i^L)^{\mathrm{T}} \boldsymbol{J}_i^L \dot{\boldsymbol{q}} + \dot{\boldsymbol{q}}^{\mathrm{T}} (\boldsymbol{J}_i^A)^{\mathrm{T}} \boldsymbol{I}_i \boldsymbol{J}_i^A \dot{\boldsymbol{q}} \right] = \frac{1}{2} \dot{\boldsymbol{q}}^{\mathrm{T}} \boldsymbol{H} \dot{\boldsymbol{q}} \tag{4-53}$$

其中，$\boldsymbol{H}$ 是 $n \times n$ 矩阵，由下式给出

$$\boldsymbol{H} = \sum_{i=1}^{n} \left[m_i (\boldsymbol{J}_i^L)^{\mathrm{T}} \boldsymbol{J}_i^L + (\boldsymbol{J}_i^A)^{\mathrm{T}} \boldsymbol{I}_i \boldsymbol{J}_i^A \right] \tag{4-54}$$

矩阵 $\boldsymbol{H}$ 包含了整个机器人机构的质量特性反映到关节轴上，称为多体惯性矩阵。注意，多体惯性矩阵和单根连杆的 3×3 惯性矩阵之间的区别。前者是一个总惯性矩阵，后者为分量。然而，多体惯性矩阵具有与单个惯性矩阵相似的性质。由式（4-54）可知，多体惯性矩阵为对称矩阵，由式（4-22）定义的单个刚体惯性张量矩阵也为对称矩阵。多体惯性矩阵的二次形式表示动能，个体惯性矩阵也表示动能。动能总是严格为正的，除非系统处于静止状态。式（4-54）定义的多体惯性矩阵是正定的，个体惯性矩阵也是正定的。多体惯性矩阵涉及随连杆构型变化的雅可比矩阵，因此多体惯性矩阵也与构型有关，这表现出当前连杆构型下整根连杆的瞬时复合质量特性。为了说明多体惯性矩阵的构型依赖性质，可将其写成关节坐标 q 的函数 $\boldsymbol{H}(q)$。

利用多体惯性矩阵 $\boldsymbol{H} = \{H_{ij}\}$ 的分量，可以将总动能写成标量二次形式

$$T = \frac{1}{2} \sum_{i=1}^{n} \sum_{j=1}^{n} H_{ij} \dot{q}_i \dot{q}_j \tag{4-55}$$

拉格朗日运动方程中涉及的大部分项都可以通过微分上述动能直接得到。从式（4-41）的第一项开始

$$\frac{\mathrm{d}}{\mathrm{d}t} \left(\frac{\partial T}{\partial \dot{q}_i} \right) = \frac{\mathrm{d}}{\mathrm{d}t} \left(\sum_{j=1}^{n} H_{ij} \dot{q}_j \right) = \sum_{j=1}^{n} H_{ij} \ddot{q}_j + \sum_{j=1}^{n} \frac{\mathrm{d} H_{ij}}{\mathrm{d}t} \dot{q}_j \tag{4-56}$$

第一项 $\sum_{j=1}^{n} H_{ij} \ddot{q}_j$ 包括对角线项 $H_{ii} \ddot{q}_i$ 以及非对角线项 $\sum_{i \neq j} H_{ij} \ddot{q}_j$，如上一节所述它们表示由于加速而在多个关节之间进行的动态交互作用。重要的是，因为多体惯性矩阵 $\boldsymbol{H}$ 是对称的，所以一对关节 i 和 j 具有相同的动力相互作用系数 $H_{ij} = H_{ji}$。在矢量矩阵形式中，这些术语可以统称为

$$\boldsymbol{H} \ddot{\boldsymbol{q}} = \begin{pmatrix} H_{11} & \cdots & \cdots & H_{1n} \\ \vdots & & H_{ij} & \vdots \\ \vdots & H_{ji} & & \vdots \\ H_{n1} & \cdots & \cdots & H_{nn} \end{pmatrix} \begin{pmatrix} \dot{q}_1 \\ \vdots \\ \dot{q}_i \\ \dot{q}_j \\ \vdots \\ \dot{q}_n \end{pmatrix}, 1 \leq i \leq j \leq n \tag{4-57}$$

显然，在第 i 个关节上的由第 j 个关节加速度引起的交互惯性扭矩 $H_{ij} \ddot{q}_j$，与第 j 个关节上的由第 i 个关节加速度引起的惯性扭矩 $H_{ji} \ddot{q}_i$，具有相同的系数。此属性称为麦克斯韦的相互作用。

式（4-56）的第二项通常是非零的，因为多体惯性矩阵与连杆构型有关，是关节坐标的函数。应用连锁规则可得

$$\frac{\mathrm{d}H_{ij}}{\mathrm{d}t} = \sum_{k=1}^{n} \frac{\partial H_{ij}}{\partial q_k} \frac{\mathrm{d}q_k}{\mathrm{d}t} = \sum_{k=1}^{n} \frac{\partial H_{ij}}{\partial q_k} \dot{q}_k \tag{4-58}$$

式（4-41）中的第二项也产生了 H_{ij} 的偏导数。由式（4-55）可得

$$\frac{\partial T}{\partial q_i} = \frac{\partial}{\partial q_i} \left(\frac{1}{2} \sum_{j=1}^{n} \sum_{k=1}^{n} H_{jk} \dot{q}_j \dot{q}_k \right) = \frac{1}{2} \sum_{j=1}^{n} \sum_{k=1}^{n} \frac{\partial H_{jk}}{\partial q_i} \dot{q}_j \dot{q}_k \tag{4-59}$$

将式（4-58）代入式（4-56）的第二项并将结果项与式（4-59）合并，可将这些非线性项写为

$$h_i = \sum_{j=1}^{n} \sum_{k=1}^{n} C_{ijk} \dot{q}_j \dot{q}_k \tag{4-60}$$

系数 C_{ijk} 为

$$C_{ijk} = \frac{\partial H_{ij}}{\partial q_k} - \frac{1}{2} \frac{\partial H_{jk}}{\partial q_i} \tag{4-61}$$

系数 C_{ijk} 被称为克里斯托弗的三索引符号。注意，式（4-60）是非线性的，具有关节速度的乘积。式（4-60）可以分为与转轴速度二次方成比例的项，即 $k = j$ 项和 $k \neq j$ 项，如式（4-62），前者代表离心转矩，后者代表科氏转矩。

$$h_i = \sum_{j=1}^{n} C_{ijj} \dot{q}_j^2 + \sum_{k \neq j} C_{ijk} \dot{q}_j \dot{q}_k = 离心转矩 + 科氏转矩 \tag{4-62}$$

仅当多体惯性矩阵取决于构型时，才会出现这些离心项和科氏项。换句话说，由于拉格朗日方程中多体惯性矩阵的构型相关性质，离心转矩和科氏转矩被解释为非线性效应。

4.3.4 广义力

作用在刚体系统上的力可以表示为保守力和非保守力。前者由拉格朗日运动方程中势能 U 的偏导数给出。如果重力是唯一的保守力，n 个链环中存储的总势能为

$$U = -\sum_{i=1}^{n} m_i \boldsymbol{g}^\mathrm{T} \boldsymbol{r}_{0,ci} \tag{4-63}$$

其中，质心 C_i 的位置矢量 $\boldsymbol{r}_{0,ci}$ 取决于关节坐标。

将这种势能代入拉格朗日运动方程，可以得到第 i 个关节的重力转矩

$$G_i = \frac{\partial U}{\partial q_i} = -\sum_{j=1}^{n} m_j \boldsymbol{g}^\mathrm{T} \frac{\partial \boldsymbol{r}_{0,ci}}{\partial q_i} = -\sum_{j=1}^{n} m_j \boldsymbol{g}^\mathrm{T} \boldsymbol{J}_{j,i}^L \tag{4-64}$$

$\boldsymbol{J}_{j,i}^L$ 是雅可比矩阵的第 i 列 3×1 中的矢量，它们代表影响第 j 根连杆质心线速度的所有关节转速。

拉格朗日方程中的广义力 Q_i 表示作用在机器人机构上的非保守力。假设 δ_{work} 是由作用在系统上的所有非保守力完成的虚功。广义力 Q_i 与广义坐标 q_i（即关节坐标）是相关的，δ_{work} 定义为

$$\delta_{\text{work}} = \sum_{i=1}^{n} Q_i \delta q_i \tag{4-65}$$

如果虚功由关节转矩和关节虚位移的内积 $\tau_1 \delta q_1 + \cdots + \tau_n \delta q_n$ 给出，则关节转矩本身就是与关节坐标对应的广义力；但是广义力通常与关节转矩不同。用以下例子示范寻找正确广义力的方法。

例 4-3 考虑与例 4-2 相同的 2 自由度平面机器人。使用从正 x 轴测量的绝对角 ϕ_1 和

ϕ_2 代替关节角 θ_1 和 θ_2 作为广义坐标,如图 4-11 所示。改变广义坐标导致广义力改变,试计算在新坐标下的广义力。

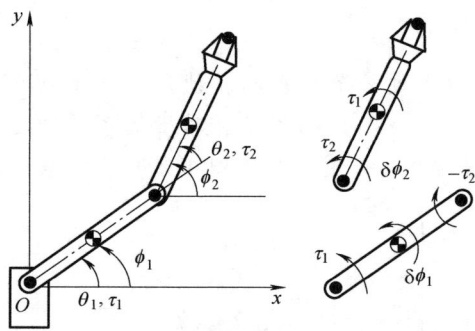

图 4-11 绝对关节角 ϕ_1 和 ϕ_2 及分离连杆

如图 4-11 所示,关节转矩 τ_2 作用于第二连杆,其虚拟位移为 $\delta\phi_2$,而关节转矩 τ_1 和反作用转矩 $-\tau_2$ 作用于第一连杆,虚位移为 $\delta\phi_1$。因此虚功是

$$\delta_{\text{work}} = (\tau_1 - \tau_2)\delta\phi_1 + \tau_2\delta\phi_2 \tag{4-66}$$

将该方程与广义坐标为 $\phi_1 = q_1$,$\phi_2 = q_2$ 的式(4-65)进行比较,可以得出结论,广义力为

$$Q_1 = \tau_1 - \tau_2, \quad Q_2 = \tau_2 \tag{4-67}$$

两组广义坐标 θ_1 和 θ_2 与 ϕ_1 和 ϕ_2 的关系如下

$$\phi_1 = \theta_1, \quad \phi_2 = \theta_1 + \theta_2 \tag{4-68}$$

将式(4-68)代入式(4-66)得到

$$\delta_{\text{work}} = (\tau_1 - \tau_2)\delta\theta_1 + \tau_2\delta(\theta_1 + \theta_2) = \tau_1\delta\theta_1 + \tau_2\delta\theta_2 \tag{4-69}$$

这证实了与原始广义坐标(即关节坐标)有关的广义力是 τ_1 和 τ_2。

作用在机器人机构上的非保守力不仅包括这些关节转矩,还包括任何其他外力 $\boldsymbol{F}_{\text{ext}}$。如果外力作用于端点,则与广义坐标 $\boldsymbol{q}$ 关联的广义力 $\boldsymbol{Q} = (Q_1, \cdots, Q_n)^{\text{T}}$ 以矢量形式表示为

$$\begin{aligned}\delta_{\text{work}} &= \boldsymbol{\tau}^{\text{T}}\delta\boldsymbol{q} + \boldsymbol{F}_{\text{ext}}^{\text{T}}\delta\boldsymbol{q} = (\boldsymbol{\tau} + \boldsymbol{J}^{\text{T}}\boldsymbol{F}_{\text{ext}})^{\text{T}}\delta\boldsymbol{q} = \boldsymbol{Q}^{\text{T}}\delta\boldsymbol{q} \\ \boldsymbol{Q} &= \boldsymbol{\tau} + \boldsymbol{J}^{\text{T}}\boldsymbol{F}_{\text{ext}}\end{aligned} \tag{4-70}$$

当外力作用于位置 $\boldsymbol{r}$ 时,上述雅可比行列式必须替换为

$$\boldsymbol{J}_r = \frac{\mathrm{d}\boldsymbol{r}}{\mathrm{d}\boldsymbol{q}} \tag{4-71}$$

注意,由于广义坐标 $\boldsymbol{q}$ 是唯一的定位系统,因此位置矢量 $\boldsymbol{r}$ 必须仅作为 $\boldsymbol{q}$ 的函数编写。

本章小结

本章在分析机器人末端执行器微运动和关节微运动的关系基础上,引入了雅可比矩阵的概念,研究了雅可比矩阵的性质,并对恒速轨迹跟踪的关节速度分配进行了阐述。

本章对机器人动力学方程进行了较详细的推导,这些方程可以用来估计以一定速度和加速度驱动机器人时各个关节所需的动力,也可以用来为机器人选择合适的驱动器。

通用机器人的动力学方程非常复杂,实际使用时会进行某种形式的简化,根据运动学方

程各项的物理意义，确定某些特定项的重要性，适当时可以不考虑科氏力或重力的影响。

思考题与习题

4-1 图 4-12 所示为两自由度关节机器人，使用从正 x 轴测量的"绝对"关节角。注意，角度 θ_2 是从固定坐标系（即 x 轴）而不是相对坐标系（即连杆 1）测量的。求 2×2 雅可比矩阵，在 xy 平面上说明两个列矢量，并与图 4-2 所示的结果进行比较和讨论。

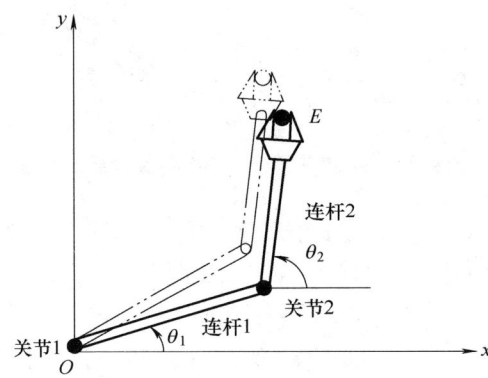

图 4-12 两自由度关节机器人示意图

4-2 用拉格朗日法推导图 4-13 所示 PR 操作臂的动力学方程。

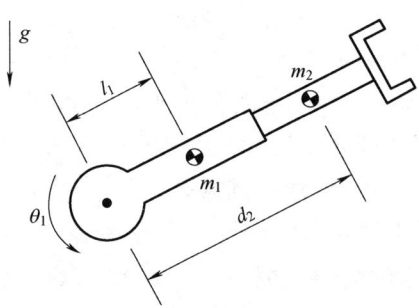

图 4-13 PR 操作臂示意图

4-3 建立如图 4-14 中所示的二连杆非平面操作臂的动力学方程。假设每根连杆的质量可视为集中于连杆末端（最外端）的集中质量。质量分别为 m_1 和 m_2，连杆长度为 l_1 和 l_2。

4-4 推导如图 4-15 所示操作臂的动力学方程。已知连杆 1 的惯性张量为

$$C_1 I = \begin{pmatrix} I_{xx1} & 0 & 0 \\ 0 & I_{yy1} & 0 \\ 0 & 0 & I_{zz1} \end{pmatrix}$$

连杆 2 的质量 m_2 集中于该连杆坐标系的原点处。连杆 3 的惯性张量为

$$C_3 I = \begin{pmatrix} I_{xx3} & 0 & 0 \\ 0 & I_{yy3} & 0 \\ 0 & 0 & I_{zz3} \end{pmatrix}$$

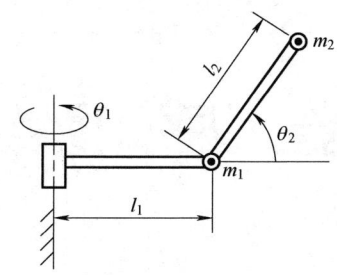

图 4-14 二连杆非平面操作臂示意图

假设重力方向为z_1的负方向，每个关节处的黏性摩擦系数为γ_i。

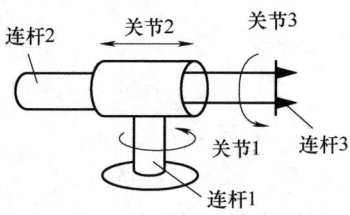

图 4-15 操作臂示意图

第 5 章 机器人感知系统

导读

机器人感知系统是工业机器人的一个重要组成部分,在天气预报、交通管制、战场态势估计、目标分类与跟踪等民用和军事领域中得到了广泛的重视和应用。通过本章的学习,应做到熟悉机器人传感器的定义、分类、性能指标、要求与选择方法,重点掌握各类机器人传感器的概念、结构特点和工作原理,需要了解机器人多传感器信息融合技术及其应用情况。

本章知识点

- 机器人传感器概述
- 机器人内部传感器
- 机器人外部传感器
- 传感器融合

5.1 机器人传感器概述

5.1.1 机器人传感器的定义

机器人是由计算机控制的复杂机器,它具有类似人的肢体及感官功能,动作程序灵活,有一定程度的智能,在工作时可以不依赖人的操纵。机器人传感器在机器人的控制中起了至关重要的作用,正因为有了传感器,机器人才具备了类似人类的知觉功能和反应能力。

为了检测作业对象、环境或机器人与它们的关系,在机器人上安装了触觉传感器、视觉传感器、力觉传感器、接近觉传感器、超声波传感器和听觉传感器,大大改善了机器人的工作状况,使其能够更充分地完成复杂的工作。由于外部传感器为集多种学科于一体的产品,有些方面还在探索之中,随着外部传感器的进一步完善,机器人的功能越来越强大,将在许多领域为人类做出更大贡献。

人类具有五种感觉(视觉、听觉、触觉、嗅觉、味觉),机器人需要通过传感器得到这些感觉信息。目前机器人只具有视觉、听觉和触觉,这些感觉是通过相应的传感器得到的。

传感器按一定规律实现信号检测并将被测量(物理的、化学的和生物的信息)通过变送器变换为另一种物理量（通常是电压或电流量）。它既能把非电量变换为电量，也能实现电量之间或非电量之间的互相转换。总而言之，一切获取信息的仪表器件都可称为传感器。传感器是自动控制系统（机器人）必不可少的关键部分。所有的自动化仪表和装置均需要先经过信息检测才能实现信息的转换、处理和显示，而后达到调节、控制的目的。离开了传感器，自动化仪表和装置就无法实现其功能。

传感器一般由敏感元件、转换元件、基本转换电路三部分组成，如图 5-1 所示。

图 5-1 传感器的组成

敏感元件是能直接感受被测量，并以确定关系输出某一物理量的元件，如弹性敏感元件可将力转换为位移或应变。转换元件可将敏感元件输出的非物理量转换成电量，基本转换电路将由转换元件产生的电量转换成便于测量的电信号，如电压、电流、频率等。

5.1.2 机器人传感器的分类

机器人根据所完成任务的不同，配置的传感器类型和规格也不一定相同，一般分为内部传感器和外部传感器。内部传感器和外部传感器是根据传感器在系统中的作用来划分的，某些传感器既可以当作内部传感器使用，也可以当作外部传感器使用。例如力传感器，用于末端执行器或操作臂的自重补偿中，是内部传感器；用于测量操作对象或障碍物的反作用力时，是外部传感器。

传感器可以按不同的方式进行分类，例如，按被测物理量、按传感器的工作原理、按传感器转换能量的情况、按传感器输出信号的形式（模拟信号、数字信号）等分类。机器人传感器按使用功能可分为检测内部状态的内部信息传感器和检测外部对象及外部环境状态的外部信息传感器。

内部信息传感器包括检测位置、速度、力、力矩、温度以及异常变化等的传感器。外部信息传感器包括视觉传感器、触觉传感器、力觉传感器、接近觉传感器、角度觉（平衡觉）传感器等。具有多种外部传感器是先进机器人的重要标志。表 5-1 和表 5-2 分别列出了机器人内部传感器和外部传感器的基本种类。

1. 内部传感器

所谓内部传感器，就是用来检测机器人本身状态（如手臂间角度）的传感器，多为检测位置的传感器。具体地说，内部传感器就是测量机器人自身状态的功能元件，具体检测的对象有关节的线位移、角位移等几何量，速度、加速度等运动量，还有倾斜角、方位角、振动等物理量，即主要用来采集机器人内部的信息。内部传感器常在控制系统中用作反馈元件，检测机器人自身的状态参数，如关节运动的位置、速度、加速度等。

2. 外部传感器

所谓外部传感器，就是用来检测机器人所处环境（如是什么物体，离物体的距离有多远等）及状况（如抓取的物体是否滑落）的传感器。具体有物体识别传感器、物体探伤传感器、接近觉传感器、距离传感器、力觉传感器、听觉传感器等。外部传感器主要用来采集机器人和外部环境以及工作对象之间相互作用的信息，如测量机器人周边环境参数，它通常与机器人的目标识别、作业安全等因素有关，如视觉传感器，既可以用来识别工作对象，也可以用来检测障碍物。从机器人系统的观点来看，外部传感器的信号一般用于规划决策层，也有一些外部传感器的信号被底层的伺服控制层所利用。

表 5-1　机器人内部传感器的基本种类

内部传感器	基本种类
位置传感器	电位器、光栅
速度传感器	测速发电机、编码器
加速度传感器	应变片式加速度传感器、伺服式加速度传感器、压电式加速度传感器
倾斜角传感器	液体式倾斜角传感器、电解液式倾斜角传感器、竖直振子式倾斜角传感器
力（力矩）传感器	应变式力（力矩）传感器、压电式力（力矩）传感器

表 5-2　机器人外部传感器的基本种类

功　能	外部传感器	基本种类
视觉传感器	测量传感器	光学式（点状、线状、圆形、螺旋形、光束）测量传感器
	识别传感器	光学式识别传感器、声波式识别传感器
触觉传感器	触觉传感器	单点式触觉传感器、分布式触觉传感器
	压觉传感器	单点式压觉传感器、高密度集成压觉传感器、分布式压觉传感器
	滑觉传感器	点接触式滑觉传感器、线接触式滑觉传感器、面接触式滑觉传感器
接近觉传感器	接近觉传感器	空气式接近觉传感器、磁场式接近觉传感器、电场式接近觉传感器、光学式接近觉传感器、声波式接近觉传感器
	距离传感器	光学式距离传感器（反射光量、定时、相位信息） 声波式距离传感器（反射音量、传输时间信息）

5.1.3　机器人传感器的性能指标

在工业机器人上使用的传感器和普通传感器一样，具有很多的性能指标，主要包括：量程、线性度、灵敏度、分辨力、响应时间、频率响应、精度、重复精度、可靠性、输出类型、接口、尺寸、重量、成本等。

1. 量程

量程是传感器能够产生的最大输出与最小输出之间的差值，或传感器正常工作时最大输入和最小输入之间的差值。

2. 线性度

线性度反映了输入变量与输出变量间的关系。这意味着具有线性输出的传感器在其量程范围内，任意相同的输入变化会产生相同的输出变化。几乎所有器件在本质上都具有一些非线性，只是非线性的程度不同。在一定的工作范围内，有些器件可以认为是线性的，而其他一些器件可通过一定的前提条件来线性化。如果输出不是线性的，但已知非线性度，则可以通过对其适当地建模、添加测量方程或额外的电子线路来克服非线性度。例如，如果位移传感器的输出按角度的正弦变化，那么在应用这类传感器时，设计者可按角度的正弦来对输出进行刻度划分，这可以通过应用程序，或能根据角度的正弦对信号进行分度的简单电路来实现。于是，从输出来看，传感器的输出特征好像是线性的。

3. 灵敏度

灵敏度是输出响应变化与输入变化的比值。高灵敏度传感器的输出会由于输入波动（包括噪声）而产生较大的波动。

4. 分辨力

分辨力是传感器在测量范围内所能分辨的最小值。在绕线式电位器中，它等同于一圈的电阻值。在一个 n 位的数字设备中，分辨力 = 满量程/2^n。例如，四位绝对式编码器在测量位置时，最多能有 $2^4 = 16$ 个不同等级。因此，分辨力是 $360°/16 = 22.5°$。需要注意的是，传感器和数据采集的位数一般要减 1 使用，有的第一位是符号位。

5. 响应时间

响应时间是传感器的输出达到总变化的某个百分比时所需要的时间，它通常用占总变化的百分比来表示，如 95%。响应时间也定义为当输入变化时，观察输出发生变化所用的时间。例如，简易水银温度计的响应时间长，而根据辐射热测温的数字温度计的响应时间短。

6. 频率响应

频率响应是指将一个以恒电压输出的音频信号与系统相连接时，音箱产生的声压随频率的变化而发生增大或衰减、相位随频率而发生变化的现象，这种声压和相位与频率的相关联的变化关系称为频率响应。它也是指在振幅允许的范围内音响系统能够重放的频率范围，以及在此范围内信号的变化量，也叫频率特性。在额定的频率范围内，输出电压幅度的最大值与最小值之比，以分贝数（dB）来表示其不均匀度。频率响应在电能质量概念中通常是指系统或计量传感器的阻抗随频率的变化。

7. 精度

精度定义为传感器的输出值与期望值的接近程度。对于给定输入，传感器有一个期望输出，而精度则与传感器的输出和该期望值的接近程度有关。

8. 重复精度

对同样的输入，如果对传感器的输出进行多次测量，那么每次输出都可能不一样。重复精度反映了传感器多次输出之间的变化程度。通常，如果进行足够次数的测量，那么就可以确定一个范围，它能包括所有在标称值周围的测量结果，那么这个范围就定义为重复精度。通常重复精度比精度更重要，在多数情况下，不准确度是由系统误差导致的，因为它们可以预测和测量，所以可以进行修正和补偿。重复性误差通常是随机的，不容易补偿。

9. 可靠性

可靠性是系统正常运行次数与总运行次数之比，对于要求连续工作的情况，在考虑费用以及其他要求的同时，必须选择可靠且能够长期持续工作的传感器。

10. 输出类型

根据不同的应用，传感器的输出可以是数字量也可以是模拟量，它们可以直接使用，也可能必须对其进行转换后才能使用。例如，电位器的输出是模拟量，而编码器的输出则是数字量。如果编码器连同微处理器一起使用，其输出可直接传输至处理器的输入端，而电位器的输出则必须利用模数转换器（ADC）转变为数字信号。哪种输出类型比较合适必须结合其他要求进行折中考虑。

11. 接口

传感器必须能与其他设备相连接，如微处理器和控制器。若传感器与其他设备的接口不匹配或两者之间需要其他的额外电路，那么需要解决传感器与设备间的接口问题。

12. 尺寸

根据传感器的应用场合，尺寸大小有时可能是最重要的。例如，关节位移传感器必须与关节的设计相适应，并能与机器人中的其他部件一起移动，但关节周围可利用的空间可能会受到限制。另外，体积庞大的传感器可能会限制关节的运动范围。因此，确保给关节传感器留下足够大的空间非常重要。

13. 重量

由于机器人是运动装置，所以传感器的重量很重要，传感器过重会增加机器人的惯量，同时还会增加总的有效载荷。

14. 成本

传感器的成本是需要考虑的重要因素，尤其在一台机器需要使用多个传感器时更是如此。然而成本必须与其他设计相平衡，如可靠性、传感器数据的重要性、精度和寿命等。

5.1.4 机器人传感器的要求与选择

1. 基本性能要求

（1）精度高、重复性好

机器人传感器的精度直接影响机器人的工作质量。用于检测和控制机器人运动的传感器是控制机器人定位精度的基础。机器人是否能够准确无误地正常工作，往往取决于传感器的测量精度。

（2）稳定性好、可靠性高

机器人传感器的稳定性和可靠性是保证机器人能够长期稳定可靠工作的必要条件。机器人经常是在无人照管的条件下代替人来操作，如果它在工作中出现故障，轻则影响生产的正常进行，重则造成严重事故。

（3）抗干扰能力强

机器人传感器的工作环境往往比较恶劣，它应当能够承受强电磁干扰、强振动，并能够在一定的温度、高压、高污染环境中正常工作。

（4）质量小、体积小、安装方便可靠

对于安装在机器人操作臂等运动部件上的传感器，质量要小，否则会加大运动部件的惯性，影响机器人的运动性能。对于工作空间受到某种限制的机器人，对传感器体积和安装方向的要求也是必不可少的。

2. 工作任务要求

现代工业中，机器人被用于执行各种加工任务，其中比较常见的加工任务有物料搬运、装配、喷漆、焊接、检验等。不同的加工任务对机器人提出了不同的要求。

多数搬运机器人目前尚不具有感觉能力，它们只能在指定的位置上拾取确定的零件。而且，在机器人拾取零件前，除了需要给机器人定位以外，还需要采用某种辅助设备或工艺措施，把被拾取的零件准确定位和定向，这就使得加工工序或设备更加复杂。如果搬运机器人具有视觉、触觉和力觉等感觉能力，就会改善这种情况。视觉系统用于被拾取零件的粗定位，使机器人能够根据需要寻找应该拾取的零件，并确定该零件的大致位置。触觉传感器用于感知被拾取零件的存在、确定该零件的准确位置以及确定该零件的方向。

装配机器人对传感器的要求类似于搬运机器人，也需要视觉、触觉和力觉等感觉能力。装配机器人通常对工作位置的要求更高。现在越来越多的机器人正进入装配工作领域，主要任务是销、轴、螺钉和螺栓等的装配工作。为了使被装配的零件获得对应的装配位置，采用视觉系统选择合适的装配零件，并对它们进行粗定位，机器人触觉系统能够自动校正装配位置。

喷漆机器人一般需要采用两种类型的传感系统：一种用于位置（或速度）的检测；另一种用于工作对象的识别。用于位置检测的传感器，包括光电开关、测速码盘、超声波测距传感器、气动式安全保护器等。

以焊接机器人为例，它包括点焊机器人和弧焊机器人两类。这两类机器人都需要用位置传感器和速度传感器进行控制。位置传感器主要是采用光电式增量码盘，也可以采用较精密的电位器。

根据现在的制造水平，光电式增量码盘具有较高的检测精度和较高的可靠性。速度传感器目前采用测速发电机，其中交流测速发电机的线性度比较高，且正向与反向输出特性比较对称，比直流测速发电机更适于弧焊机器人使用。为了检测点焊机器人与待焊工件的接近情况，控制点焊机器人的运动速度，点焊机器人还需要装备接近觉传感器。弧焊机器人对传感器有一个特殊的要求，需要采用传感器使焊枪沿着焊缝自动定位，并且自动跟踪焊缝，目前完成这一功能的常见传感器有触觉传感器、位置传感器和视觉传感器。

环境感知能力是移动机器人除了移动之外最基本的一种能力，感知能力的高低直接决定了一个移动机器人的智能程度，而感知能力是由感知系统决定的。移动机器人的感知系统相当于人的五官和神经系统，是机器人获取外部环境信息及进行内部反馈控制的工具，它是移动机器人最重要的部分之一。移动机器人的感知系统通常由多种传感器组成，这些传感器处于连接外部环境与移动机器人的接口位置，是机器人获取信息的窗口。机器人用这些传感器采集各种信息，然后采取适当的方法，将多个传感器获取的环境信息加以综合处理，控制机器人进行智能作业。

5.2 机器人内部传感器

5.2.1 位置传感器

位置传感器要检测的对象可为线位移、角位移等几何量。位置传感器种类很多，常见的有电位器和光栅等。

1. 电位器

电位器是一种典型的位置传感器，可分为直线型（测量位移）电位器和旋转型（测量角度）电位器。电位器由环状或棒状电阻丝和电刷（或称为滑动片）组成，电刷接触电阻丝发出电信号，电刷与驱动器连成一体，将其线位移或角位移转换成电阻的变化，在电路中以电压或电流的变化形式输出。图 5-2 所示为旋转型电位器的基本结构，在环状电阻丝两端加上电压 E。若电阻丝的总电阻为 R_0，当旋转轴（电刷）转过 θ 角时，通过电刷的滑动部分阻值 $R(\theta)$ 为

$$R(\theta) = \frac{\theta}{360°} R_0 \qquad (5\text{-}1)$$

因此，输出电压 U 可以表示为

$$U = \frac{R(\theta)}{R_0}E = \frac{\theta}{360°}E \tag{5-2}$$

其输出电压与阻值无关，所以温度变化对输出电压没有影响。电位器可分为导电塑料、线绕式、混合式等滑片型电位器和磁阻式、光标式等非接触型电位器。

触点滑动电位器以导电塑料电位器为主流。这种电位器是将炭黑粉末和热硬化树脂涂在塑料的表面上，并和接线端子连成一体，滑动部分几乎没有磨损，寿命很长。此外，线绕式电位器的线性度和稳定性最好，但输出电压是离散值。

2. 光栅

光栅主要由标尺光栅和光栅读数头组成，它们之间进行相对位移时，在光的干涉与衍射共同作用下产生黑白相间（或明暗相间）的规则条纹图形（称之为莫尔条纹），经过光电器件转换，使黑白（或明暗）相同的条纹转换成正弦波变化的电信号，再经过放大器放大，整形电路整形后，得到两路相差为90°的正弦波或方波，送入光栅数显表计数显示。只要通过光电器件测出莫尔条纹的数目，就可知道光栅的移动距离。

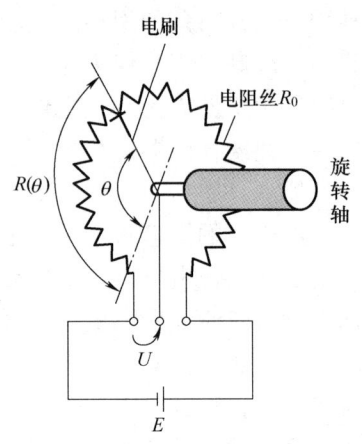

图 5-2 旋转型电位器的基本结构

目前，在机器人中，使用最多的是圆光栅，电位器使用得不多。圆光栅是一种在玻璃圆盘表面的一个圆环形区域上刻有大量均匀分布的、透明和不透明相间的圆分度元件，由于其刻线呈辐射状，又称辐射光栅。简单地说，刻画在玻璃盘上的光栅称为圆光栅，也称为光栅盘，主要用来测量角度或角位移，且多用透射式的。根据栅线刻画的方向，圆光栅可分为两种：一种是径向光栅，其栅线的延长线全部通过光栅盘的圆心；另一种是切向光栅，其全部栅线与一个和光栅盘同心的、直径只有零点几毫米或几毫米的小圆相切。把两块角栅距相接近的圆光栅面对面叠在一起时，在光线的照明下，能看到按一定规律分布的明暗相间的条纹，这种条纹称为圆光栅的莫尔条纹。由于从圆光栅中能取得近似正弦的莫尔条纹光电信号，因而通过电子学方法可以把位移量转换成数字信息量、模拟信息量、数字和模拟相结合的信息量，这就给自动测量和控制角位移提供了条件。

5.2.2 速度（角速度）传感器

速度传感器是机器人内部传感器之一，是闭环控制系统中不可缺少的重要组成部分，它用来测量机器人关节的运动速度。可以进行速度测量的传感器很多，如进行位置测量的传感器大多可同时获得速度的信息。但是应用最广泛、能直接得到代表转速的电压且具有良好的实时性的速度测量传感器是测速发电机。在机器人控制系统中，以速度为首要目标进行伺服控制并不常见，更常见的是机器人的位置控制。机器人中一般都采用圆光栅（转动关节）测量位移，通常对其微分（差分）计算来获得速度，安装速度传感器的很少。当然，如果需要考虑机器人运动过程的品质时，速度传感器甚至加速度传感器都是需要的。速度传感器根据输出信号的形式可分为模拟式速度传感器和数字式速度传感器两种。

1. 模拟式速度传感器

测速发电机是最常见的一种模拟式速度传感器，它是一种小型永磁式直流发电机。其工

作原理是当励磁磁通恒定时,其输出电压和转子转速成正比,即

$$U = kn \tag{5-3}$$

式中　U——测速发电机输出电压(V);

　　　n——测速发电机转速(r/min);

　　　k——比例系数。

当有负载时,电枢绕组流过电流,由于电枢反应而使输出电压降低。若负载较大,或者测量过程中负载变化,则破坏了线性特性而产生误差。为了减少误差,必须使负载尽可能的小而且性质不变。测速发电机总是与驱动电动机同轴连接,这样就测出了驱动电动机的瞬时速度。测速发电机在机器人控制系统中的应用如图 5-3 所示。

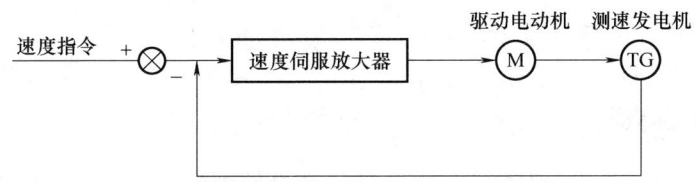

图 5-3　测速发电机在机器人控制系统中的应用

2. 数字式速度传感器

在机器人控制系统中,增量式编码器一般用作位置传感器,但也可以用作速度传感器。当把一个增量式编码器用作速度检测元件时,有以下两种使用方法。

1) 模拟式。在这种方式下,关键是需要一个频率-电压(F/V)转换器,它必须有尽量小的温度漂移和良好的零输入输出特性,用它把编码器测得的脉冲频率转换成与速度成正比的模拟电压,它检测的是电动机轴上的瞬时速度,如图 5-4 所示。

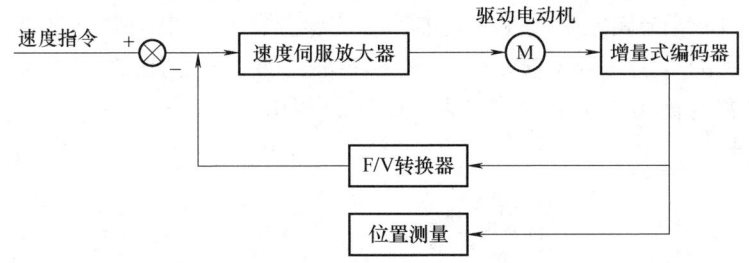

图 5-4　增量式编码器用作速度传感器示意图

2) 数字式。编码器是数字元件,它的脉冲个数代表了位置,而单位时间里的脉冲个数表示这段时间里的平均速度。显然,单位时间越短,越能代表瞬时速度,但在太短的时间里,只能记录到几个编码器脉冲,因而降低了速度分辨力。目前在技术上有多种办法解决这个问题。例如,可以采用两个编码器脉冲为一个时间间隔,然后用计数器记录在这段时间里高频脉冲源发出的脉冲数,其原理如图 5-5 所示。

设编码器每转输出 1000 个脉冲,高频脉冲源的周期为 0.1ms,门电路每接收一个编码器脉冲就开启,再接收一个编码器脉冲就关闭,这样周而复始,也就是门电路开启时间是两个编码器脉冲的间隔时间。若计数器的值为 100,则编码器角位移

$$\Delta\theta = \frac{2}{1000} \times 2\pi\,\text{rad} = 0.004\pi\,\text{rad} \tag{5-4}$$

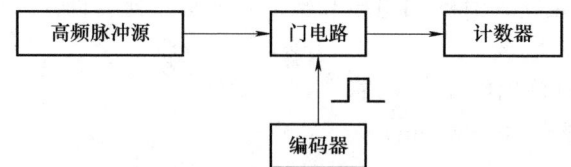

图 5-5 利用编码器的测速原理

时间增量

$$\Delta t = 脉冲源周期 \times 计数值 = 0.1\text{ms} \times 100 = 10\text{ms} \quad (5-5)$$

速度

$$\dot{\theta} = \frac{\Delta \theta}{\Delta t} = \frac{0.004\pi \text{rad}}{10\text{ms}} = 1.26 \text{rad/s} \quad (5-6)$$

5.2.3 加速度传感器

随着机器人的高速化、高精度化,由机械运动部件刚性不足所引起的振动问题开始得到关注。作为抑制振动问题的对策,有时在机器人的各杆件上安装加速度传感器,用来测量振动加速度,并把它反馈到杆件底部的驱动器上,有时把加速度传感器安装在机器人末端执行器上,将测得的加速度进行数值积分,加到反馈环节中,以改善机器人的性能。从测量振动的目的出发,加速度传感器日益受到重视。

机器人的动作是三维的,而且工作范围很广,因此可在连杆等部位直接安装接触式振动传感器。虽然机器人的振动频率仅为数十赫兹,但由于共振特性容易改变,所以要求传感器具有低频高灵敏度的特性。常见的加速度传感器有以下几种:

1. 应变片式加速度传感器

Ni-Cu 或 Ni-Cr 等金属电阻应变片式加速度传感器是一个由板簧支承重锤所构成的振动系统,板簧上下两面分别贴两个应变片(图 5-6)。应变片受到振动产生应变,其电阻值的变化通过电桥电路的输出电压被检测出来。除了金属电阻外,Si 或 Ge 半导体压阻元件也可用于加速度传感器。

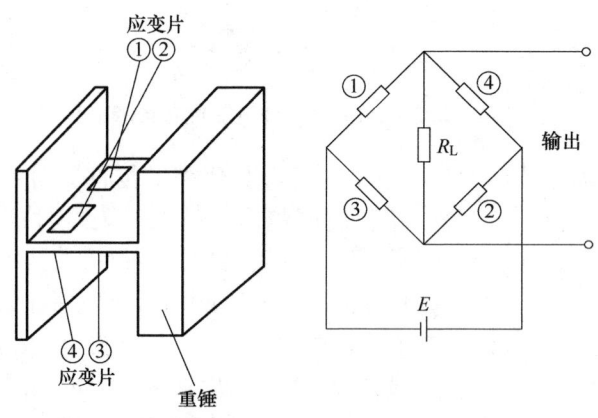

图 5-6 应变片式加速度传感器

半导体应变片的应变系数比金属电阻应变片高 50~100 倍,灵敏度很高,但温度特性差，需要加补偿电路。最近研制出充硅油耐冲击的高精度悬臂结构（重锤的支承部分），包含信号处理电路的超小型芯片式悬臂机构也正在实现中。

2. 伺服式加速度传感器

伺服式加速度传感器检测出与上述振动系统重锤位移成比例的电流，把电流反馈到恒定磁场中的线圈，使重锤返回到原来的零位移状态。由于重锤的变形（位移）很小，因此这种传感器与前一种相比，更适用于较大加速度的系统。

首先产生与加速度成比例的惯性力 F，它和电流 i 产生的复原力保持平衡。根据弗莱明左手定则，F 和 i 成正比（比例系数为 K），关系式为 $F = ma = Ki$。这样，根据检测的电流 i 可以求出加速度 a。

3. 压电式加速度传感器

压电式加速度传感器利用具有压电效应的物质，将产生加速度的力转换为电压。这种具有压电效应的物质，受到外力发生机械形变时，能产生电压；反之，外加电压时，也能产生机械形变。压电元件大多由高介电常数的铬钛酸铅材料制成。

设压电常数为 d，则加在元件上的应力 F 和产生电荷 Q 的关系式为 $Q = dF$。

设压电元件的电容为 C，输出电压为 U，则 $U = Q/C = dF/C$，其中 U 和 F 在很大动态范围内保持线性关系。

5.2.4 倾斜角传感器

倾斜角传感器是根据"摆"的工作原理制成的。当传感器壳体相对于地球重心方向产生倾角时，由于重力的作用，摆锤力图保持在铅垂方向，因而相对壳体摆动一个角度。如果利用某种传感元件将这个角度量，或者将与摆相连的敏感元件的应变量转换成电量输出，就实现了倾斜角的电测量。它应用于机械手末端执行器或移动机器人的姿态控制中。根据测量原理，倾斜角传感器分为液体式、电解液式和竖直振子式等。除了上述倾斜角传感器外，还有用于方位角测量的陀螺仪和地磁传感器等。

5.2.5 力（力矩）传感器

工业机器人在进行装配、搬运、研磨等作业时，需要对工作力或力矩进行控制。例如：装配时需进行将轴类零件插入孔内、调准零件的位置、拧动螺钉等一系列步骤，在拧动螺钉过程中需要有确定的拧紧力；搬运时机器人手爪对工件需要有合理的握力，握力太小不足以搬动工件，太大则会损坏工件；研磨时需要有合适的砂轮进给力以保证研磨质量。另外，机器人在自我保护时也需要检测关节和连杆之间的内力，防止机器人臂部因承载过大或与周围障碍物碰撞而引起损坏。所以，力（力矩）传感器在机器人中的应用较广泛。力（力矩）传感器种类很多，常用的有电阻应变片式、压电式、电容式、电感式以及各种外力传感器。力（力矩）传感器通过弹性敏感元件将被测力（力矩）转换成某种位移量或变形量，然后通过各自的敏感介质把位移量或变形量转换成能够输出的电量。

目前使用最广泛的是电阻应变片式力（力矩）传感器。图 5-7 所示为 20 世纪 70 年代研制成功的一种 6 维力（力矩）传感器。该传感器利用一段铝管巧妙地加工成串联的弹性梁，在梁上粘贴一对应变片，其中一片用于温度补偿。由图 5-7 可知，有 8 根具有四个取向的窄梁，其中 4 根的长轴在 z 方向用 P_{x+}、P_{y+}、P_{x-}、P_{y-} 表示，其余 4 根的轴垂直于 z 方向，用 Q_{x+}、Q_{y+}、Q_{x-}、Q_{y-} 表示。一对应变片由 R_1、R_2 表示并取向，使得由后者的中心通过前者

中心的矢量沿 x、y 或 z 方向，例如，在梁 P_{x+} 和 P_{y-} 的应变片垂直于 y 方向。梁一端的顶部在应变片处有放大应变的作用，而弯曲转矩忽略不计。

由于机器人各杆件通过关节连接在一起，运动时各杆件相互联动，所以单根杆件的受力状况非常复杂。但根据刚体力学可知，刚体上任何一点的力都可以表示为笛卡儿坐标系三个坐标轴的分力和绕三个轴的分力矩。只要测出这三个力和分力矩，就能计算出该点的合力和力矩。在图 5-7 所示的力（力矩）传感器上，8 根梁中有 4 根水平梁和 4 根竖直梁，每根梁发生的应变集中在梁的一端，把应变片贴在应变最大处就可以测出一个力。

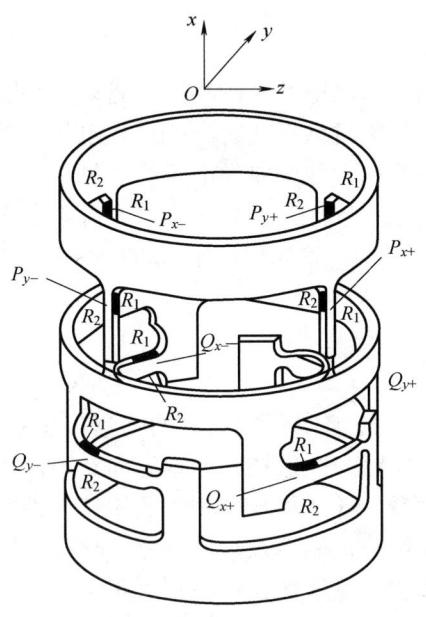

力矩传感器

图 5-7 电阻应变片式力（力矩）传感器

设 8 根弹性梁测出的应变为

$$\boldsymbol{W} = (W_1 \quad W_2 \quad W_3 \quad W_4 \quad W_5 \quad W_6 \quad W_7 \quad W_8)^{\mathrm{T}} \tag{5-7}$$

机器人杆件某点的力与力（力矩）传感器测出的 8 个应变的关系为

$$\boldsymbol{F} = \begin{pmatrix} F_x \\ F_y \\ F_z \\ M_x \\ M_y \\ M_z \end{pmatrix} = \begin{pmatrix} 0 & 0 & k_{13} & 0 & 0 & 0 & k_{17} & 0 \\ k_{21} & 0 & 0 & 0 & k_{25} & 0 & 0 & 0 \\ 0 & k_{32} & 0 & k_{34} & 0 & k_{36} & 0 & k_{38} \\ 0 & 0 & 0 & k_{44} & 0 & 0 & 0 & k_{48} \\ 0 & k_{52} & 0 & 0 & 0 & k_{56} & 0 & 0 \\ k_{61} & 0 & k_{63} & 0 & k_{65} & 0 & k_{67} & 0 \end{pmatrix} \begin{pmatrix} W_1 \\ W_2 \\ W_3 \\ W_4 \\ W_5 \\ W_6 \\ W_7 \\ W_8 \end{pmatrix} \tag{5-8}$$

式中　F——被测点在笛卡儿坐标空间中的受力；

k_{ij}——比例系数（$i = 1 \sim 6$，$j = 1 \sim 8$）。

在应用中，传感器两端通过法兰与机器人腕部连接。当机器人腕部受力时，八根弹性梁产生不同性质的变形，使敏感点的应变片发生应变，输出电信号，通过一定的数学关系式就可算出 x、y、z 三个坐标上的分力和分力矩。

5.3 机器人外部传感器

5.3.1 视觉传感器

1. 光电转换器

人工视觉系统中，相当于眼睛视觉细胞的光电转换器件有光电二极管、光电晶体管和 CCD（电荷耦合器件）图像传感器等。随着半导体技术的发展，过去使用的管球形光电转换器件，由于工作电压高、耗电量大、体积大，正逐渐被固态器件所取代。

（1）光电二极管

半导体 PN 结受到光照射时，若光子能量大于半导体材料的禁带宽度，则吸收光子，形成电子空穴对，产生电位差，输出与入射光量相应的电流或电压。光电二极管是利用光电伏特效应的光传感器。光电二极管使用时，一般加反向偏置电压，不加偏置电压也能使用。零偏置时，PN 结电容变大，频率响应下降，但线性度好。如果加反向偏置电压，没有载流子的耗尽层增大，响应特性提高。根据电路结构，光检出的响应时间可在 1ns 以内。

为了用激光、雷达提高测量距离的分辨力，需要响应特性好的光电转换元件。雪崩光电二极管（APD）是利用在强电场的作用下载流子运动加速，与原子相撞产生的电子雪崩的放大原理而研制的。它是检测微弱光的光传感器，其响应特性好。光电二极管作为位置检测元件，可以连续检测光束的入射位置，也可以用于二维平面上的光点位置检测。它的电极不是导体，而是均匀的电阻膜。

（2）光电晶体管

PNP 或 NPN 型光电晶体管的集电极 C 和基极 B 之间构成光电二极管。受光照射时，反向偏置的基极和集电极之间产生电流，放大的电流流过集电极和发射极。因为光电晶体管具有放大功能，所以产生的光电流是光电二极管的 100～1000 倍，响应时间为微秒级。

（3）CCD 图像传感器

CCD 图像传感器的基本结构是一个间隙很小的光敏电极阵列，即由无数个 CCD 单元组成，也称为像素点。一块 CCD 上包含的像素数越多，其提供的图像分辨力也就越高。由 CCD 视觉传感器得到的电信号，经过 A/D（模/数）转换成数字信号，称为数字图像。一般地，一幅数字图像通常由 512×512 个像素组成（也有 256×256、1024×1024 甚至更高像素）。一般情况下，这么大的信息量对机器人系统来说是足够的，相应地，对图像处理的要求也高。往往需要采用专用的视觉处理机，多数采用多处理器并行处理，流水线式体系结构以及基于 DSP（数字信号处理）的方案。要求比较高的场合，还可以通过彩色摄像系统或在黑白摄像管前面加上红、绿、蓝等滤光器得到颜色信息和较好的对比度。它具有分辨力高、信噪比大、动态范围大、灵敏度高、寿命长、抗冲击、耗电少等优点。

（4）MOS 图像传感器

光电二极管和 MOS（金属-氧化物半导体）场效应管成对地排列在硅衬底上，构成 MOS 图像传感器。通过选择水平扫描线和竖直扫描线来确定像素的位置，使两个扫描线的交点上的场效应管导通，然后从与之成对的光电二极管取出像素信息。扫描是分时按顺序进行的。

（5）工业电视摄像机

工业电视摄像机由二维面型图像传感器和扫描电路等外围电路组成。只要接上电源，摄像机就能输出被摄图像的标准电视信号。大多数摄像机镜头可以通过一个叫作 C 光圈的驱动端子。现在市场上出售的摄像机中，有的带有外部同步信号输入端子，用于控制竖直扫描或水平扫描；有的可以改变 CCD 的电荷积累时间，以缩短曝光时间。彩色摄像机中，多数是在图像传感器上镶嵌配置红（R）、绿（G）、蓝（B）色滤色器以提取颜色信号的单板式摄像机。光源不同而需调整色彩时，方法很简单，通过手动切换即可。

2. 二维视觉传感器

视觉传感器分为二维视觉和三维视觉传感器两大类，一般就是采用 CMOS（互补金属-氧化物半导体）传感器或 CCD 传感器。二维视觉传感器是获取景物图形信息的传感器。处理方法有二维图像处理、灰度图像处理和彩色图像处理，它们都是以输入的二维图像为识别对象的。图像由摄像机获取，如果物体在传送带上以一定速度通过固定位置，也可用一维线性传感器获取二维图像的输入信号。

对于操作对象限定、工作环境可调的生产线，一般使用廉价的、处理时间短的二值图像视觉系统。图像处理中，首先要区分作为物体像的图和作为背景像的底两大部分。图和底的区分还是容易处理的。图形识别中，需使用图的面积、周长、中心位置等数据。为了减少图像处理的工作量，必须注意以下几点：

（1）照明方向

环境中不仅有照明光源，还有其他光。因此要使物体的亮度、光照方向的变化尽量小，就要注意物体表面的反射光、物体的阴影等。

（2）背景的反差

黑色物体放在白色背景中，图和底的反差大，容易区分。有时会把光源放在物体背后，让光线穿过漫射面照射物体，以获取轮廓图像。

（3）视觉传感器的位置

改变视觉传感器和物体间的距离，成像大小也相应地发生变化。获取立体图像时，若改变观察方向，则改变了图像的形状。垂直方向观察物体，可得到稳定的图像。

（4）物体的位置

物体若重叠放置，进行图像处理较为困难，因此应将各个物体分开放置，可缩短图像处理的时间。

3. 三维视觉传感器

三维视觉传感器可以获取景物的立体信息或空间信息。立体信息可以根据物体表面的倾斜方向、凹凸高度分布的数据获取，也可根据从观察点到物体的距离分布情况，即距离图像得到。空间信息则靠距离图像获得。它可以分为以下几种：

（1）单眼观测法

人看一张照片就可以联想景物的景深、物体的凹凸状态。可见，物体表面的状态（纹理分析）、反光强度分布、轮廓形状、影子等都是一张图像中存在的立体信息的线索。因此，目前研究的课题之一是如何根据一系列假设，利用知识库进行图像处理，以便用一个电视摄像机充当立体视觉传感器。

（2）莫尔条纹法

莫尔条纹法利用条纹状的光照到物体表面，然后在另一个位置上透过相同形状的遮光条纹进行摄像。物体上的条纹像和遮光像产生偏移,形成等高线图形,即莫尔条纹。根据莫尔条纹的形状得到物体表面凹凸的信息。根据条纹数可测得距离,但有时很难确定条纹数。

(3) 主动立体视觉法

光束照在目标物体表面上,在与基线相隔一定距离的位置上摄取物体的图像,从中检测出光点的位置,然后根据三角测量原理求出光点的距离。这种获得立体信息的方法就是主动立体视觉法。

(4) 被动立体视觉法

被动立体视觉法就像人的两只眼睛一样,从不同视线获取的两幅图像中,找到同一个物点的像的位置,利用三角测量原理得到距离图像。这种方法虽然原理简单,但是如何在两幅图像中检出同一物点的对应点是非常困难的课题。

(5) 激光雷达

用激光代替雷达电波,在视野范围内扫描,通过测量反射光的返回时间得到距离图像。它可分为两种方法:一种是发射脉冲光束,用光电倍增管接收反射光,直接测量光的返回时间;另一种是发射条幅激光,测量反射光调制波形相位的滞后。为了提高距离分辨力,必须提高反射光检测的时间分辨力,因此需要尖端电子技术。

5.3.2 听觉传感器

听觉传感器是一种能把声音的大小变化转换成电压大小变化的器件。当外部有声音(如掌声或碰撞声)的时候,传感器会把接收到的声音转化为电信号,并传输给机器人的主控系统。主控系统像人的大脑一样,可以进行识别和判断,然后下令给机器人,按照声音的方向向左转或向右转。如果声音太刺耳,机器人会抬起脑袋,设法躲避它。

(1) 技术指标

工业机器人的听觉传感器设计技术指标如下:

1) 能区分出具有一定强度(击掌声、爆炸声等)声源的方向。
2) 能区分出不同声音的频率,检测出刺耳的声音(8kHz及以上)。
3) 频率响应范围:20~20000Hz。
4) 分贝范围:0~100dB。
5) 信噪比:>60dB。

听觉传感器

(2) 具体要求

听觉传感器的声音采集部分由两只型号相同的传声器构成,其安装位置应从模拟人体形态学出发,具体要求如下:

1) 幅值频响特性平坦,相位频响特性尽可能互相匹配。
2) 尺寸适当,并使声强测量达到一定的有效范围。
3) 声强干扰小。
4) 有效声学间距随频率的波动小。

传声器有三种安装方式,分别称之为"面对面式""背靠背式"和"并列式",如图5-8所示。对于机器人的传声器,第一只是0°入射,第二只是180°入射,这样,机器人能够通过不对称的入射条件来区分左右声源。因此,采用"背靠背式"的安装方式比较适宜。

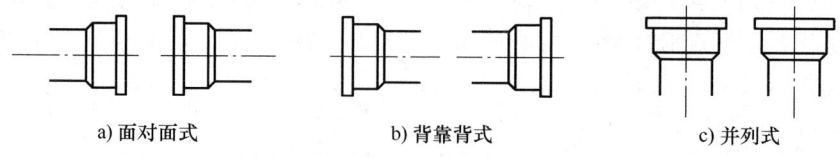

a) 面对面式　　　　b) 背靠背式　　　　c) 并列式

图 5-8　传声器的三种安装方式

5.3.3　触觉传感器

机器人的触觉广义上可获取的信息有接触信息、狭小区域上的压力信息、分布压力信息、力和力矩信息、滑觉信息。这些信息分别用于触觉识别和触觉控制。从检测信息及等级考虑，触觉识别可分为点信息识别、平面信息识别和空间信息识别三种。图 5-9 所示为触觉传感器按空间扩展和信息扩展的分类。

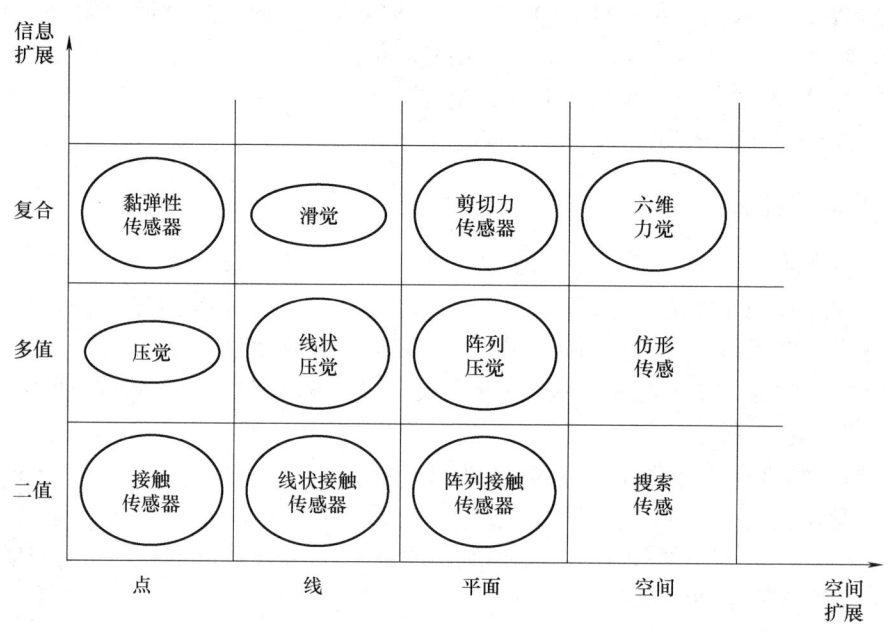

图 5-9　触觉传感器的分类

1. 单向微振开关

当规定的位移或力作用到可动部分（称为执行器）时，开关的触点断开或接通而发出相应的信号。图 5-10 所示为执行器形状不同的几种限位开关，为保证传感器的敏感度，执行机构可在 4~7N 的力作用下产生动作，其中销键按钮式开关的敏感度最高。

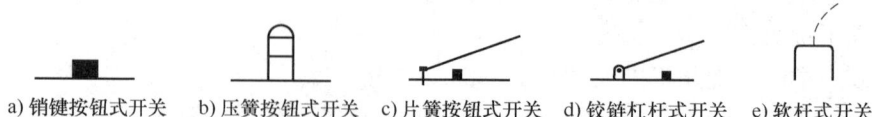

a) 销键按钮式开关　b) 压簧按钮式开关　c) 片簧按钮式开关　d) 铰链杠杆式开关　e) 软杆式开关

图 5-10　几种限位开关

图 5-11 所示为单向微动开关的原理示意图。它由滑柱、弹簧、基板和引线构成。当接

触到外界物体时,由于滑柱的位移导致电路的"通"和"断",从而输出逻辑信号 1 或 0。这种开关的结构简单、使用方便,但必须保证其工作可靠性和接触物体后受力的合理性。过大作用力可能会损坏开关。微动开关的安装位置应防止工作空间内物体发生事故性碰撞。

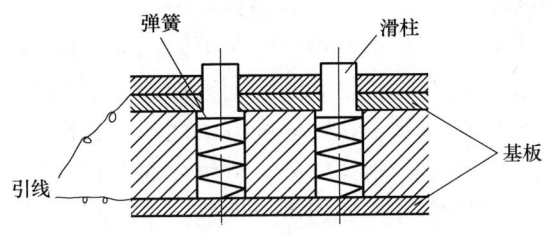

图 5-11 单向微动开关的原理

2. 接近开关

非接触式接近传感器具有高频振荡式、磁感应式、电容感应式、超声波式、气动式、光电式、光纤式等多种接近开关。

光电开关是由 LED 光源和光电二极管或光电三极管等光电元件,相隔一定距离而构成的透光式开关,如图 5-12 所示。当光由基准位置的遮光片通过光源和光电元件间的缝隙时,光射不到光电元件上,而起到开关的作用。光接收部分的电路已集成为一个芯片,可以直接得到 TTL 输出电平。光电开关的特点是非接触检测,精度可达 0.5mm 左右。

3. 触须传感器

如图 5-13a 所示,触须传感器由须状触头及其检测部分构成,触头由具有一定长度的柔性软条丝构成,它与物体接触所产生的弯曲由在根部的检测单元检测。与昆虫触角的功能一样,触须传感器的功能是识别接近的物体,用于确认所设定动作的结束,以及根据接触发出回避动作的指令或搜索对象物的存在。图 5-13b 所示是机器人脚下安装的多个触须传感器,依据接通传感器的个数可以检测脚登在台阶上的不同程度。

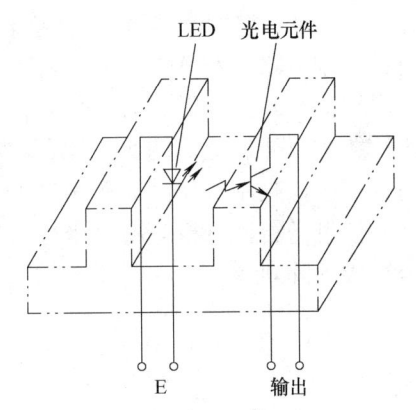

图 5-12 光电开关的结构

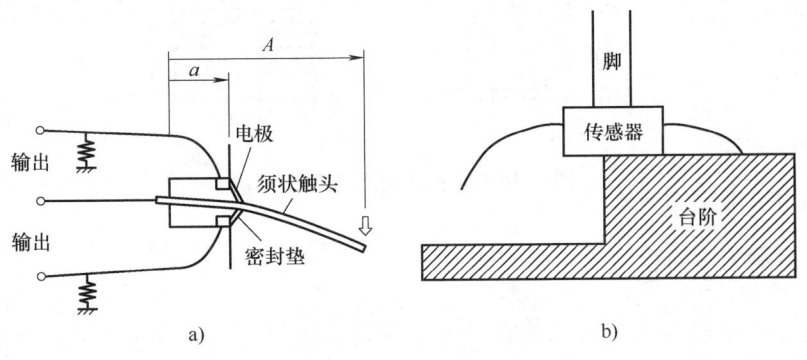

图 5-13 触须传感器及其应用

如在手爪的前端及内外侧面，相当于手掌心部分安装的接触传感器，通过识别手爪上接触物体的位置，可使手爪接近物体并且准确地完成把持动作。

4. 触觉传感器阵列

人类的触觉能力是相当强的。人们不但能够拣起一个物体，而且不用眼睛也能识别它的外形，并辨别出它是何种物体。许多小型物体完全可以靠人的触觉辨认出来，如螺钉、开口销、圆销等。如果要求机器人能够进行复杂的装配工作，它也需要具有这种能力。采用多个接触传感器组成的触觉传感器阵列是辨认物体的方法之一。目前，已经研制成功一种能够在机器人手指端部固定的单片式触觉传感器阵列，它由 256 个接触传感器组成。在计算机程序控制下，它能够辨认出各种紧固零件，如螺母、螺栓、平垫圈、夹紧垫圈、定位销和固定螺钉等。手指端部安装的传感器阵列接触物体时，把感觉信息输入计算机进行分析，确定物体的外形和表面特征。应当注意的是，尽管这里的处理过程与视觉系统很相似，但是它们是有区别的。

在接触阵列中，采用了两种导体元件：一块柔软的印制电路板和一片各向异性的导体硅橡胶（ACS）。ACS 具有可在导体平面内各个方向上导电的性能。印制电路板上装有许多电容器（PC），它们都和 ACS 的导电方向相垂直，这样就形成了由许多压力传感器组成的阵列，印制电路板和 ACS 的每个横断面上都有一个压力传感器。当接触压力解除时，为了把两层导体推开，还需要有一个弹性分离层。采用编织网状的尼龙套作为弹性层具有很好的传感性能和拉伸性能。图 5-14 所示为触觉传感器阵列的结构。其中，ACS 采用夹有石墨或银的多层硅橡胶制成，PC1 和 PC2 必须和 ACS 相接触。从 PC1 和 PC2 上引出的导线，把传感器的信息送给计算机。每个坐标方向布置 16 根导线，总共有 32 根导线，可构成 256 个传感器组成的阵列。

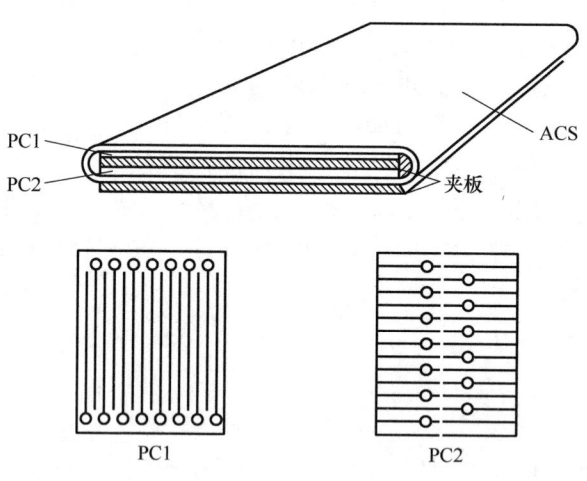

图 5-14 触觉传感器阵列的结构

5.3.4 接近觉传感器

接近觉传感器是机器人用以探测自身与周围物体之间相对位置和距离的传感器。它的使用对机器人在工作过程中适时地进行轨迹规划与防止事故发生具有重要意义。它主要起到以下三个方面的作用：

1) 在接触对象物前得到必要的信息，为后续动作做准备。
2) 发现障碍物时，改变路径或停止，以免发生碰撞。
3) 得到对象物体表面形状的信息。

根据感知范围（或距离），接近觉传感器大致分为三类：感知近距离（毫米级）物料的有磁力式（感应式）、气压式、电容式等；感知中距离（30cm 以内）物体的有红外光电式；感知远距离（30cm 以外）物体的有超声式和激光式。视觉传感器也可作为接近觉传感器。

1. 霍尔传感器

如图 5-15 所示，霍尔传感器由励磁线圈 C_0 和检测线圈 C_1、C_2 组成。C_1 和 C_2 的圈数相同，接成差动式。当未接近物体时由于构造上的对称性，输出为 0，当接近物体（金属）时，由于金属产生涡流而使磁通发生变化，从而使检测线圈输出产生变化。这种传感器受光、热、物体表面特征影响较小，可小型化与轻量化，但只能探测金属对象。

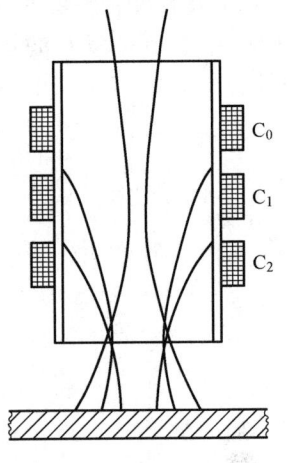

图 5-15 霍尔传感器

2. 气压式接近觉传感器

图 5-16 所示为气压式接近觉传感器的基本原理与特性。它是根据喷嘴挡板作用原理设计的。气压源 p_v 经过节流孔进入背压腔，又经喷嘴射出，气流碰到被测物体后形成背压输出 p_A。合理地选择 p_v 值（恒压源）、喷嘴尺寸及节流孔大小，便可得出输出 p_A 与距离 x 之间的对应关系，一般不是线性的，但可以做到局部近似线性输出。这种传感器具有较强的防火、防磁、防辐射能力，但要求气源保持一定程度的净化。

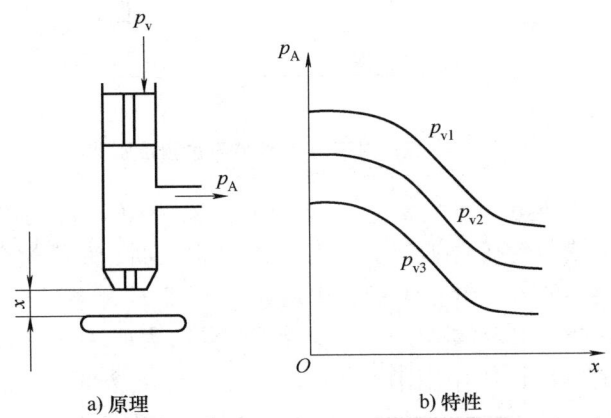

图 5-16 气压式接近觉传感器的基本原理与特性

3. 红外式接近觉传感器

红外式接近觉传感器是一种比较有效的接近觉传感器，传感器发出光的波长大约在几百纳米范围内，是短波长的电磁波。它是一种辐射能转换器，主要用于将接收到的红外辐射能转换为便于测量或观察的电能、热能等其他形式的能量。根据能量转换方式，红外探测器可分为热探测器和光子探测器两大类。红外式接近觉传感器具有不受电磁波的干扰、非噪声源、可实现非接触式测量等特点。另外，红外线（指中、远红外线）不受周围可见光的影响,故在昼夜都可进行测量。

同声呐传感器相似,红外式接近觉传感器工作处于发射/接收状态。这种传感器由同一发射源发射红外线,并用两个光检测器测量反射回来的能量。由于这些仪器测量光的差异,它们受环境的影响非常大,可以在相当短的时间内获得较多的测量值,测距范围较近。

基于三角测量原理的红外式接近觉传感器测距原理是红外式接近觉传感器按照一定的角度发射红外光束,当遇到物体以后,光束会反射回来。如图 5-17 所示,反射回来的红外光线被 CCD 检测器检测到以后,获得一个偏移值 L,利用三角关系,在已知发射角度 α、偏移距 L、中心距 X 以及滤镜的焦距 f 时,传感器到物体的距离 D 就可以通过几何关系计算出来。

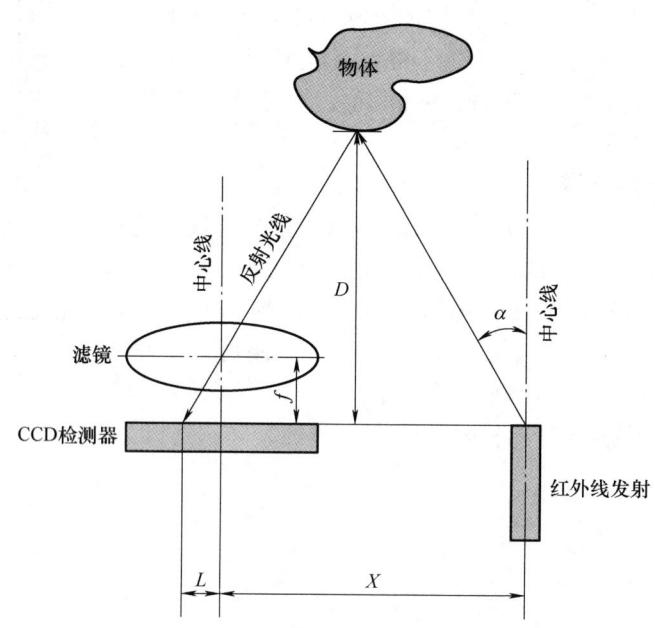

图 5-17 红外式接近觉传感器的测距原理

可以看到,当距离 D 足够小时,L 值会相当大,超过 CCD 检测器的探测范围,这时,虽然物体很近,但是传感器反而看不到了。当距离 D 很大时,L 值就会很小。这时 CCD 检测器能否分辨出这个很小的 L 值就很关键,也就是说 CCD 检测器的分辨力决定了能否获得足够精确的 L 值。要检测越远的物体,CCD 检测器的分辨力要求就越高。

该传感器的输出是非线性的。从图 5-18 中可以看出,当被探测物体的距离小于 10cm 时,输出电压急剧下降,也就是说从输出电压大小来看,物体的距离应该是越来越远了。但是实际上并不是这样,如果机器人本来正在慢慢地靠近障碍物,突然探测不到障碍物,一般来说,控制程序会让机器人以全速移动,结果是机器人撞到障碍物。解决这个问题的方法是需要改变一下传感器的安装位置,使它到机器人外围的距离大于最小探测距离,如图 5-19 所示。

受器件特性的影响,红外式接近觉传感器抗干扰性差,容易受各种热源和环境光线影响。探测物体的颜色、表面光滑程度不同,反射回的红外线强弱就会有所不同。并且由于传感器功率因素的影响,其探测距离一般为 10~500cm。

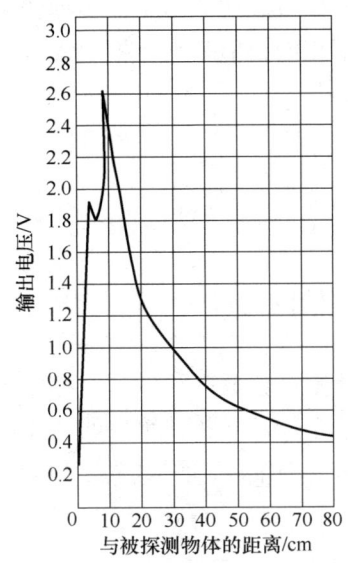

图 5-18　红外式接近觉传感器的非线性输出

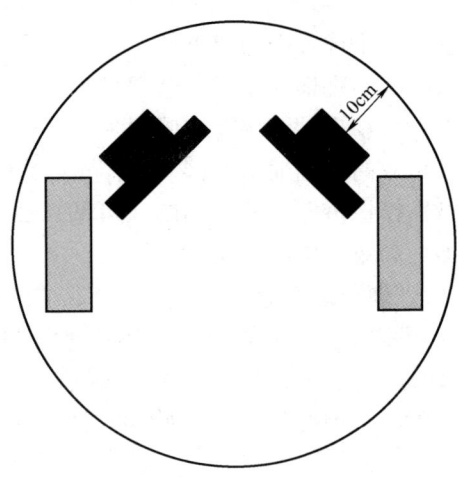

图 5-19　红外式接近觉传感器的安装位置

5.3.5　其他传感器

除了上述提到的传感器,其他传感器还包括激光传感器、智能传感器等。

1. 激光传感器

激光传感器是利用激光技术进行测量的传感器。它由激光器、激光检测器和测量电路组成。其中,激光器是产生激光的一个装置。激光器的种类很多,按激光器的工作物质可分为固体激光器、气体激光器、液体激光器及半导体激光器。激光传感器是新型测量仪表,其优点是能实现无接触远距离测量、速度快、精度高、量程大、抗光电干扰能力强等。激光传感器能够测量很多的物理量,如长度、速度、距离等。

激光测距传感器种类很多,下面介绍几种常用激光测距方法的原理,有脉冲式激光测距、相位式激光测距和三角法激光测距。

脉冲式激光测距传感器的原理是:由脉冲激光器发出持续时间极短的脉冲激光,经过待测距离后射到被测目标,有一部分能量会被反射回来,被反射回来的脉冲激光称为回波。回波返回测距仪,由光电探测器接收。根据主波信号和回波信号的间隔,即激光脉冲从激光器到被测目标之间的往返时间,就可以算出待测目标的距离。

相位式激光测距传感器的原理是:对发射的激光进行光强调制,利用激光空间传感时调制信号的相位变化量,根据调制波的波长,计算出该相位延迟所代表的距离。即用相位延迟测量的间接方法代替直接测量激光往返所需的时间,实现距离的测量。这种方法精度可达到毫米级。

三角法激光测距传感器是由激光器发出的光线,经过会聚透镜聚焦后入射到被测物体表面上,接收透镜接收来自入射光点处的散射光,并将其成像在光电位置探测器敏感面上。当物体移动时,通过光点在成像面上的位移来计算出物体移动的相对距离。三角法激光测距的分辨力很高,可以达到微米级。

2. 智能传感器

智能传感器是由传感器和微处理器相结合而构成的,它充分利用微处理器的计算和存储能力，对传感器的数据进行处理，并对它的内部行为进行调节。智能传感器根据传感元件的不同具有不同的名称和用途，而且其硬件的组合方式也不相同，但其结构模块大致相似，一般由以下几个部分组成：

1）一个或多个敏感器件。
2）微处理器或微控制器。
3）非易失性可擦写存储器。
4）双向数据通信的接口。
5）模拟量输入输出接口（可选，如 A/D 转换、D/A 转换）。
6）高效的电源模块。

微处理器是智能传感器的核心，它不但可以对传感器测量数据进行计算、存储、数据处理，还可以通过反馈回路对传感器进行调节。由于微处理充分发挥各种软件的功能，可以完成硬件难以完成的任务，从而能有效地降低制造难度、提高传感器性能和降低成本。图 5-20 所示为典型智能传感器的结构组成示意图。

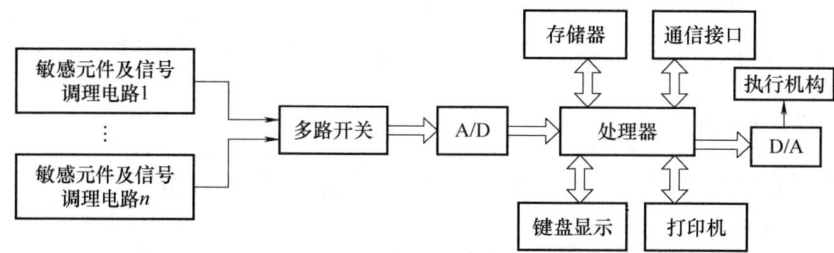

图 5-20 典型智能传感器的结构组成示意图

智能传感器的信号感知器件往往有主传感器和辅助传感器两种。以智能压力传感器为例，主传感器是压力传感器，主要测量被测压力参数，辅助传感器是温度传感器和环境压力传感器。温度传感器检测主传感器工作时，由于环境温度变化或被测介质温度变化而使其压力敏感元件温度发生变化，以便根据其温度变化修正和补偿由于温度变化对测量带来的误差。环境压力传感器则测量工作环境中的大气压变化，以修正其影响。微机硬件系统对传感器输出的微弱信号进行放大、处理、存储和计算机通信。

5.4 传感器信息融合

5.4.1 多传感器信息融合技术

多传感器信息融合技术是一门新兴前沿技术。信息融合可以理解是集成大量数据和知识来准确表示同一个现实世界对象的过程，数据可能是独立的或冗余的，也可以通过不同的传感器同时或在不同的时间获得。根据国内外大量的研究，多传感器信息融合技术可以概括为：应用计算机现有技术在一定规则下对按照特定时序得到的多个异质或者同质的传感器探测信息加以处理。与单个传感器相比，多传感器的数据采集通过数据适当融合可以显著改进信息处理的准确性。多传感器信息融合在信息领域已经是一个研究热点，一般指两种或多种传感器采集的数据进行优势合成。其融合的方式主要包含数据层融合、特征层融合和决策层融合。

1. 数据层融合

数据层融合属于最低层次的融合，主要是通过收集传感器的原始信息加以融合。由于数据层融合是对没有经过处理或经过简单处理的信息进行整合研究，因此它可以保留更多的原始信息，但也会消耗大量时间进行处理，整体实时性差。

2. 特征层融合

特征层融合属于中间层的融合，具备数据层融合和决策层融合的优点，可以对从传感器原始信号中获取的特征信息加以研究与分析。换句话说，每种传感器从观测数据中获取具备代表性的特征，可以整合为单一的特征矢量，最终再结合模式识别进行管理。特征层融合对通信带宽的要求很低，但会因为数据遗失降低相应的准确性。

3. 决策层融合

决策层融合是指每个传感器在识别目标后，整合多个传感器的识别结果。这项工作是在高层次上实施的，最终结果可以为指挥控制决策奠定基础。决策层融合具备灵活性强、通信带宽要求低、抗干扰能力强等优势。

5.4.2 多传感器融合应用实例

近年来，随着计算机技术、传感器技术、人工智能技术的不断发展，多传感器信息融合技术在军事防御系统、医疗技术、监测地球环境、无人驾驶和机器人研究等领域得到了广泛的应用，越来越多的传感器被用于实际嵌入式系统中，大批采集数据的产生与记录，构成了"实时性大数据"。例如，智能机器人所携带的传感器在日常工作过程中可以生成大量的与人们生活息息相关的数据，这些数据具有真正可行的业务拓展价值，其融合可以通过数字化大大提高智能机器人的服务质量。本小节概述了多传感器信息融合技术在各领域的应用情况。

1. 军事防御系统

对军事而言，多传感器信息融合的应用历史非常久远，无论国内还是国外针对这项技术的研究探索都投入了大量的资金与人力，当前美、法等国家都已经构建了上百个以信息融合为核心技术的军事防御系统。例如，美国提出的空军指挥员自动情报保障系统、全源信息分析系统等。

2. 医疗技术

对医疗工作而言，多传感器信息融合技术的应用，不仅可以提高人体结构研究工作水平，还可以为多种疾病的诊断提供有效依据。例如，在现如今的社会环境中，受超声波图像、医学造影技术等多类信息融合的影响，医生可以更快辨别癌变组织，并提出科学的诊断。

3. 监测地球环境

在地球环境监测工作中应用多传感器信息融合技术，不仅可以帮助工作人员了解各个区域的地形地貌，而且有助于判断其蕴含的矿产资源、气候变化等信息，以此为资源管控、大气污染等工作提供有效依据，进而实现社会环境和谐发展。

4. 无人驾驶

自动泊车、公路巡航控制和自动紧急制动等自动驾驶汽车的功能在很大程度上是依靠传感器来实现的。重要的不仅仅是传感器的数量或种类，它们的使用方式也同样重要。以无人驾驶汽车为例,在研发初期很多人都针对其安全性能提出了疑问,但通过实践案例证明,在整合多传感器信息融合技术下,应用控制系统就可以完成对汽车的无人操控。系统通过应用数字地图、定位系统等功能,可以实时控制汽车的运行方向,并自主检测地面地段的形状,了解汽车运行周边是否存在障碍物,以此保障无人驾驶的汽车具备安全性和有效性。

5. 机器人研究

多传感器信息融合技术作为当前科研专家关注的焦点,为机器人在复杂环境下的工作提供了有效的技术解决方案。随着20世纪50年代末期世界上第一台机器人的诞生,世界各国关于机器人技术的研究越来越深入,直到如今多传感器信息融合技术已经成为一门综合性新兴学科。其中,传感器作为机器人研究的重点,为了获取更智能、更优越的机器人,并引导它们在复杂、多变的环境中自主工作,专家在研究机器人传感器类型的同时,也开始通过整合多种传感器中的感知数据,以获取更完善、有效和准确的信息,从而节约信息收集的成本,同时保障获取信息的完整性和有效性。

本章小结

本章从传感器的分类、性能指标、结构特点、工作原理及应用情况等方面进行了阐述。重点介绍了各种内部传感器、外部传感器的特点及其工作原理,给出了多传感器信息融合技术的概念及其应用场合。

1) 传感器一般分为内部传感器和外部传感器。
2) 常见的内部传感器包括位置、速度、力、力矩、温度以及异常变化的传感器。
3) 常见的外部传感器包括视觉传感器、触觉传感器、听觉传感器、接近觉传感器。
4) 多传感器信息融合技术一般分为数据层融合、特征层融合和决策层融合三种。

5-1 何谓传感器?传感器的性能指标有哪些?
5-2 传感器的类别有哪些?传感器的选择应满足哪些基本要求?
5-3 试述位置传感器的工作原理。
5-4 常见的加速度传感器有哪些?它们的特点是什么?
5-5 接近觉传感器有哪几种类别?简要说明它们的工作原理。
5-6 什么是多传感器信息融合技术?它的应用情况如何?

第 6 章
机器人的常用控制方法

> **导读**
>
> 机器人控制是机器人技术的关键技术。本章介绍了机器人的位置控制、力（力矩）控制、现代控制技术、智能控制技术等，并通过例题介绍了部分控制理论的应用等内容。
>
> **本章知识点**
> - 机器人控制的特点及分类
> - 机器人的位置控制
> - 机器人的力控制
> - 机器人的现代控制技术
> - 机器人的智能控制技术

6.1 机器人控制的特点及分类

6.1.1 机器人控制的特点

机器人要运动，就要对它的位置、速度、加速度以及力（力矩）等进行控制。由于工业机器人的机械结构一般为开链机构，其各个关节的运动是独立的，为了实现末端点的运动轨迹，需要多关节的协调运动。因此，其控制系统与一般的伺服系统或过程控制系统相比要复杂得多，具体有如下特点：

1) 机器人的控制与机构运动学及动力学密切相关。根据给定任务，选择不同的参考坐标系，并做适当的坐标变换，经常要求解运动学正向问题和反向问题。除此之外，还要考虑惯性力、外力（包括重力）、科氏力、离心力的影响。

2) 描述机器人状态以及运动的数学模型是一个非线性模型，随着状态的不同和外力的变化，其参数也在变化，各变量之间还存在耦合。因此，仅仅利用位置闭环是不够的，还要利用速度甚至加速度闭环。系统中经常使用重力补偿、前馈、解耦或自适应控制等方法。

3) 机器人控制系统是一个多变量控制系统。即使一个简单的工业机器人也有 3~6 个自由度。每个自由度一般包含一个伺服机构，多个独立的伺服系统必须有机地协调起来。例如，机器人的末端执行器运动是所有关节运动的合成运动，要使末端执行器按照一定的规律运动，就必须很好地控制各关节协调动作，包括运动轨迹、动作时序等多方面的协调。

4）具有较高的重复定位精度。除直角坐标机器人以外，机器人关节上的位置检测元件不能安放在机器人末端执行器上，而是放在各自的驱动轴上，因此是位置半闭环系统。但机器人的重复定位精度较高，一般为 ±0.1mm。

5）系统的刚性要好。由于机器人工作时要求运动平稳，不受外力干扰，为此系统应具有较好的刚性，否则将造成位置误差。

6）位置无超调，动态响应尽量快。机器人不允许有位置超调，否则将可能与工件发生碰撞。加大阻尼可以减少超调，但却降低了系统的快速性，所以进行设计时要根据系统要求权衡。

7）需采用加（减）速控制。过大的加（减）速度会影响机器人运动的平稳，甚至使机器人发生抖动，因此在机器人起动或停止时采取加（减）速控制策略。通常采用匀加（减）速指令来实现。

8）从操作的角度来看，要求控制系统具有良好的人机界面，尽量降低对操作者的要求。因此，多数情况要求控制器的设计人员不仅要完成底层伺服控制器的设计，而且还要完成规划算法的编程。

9）机器人的动作往往可以通过不同的方式和路径来完成，因此存在一个"最优"问题。较高级的机器人可以用人工智能的方法，用计算机建立起庞大的信息库，借助信息库进行控制、决策、管理和操作。根据传感器和模式识别的方法，机器人获得对象及环境的工况，按照给定的指标要求，自动选择最佳的控制规律。

传统的自动机械是以自身的动作为重点，而工业机器人的控制系统更着重本体与操作对象的相互关系。无论多么高精度控制的臂部，若不能夹持并操作物体到达目的位置，那么作为工业机器人来说就失去了意义，这种相互关系是首要的。

因此，工业机器人控制系统是一个与运动学和动力学原理密切相关的、有耦合的、非线性的多变量控制系统。由于它的特殊性，经典控制理论和现代控制理论都难以照搬使用。到目前为止，机器人控制理论还不完整、不系统。但相信随着机器人技术的发展，机器人控制理论必将更加成熟。

6.1.2 机器人控制的分类

机器人控制方式的选择是由机器人所执行的任务决定的。对于不同类型的机器人应该选择不同的控制方法。工业机器人控制的分类没有统一的标准。若按运动坐标控制的方式来分，有直角坐标空间运动控制、关节空间运动控制；按控制系统对工作环境变化的适应程度来分，有程序控制系统、适应性控制系统、人工智能控制系统；按同时控制机器人数目的多少来分，可分为单控系统、群控系统。

除此之外，通常还按运动控制方式的不同，将机器人控制划分为位置控制、速度控制、力（力矩）控制（包括力/位混合控制）和智能控制四类。下面按照这种分类方法，对工业机器人控制方式做具体分析。

1. 位置控制方式

工业机器人位置控制又分为点位控制和连续轨迹控制两类。

（1）点位控制

这类控制的特点是仅控制离散点上工业机器人手爪或工具的位姿，要求尽快而无超调地实现相邻点之间的运动，但对相邻点之间的运动轨迹一般不做具体规定。点位控制的主要技术指标是定位精度和完成运动所需的时间。例如，在印制电路板上安装元件、点焊、搬运和上下料等工作，都采用点位控制方式。

（2）连续轨迹控制

这类控制的特点是连续控制工业机器人手爪或工具的位姿轨迹，要求机器人末端执行器按照示教的轨迹进行运动。控制方式类似于自动控制原理中的跟踪控制系统。轨迹控制的技术指标是轨迹精度和平稳性。例如，在弧焊、喷漆、切割等场所的工业机器人控制，均属于这一类。

2. 速度控制方式

对工业机器人的运动控制来说，在位置控制的同时，往往还要进行速度控制。例如，在连续轨迹控制方式的情况下，工业机器人按照预定的命令，控制运动部件的速度，实行加、减速，以满足运动平稳、定位准确的要求。为了实现这一要求，机器人的行程要遵循一定的速度变化曲线。由于工业机器人是一种工作情况（行程、负载）多变、惯性负载较大的运动机械，要处理好快速与平稳之间的矛盾，就必须控制起动加速、停止前的减速以及路径段之间的速度平滑过渡。

3. 力（力矩）控制方式

在进行装配或抓取物体等作业时，工业机器人末端执行器与环境或作业对象表面接触。除了要求准确定位之外，还要求使用适度的力或力矩进行工作，这时就要采取力（力矩）控制方式。力（力矩）控制是对位置控制的补充，这种方式的控制原理与位置伺服控制原理也基本相同，只不过输入量和反馈量不只是位置信号，还有力（力矩）信号，因此，系统中有力（力矩）传感器。有时也利用接近、滑动等功能进行适应式控制。

4. 智能控制方式

机器人的智能控制是通过传感器获得周围环境的知识，并根据自身内部的知识库做出相应的决策。采用智能控制技术，使机器人具有较强的环境适应性及自学习能力，注重自主控制。智能控制技术的发展有赖于近年来人工神经网络、基因算法、遗传算法、专家系统等人工智能的迅速发展。

6.2 机器人的位置控制

机器人位置控制的目标是使机器人的各关节及末端执行器的位置和姿态能够以理想的精度指标动态跟踪给定轨迹或稳定在给定的位姿上，一个好的位置控制系统必须具备较好的稳定性、快速性和准确性。工业机器人位置控制的目的就是要使机器人各关节实现预先所规划的运动，最终保证工业机器人终端（手爪）沿预定的轨迹运行。

实际中的工业机器人，大多为串接的连杆结构，其动态特性具有高度的非线性。但在其控制系统的设计中，往往把机器人的每个关节当成一个独立的伺服机构来处理。伺服系统一般在关节坐标空间中指定参考值输入，采用基于关节坐标的控制。

工业机器人通常每个关节装有位置传感器用以测量关节位移，有时还用速度传感器（如测速发电机）检测关节速度。虽然关节的驱动和传动方式多种多样，但作为模型，总可以认为每一个关节是由一个驱动器单独驱动的。工业机器人很少采用步进电动机等开环控制方式，应用中的工业机器人几乎总是采用反馈控制，利用各关节传感器得到的反馈信息，计算所需的力矩,发出相应的力矩指令,以实现要求的运动。

从机器人动力学中可以知道,机器人是耦合的非线性动力学系统。但由于直流伺服电动机的转矩不大,通常需要加减速器,其速比现已达到10000,甚至更高。这使得负载的变化(如由于机器人关节角的变化使得转动惯量发生变化)折算到电动机轴上要除以速比的二次方,因此电动机轴上负载变化很小,可以看作定常系统处理,各关节之间的耦合作用,也因减速器的存在而极大地削弱。另外,工业机器人运动速度不高(目前一般达到2m/s),于是工业机器人系统就变成一个由多关节(多轴)组成的各自独立的线性系统。

6.2.1 基于直流伺服电动机的单关节控制

1. 单关节控制器

尽管现代机器人越来越多地采用无刷电动机,但直流伺服电动机的控制模型仍是基础。同时,交流无刷伺服电动机模型可以转化成直流伺服电动机来研究,因此,先研究直流伺服电动机的控制。

图6-1所示为直流伺服电动机单关节角位置控制系统框图。图中,θ_d为要求的关节角(给定值)。下面先研究一个单关节及其关联的连杆,并认为此连杆是刚体,所研究的关节的转动(或平动)将使关节整体运动。图6-2示意地画出了驱动器、齿轮和负载部件。

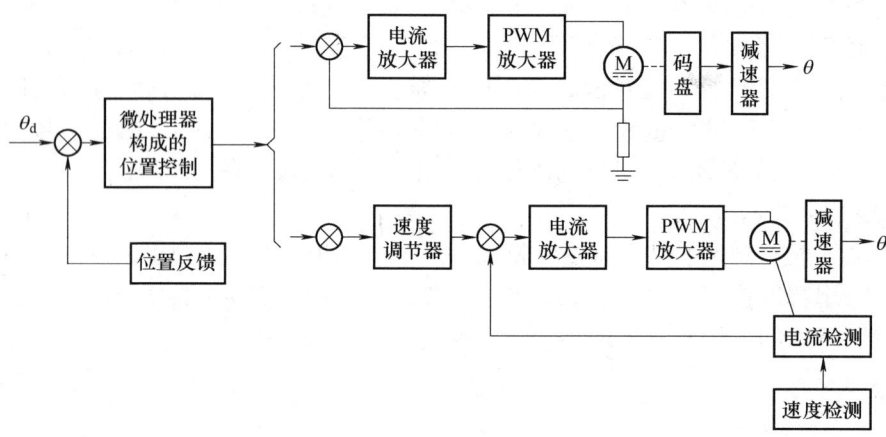

图6-1 单关节角位置控制系统框图

首先要建立起系统的数学模型。如图6-2所示,直流伺服电动机的输出转矩T_m,经速比$i=n_m/n_s$的齿轮变速器驱动负载轴。下面来研究负载轴转角θ_m与电动机的电枢电压U之间的传递函数。

电动机输出转矩T_m(N·m)为

$$T_m = K_c I \tag{6-1}$$

式中 K_c——电动机的转矩常数(N·m/A);

I——电枢绕组电流(A)。

电枢绕组电压平衡方程为

$$U - K_b \frac{d\theta_m}{dt} = L\frac{dI}{dt} + RI \tag{6-2}$$

式中 θ_m——驱动轴角位移(rad);

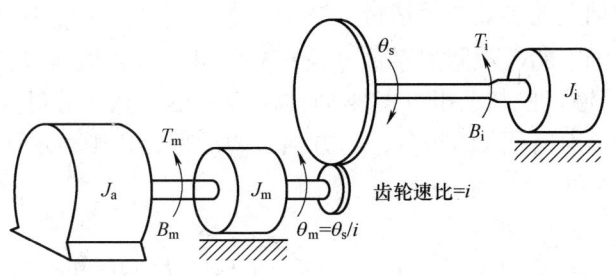

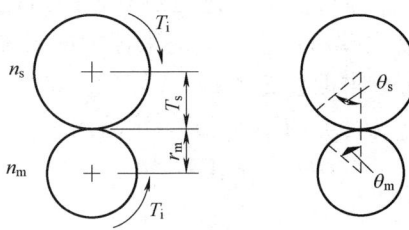

图 6-2 一个关节的齿轮和负载的组合原理

K_b——电动机反电动势常数 [V/(rad/s)];
  L——电枢电感 (H);
  R——电枢电阻 (Ω)。

对式 (6-1)、式 (6-2) 做拉普拉斯变换, 整理后可得

$$T_m(s) = K_c \frac{U(s) - K_b s\theta_m(s)}{Ls + R} \tag{6-3}$$

写出驱动轴的转矩平衡方程

$$T_m = (J_a + J_m)\frac{d^2\theta_m}{dt^2} + B_m\frac{d\theta_m}{dt} + iT_i \tag{6-4}$$

式中 J_a——电动机转子转动惯量 (kg·m²);
  J_m——关节部分在齿轮变速器驱动侧的转动惯量 (kg·m²);
  B_m——驱动侧的阻尼系数 [N·m/(rad/s)];
  T_i——负载侧的总转矩 (N·m)。

负载轴的转矩平衡方程为

$$T_i = J_i\frac{d^2\theta_s}{dt^2} + B_i\frac{d\theta_s}{dt} \tag{6-5}$$

式中 J_i——负载轴的总转动惯量 (kg·m²);
  θ_s——负载轴的角位移 (rad);
  B_i——负载轴的阻尼系数 [N·m/(rad/s)]。

将式 (6-4)、式 (6-5) 做拉普拉斯变换, 得

$$T_m(s) = (J_s + J_m)s^2\theta_m(s) + B_m s\theta_m(s) + iT_i(s) \tag{6-6}$$

$$T_i(s) = (J_i s^2 + B_i s)\theta_s(s) \tag{6-7}$$

联合式 (6-3)、式 (6-6) 和式 (6-7), 并考虑到 $\theta_m(s) = \theta_s(s)/i$, 可导出

$$\frac{\theta_m(s)}{U(s)} = \frac{K_c}{s[J_{eff}s^2 + (J_{eff}sR + B_{eff}sR + B_{eff} + K_c K_b)]} \tag{6-8}$$

式中 J_{eff}——电动机轴上的等效转动惯量（kg·m²），$J_{eff} = J_a + J_m + i^2 J_i$；
B_{eff}——电动机轴上的等效阻尼系数 [N·m/(rad/s)]，$B_{eff} = B_m + J_i + i^2 B_i$。

式（6-8）描述了输入控制电压 U 与驱动轴转角 θ_m 的关系。分母方括号外的部分，表示当施加电压 U 后，θ_m 是对时间 t 的积分；而方括号内的部分，则表示该系统是一个二阶速度控制系统。将其移项后可得

$$\frac{\omega_m(s)}{U(s)} = \frac{s\theta_m(s)}{U(s)} = \frac{K_c}{J_{eff}s^2 + (J_{eff}sR + B_{eff}sR + B_{eff} + K_c K_b)} \quad (6-9)$$

为了构成对负载轴的角位移控制器，必须进行负载轴的角位移反馈，即用某一时刻 t 所需要的角位移 θ_d 与实际角位移 θ_s 之差所产生的电压来控制该系统。

用电位器或光学编码器都可以求取位置误差，误差电压为

$$U(s) = K_\theta [\theta_d(s) - \theta_s(s)] \quad (6-10)$$

$$U(t) = K_\theta (\theta_d - \theta_s) \quad (6-11)$$

式中 K_θ——转换常数（V/rad）。

此控制器的传递函数框图如图 6-3 所示。其开环传递函数为

$$\frac{\theta_d(s)}{E(s)} = \frac{iK_\theta K_c}{s[LJ_{eff}s^2 + (RJ_{eff} + LB_{eff})s + RB_{eff} + K_c K_b]} \quad (6-12)$$

机器人驱动电动机的电感 L 一般很小（10mH），而电阻约 1Ω，所以可以略去式（6-12）中的电感 L，结果是

$$\frac{\theta_d(s)}{E(s)} = \frac{iK_\theta K_c}{s(RJ_{eff}s + RB_{eff} + K_c K_b)} \quad (6-13)$$

图 6-3 所示单关节位置反馈伺服控制系统的闭环传递函数是

$$\frac{\theta_s(s)}{\theta_d(s)} = \frac{\theta_s/E}{1 + \theta_s/E} = \frac{iK_\theta K_c}{RJ_{eff}s^2 + (RB_{eff} + K_c K_b)s + iK_\theta K_c} \quad (6-14)$$

这是一个二阶系统，对连续时间系统，理论上是稳定的，为改善响应速度，可提高系统增益。利用测速发电机实时测量输出转速来加入电动机轴速度负反馈，对系统引入了一定的阻尼，从而增强了反电动势的效果。

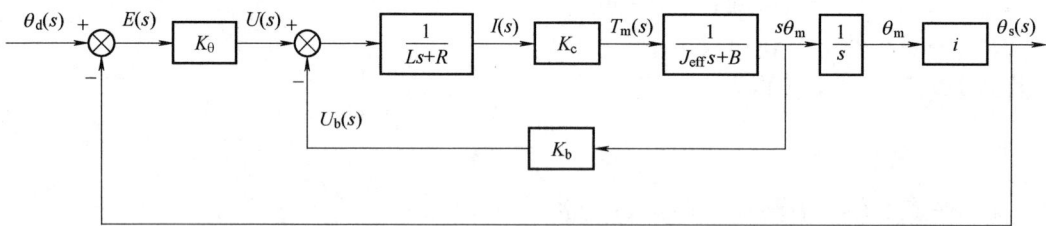

图 6-3 单关节位置反馈伺服控制系统传递函数框图

图 6-4 所示为导出的控制器的传递函数框图。其中，K_t 是测速发电机常数（V·s/rad），K_i 为测速发电机反馈系数，反馈电压是 $K_b \omega_m(t) + K_i K_t \omega_m(t)$。

在图 6-5 中，考虑了摩擦力矩 $F_m(s)$、外负载力矩 $T_L(s)$、重力矩 $T_g(s)$ 以及离心力的作用。

为计算机器人的响应，还需要有每个关节的有效转动惯量。转动惯量随负载而出现大的变化，使控制问题复杂化，而且在所有状态下要确保系统稳定，也必须考虑这一点。

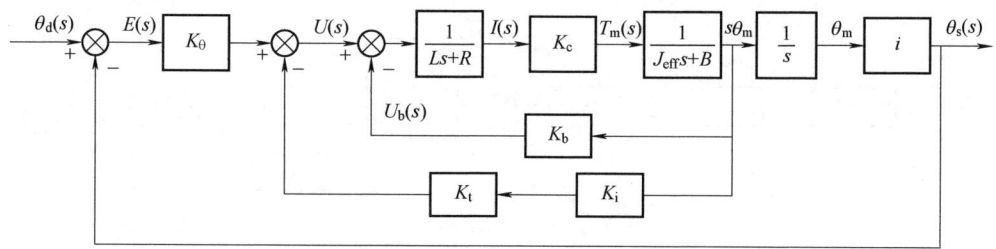

图 6-4 带速度反馈单关节位置伺服控制系统传递函数框图

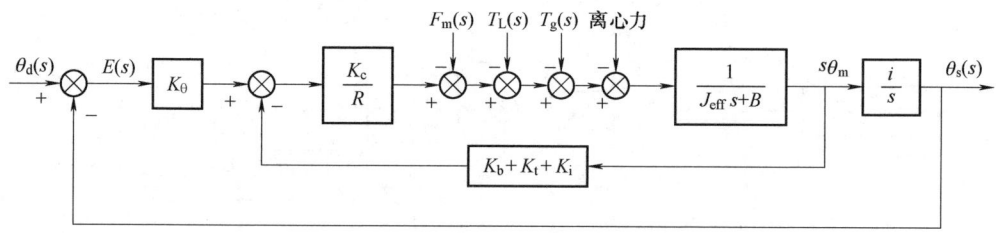

图 6-5 位置控制系统简化成单关节位置反馈框图

2. 增益常数的确定

由式（6-14）可看出，输出角位移 θ_s 与指令输入角 θ_d 的比值正比于两个常数（一个是转矩常数 K_c，另一个是增益 K_θ）。K_θ 是位置传感器输出电压与输入输出轴间角度差的比值，它一般作为电子放大器的增益提供。在图 6-3 所示的框图中，它作为一个单独的方框。这个值对控制性能至关重要。

在把测速发电机引入图 6-4 所示的伺服系统结构框图中之后，输入对输出的传递函数变为

$$\frac{\theta_s(s)}{\theta_d(s)} = \frac{\theta_s/E}{1+\theta_s/E} = \frac{iK_\theta K_c}{RJ_{eff}s^2 + [RB_{eff} + K_c(K_b + K_iK_t)]s + iK_\theta K_c} \quad (6\text{-}15)$$

当令式（6-15）的分母为零时，此等式就是该传递函数的特征方程，因此它确定了该系统的阻尼比和无阻尼振荡频率。特征方程为

$$RJ_{eff}s^2 + [RB_{eff} + K_c(K_b + K_iK_t)]s + iK_\theta K_c = 0 \quad (6\text{-}16)$$

此式可改写成

$$s^2 + 2\xi\omega_n s + \omega_n^2 = 0 \quad (6\text{-}17)$$

$$\xi = [RB_{eff} + K_c(K_b + K_iK_t)]/[2(iK_\theta K_c RJ_{eff})^{0.5}] \quad (6\text{-}18)$$

式中 ξ——阻尼比；

ω_n——无阻尼振荡频率。

3. 关节控制器的静态误差

根据以上分析，考虑到重力、负载和其他转矩的影响，可推导出图 6-5 所示的框图。以任一扰乱作为干扰输入，可写出干扰对输出的传递函数。利用拉普拉斯变换中的终值定理，即可求得因干扰引起的静态误差。

6.2.2 基于交流伺服电动机的单关节控制

图 6-6 所示为一个三相交流伺服电动机的电流控制框图。

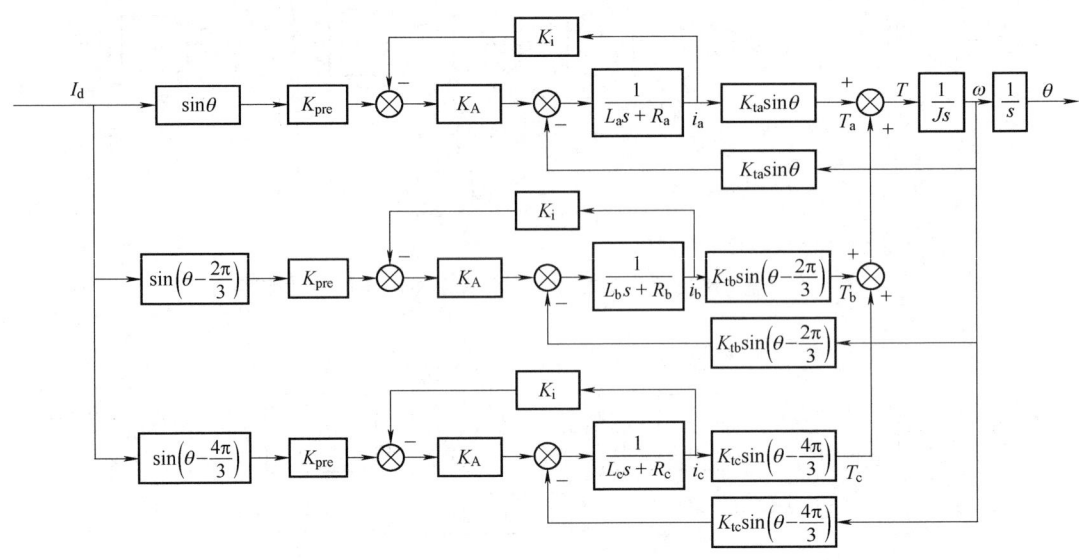

图 6-6 三相交流伺服电动机的电流控制框图

K_i—电流环反馈系数 K_A—电流调节器放大系数 J—电动机轴上的总转动惯量 K_{pre}—电流信号前置放大系数

i_a、i_b、i_c—三相绕组电流 T_a、T_b、T_c—三相绕组产生的转矩

$K_{ta}\sin\theta$、$K_{tb}\sin(\theta-2\pi/3)$、$K_{tc}\sin(\theta-4\pi/3)$—三相绕组的转矩常数

I_d、L_a、L_b、L_c、R_a、R_b、R_c—三相绕组要求的电流、电感和电阻

每相电流应根据转子位置为正弦波，但彼此之间相差120°，即 $I_d\sin\theta$、$I_d\sin(\theta-2\pi/3)$、$I_d\sin(\theta-4\pi/3)$。

如同直流伺服电动机一样，交流伺服电动机的绕组也由电感和电阻构成，加到绕组上的电压与电流关系仍为一阶惯性环节，即

$$U \rightarrow \frac{1}{Ls+R} \rightarrow I$$

每相电流乘以相应的转矩常数就是该相产生的转矩。如同直流电动机，反电动势项正比于转速，即 $K_{ta}\sin\theta\omega$、$K_{tb}\sin(\theta-2\pi/3)\omega$ 和 $K_{tc}\sin(\theta-4\pi/3)\omega$ 为三相的反电动势。最后，三相转矩之和为电动机总转矩 T。由图 6-6 可以写出下面的方程：

$$T = T_a + T_b + T_c = [(I_d K_{pre}\sin\theta - K_i i_a)K_A - \omega K_{ta}\sin\theta]\frac{K_{ta}\sin\theta}{L_a s + R_a} +$$

$$\{[I_d K_{pre}\sin(\theta-2\pi/3) - K_i i_b]K_A - \omega K_{tb}\sin(\theta-2\pi/3)\}\frac{K_{tb}\sin(\theta-2\pi/3)}{L_b s + R_b} +$$

$$\{[I_d K_{pre}\sin(\theta-4\pi/3) - K_i i_c]K_A - \omega K_{tc}\sin(\theta-4\pi/3)\}\frac{K_{tc}\sin(\theta-4\pi/3)}{L_c s + R_c} \quad (6\text{-}19)$$

在电动机制造时，总是保证各相的参数相等，即

$$\begin{cases} K_{ta} = K_{tb} = K_{tc} = K_{tp} \\ L_a = L_b = L_c = L_p \\ R_a = R_b = R_c = R_p \end{cases} \quad (6\text{-}20)$$

这样，可以把图 6-6 所示的交流伺服电动机电流控制系统转换成等效的直流伺服电动机

电流控制系统，结构框图如图 6-7 所示。进而可以根据图 6-7 来分析交流伺服电动机的电流控制系统。

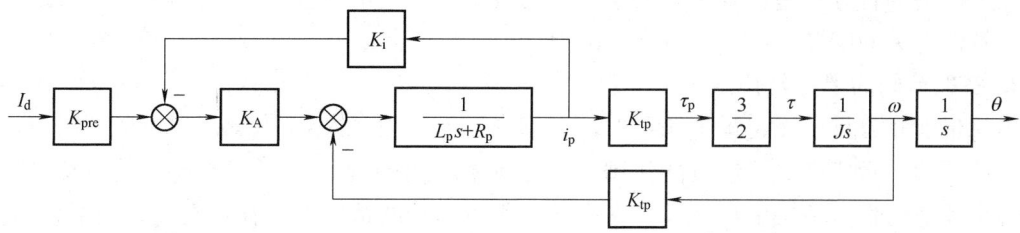

图 6-7 交流伺服电动机电流控制的等效结构框图

但关节角控制系统是位置系统在此基础上外面加上一个位置负反馈环或速度、位置负反馈环，如图 6-8 所示。

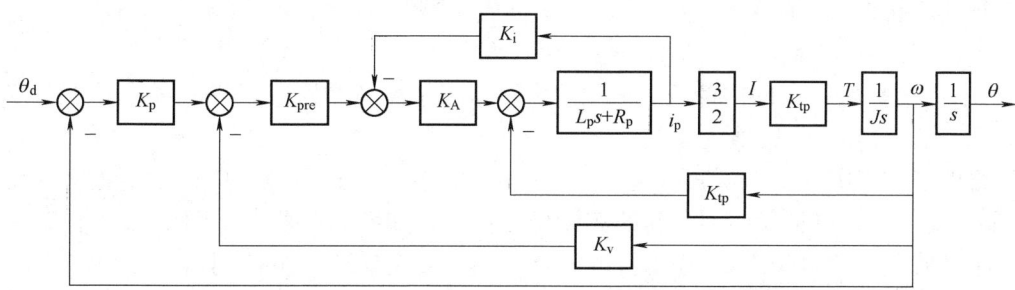

图 6-8 交流伺服电动机的电流、速度、位置控制系统结构框图

6.2.3 操作臂的多关节控制

锁住机器人的其他各关节而依次移动一个关节，这种工作方法显然是低效率的。这种工作方式使执行规定任务的时间变得过长，因而是不经济的。不过，如果要让一个以上的关节同时运动，那么各运动关节间的力和力矩会产生互相作用，而且不能对每个关节适当地应用前述位置控制器。因此，要克服这种互相作用，就必须附加补偿作用。要确定这种补偿，就需要分析机器人的动态特征。

1. 动态方程的拉格朗日方程

动态方程式表示一个系统的动态特征。已在本书第 4 章中讨论过动态方程的一般形式，拉格朗日方程具体如下：

$$T_i = \frac{\mathrm{d}}{\mathrm{d}t}\left(\frac{\partial L}{\partial \dot{q}_i}\right) - \frac{\partial L}{\partial q_i}, i = 1, 2, \cdots, n$$

操作臂的多关节控制

$$T_i = \sum_{i=1}^{n} D_{ij}\ddot{q}_j + J_{ai}\ddot{q}_i + \sum_{j=1}^{n}\sum_{k=1}^{n} D_{ijk}\dot{q}_j\dot{q}_k + D_i$$

式中，取 $n=6$，而且 D_{ij}、D_{ijk} 和 D_i 分别表示如下：

$$D_{ij} = \sum_{p=\max i,j}^{6} \mathrm{Trace}\left(\frac{\partial T_p}{\partial q_j} I_p \frac{\partial T_p^{\mathrm{T}}}{\partial q_i}\right)$$

$$D_{ijk} = \sum_{p=\max i,j,k}^{6} \mathrm{Trace}\left(\frac{\partial^2 T_p}{\partial q_j \partial q_k} I_p \frac{\partial T_p^{\mathrm{T}}}{\partial q_i}\right)$$

$$D_i = \sum_{p=i}^{6} - m_p g^T \left(\frac{\partial T_p}{\partial q_j}\right)^p r_p$$

以上拉格朗日方程是计算机器人系统动态方程的一个重要方法。人们经常用它来讨论和计算与补偿有关的问题。

2. 各关节间的耦合与补偿

由拉格朗日方程可见,每个关节所需要的力或力矩 T_i 是由若干部分组成的。拉格朗日方程中的第一项表示所有关节惯量的作用。在单关节运动情况下,所有其他的关节均被锁住,而且各个关节的惯量被集中在一起。在多关节同时运动的情况下,存在有关节间耦合惯量的作用。这些力矩项 $\sum_{i=1}^{n} D_{ij}\ddot{q}_j$ 必须通过前馈输入关节 i 的控制器输入端,以补偿关节间的互相作用,如图 6-9 所示。拉格朗日方程中的第二项表示传动轴上的等效转动惯量为 J 的关节 i 传动装置的惯性力矩,已在单关节控制器中讨论过它。拉格朗日方程的最后一项是由重力加速度求得的,它也由前馈项 τ_a 来补偿。这是个估计的重力矩信号,并由下式计算

$$\tau_a = (R_m/KK_R)\overline{\tau}_g \tag{6-21}$$

式中 $\overline{\tau}_g$ ——重力矩 τ_g 的估计值。采用 D_i 作为关于 i 控制器的最好估计值,据此能够设定关节 i 的 $\overline{\tau}_g$ 值。

拉格朗日方程中的第三项表示离心力和科氏力的作用。这些力矩项也必须前馈输入关节 i 的控制器输入端,以补偿各关节间的实际相互作用,如图 6-9 所示。图中画出了工业机器人的关节 i($i = 1, 2, \cdots, n$)控制器的完整框图。要实现这 n 个控制器,必须计算具体机器人的各前馈元件的 D_{ij}、D_{ijk} 和 D_i 值。

3. 耦合惯量补偿额的计算

对 D_{ij} 的计算是十分复杂和费时的。为了说明这种计算上的困难,把拉格朗日方程扩展为

$$T_i = D_{i1}\ddot{q}_1 + D_{i2}\ddot{q}_2 + \cdots + D_{i6}\ddot{q}_6 + J_{ai}\ddot{q}_i + D_{i11}\dot{q}_1\dot{q}_1 + D_{i12}\dot{q}_1\dot{q}_2 + \cdots + D_{i66}\dot{q}_6\dot{q}_6 + D_i \tag{6-22}$$

对于 $i = 1$,式(6-22)中 $D_{i1} = D_{11}$。令 $\theta_i = q_i$,$i = 1, 2, \cdots, 6$,那么 D_{11} 的表达式如下

$$\begin{aligned}
D_{11} =\ & m_1 k_{122}^2 + \\
& m_2 [k_{211}^2 s^2\theta_2 + k_{233}^2 c^2\theta_2 + r_2(2\overline{y}_2 + r_2)] + \\
& m_3 [k_{322}^2 s^2\theta_2 + k_{333}^2 c^2\theta_2 + r_3(2\overline{z}_2 + r_3)s^2\theta_2 + r_2^2] + \\
& m_4 \Big\{ \frac{1}{2}k_{411}^2 [s^2\theta_2(2s^2\theta_4 - 1) + s^2\theta_4] + \frac{1}{2}k_{422}^2 (1 + c^2\theta_2 + s^2\theta_4) + \\
& \frac{1}{2}k_{433}^2 [s^2\theta_2(1 - 2s^2\theta_4) - s^2\theta_4] + r_3^2 s^2\theta_2 + r_2^2 - 2\overline{y}_4 r_3 s^2\theta_2 + 2\overline{z}_4(r_2 s\theta_4 + r_3 s\theta_2 c\theta_2 c\theta_4) \Big\} + \\
& m_5 \Big\{ \frac{1}{2}(-k_{511}^2 + k_{522}^2 + k_{533}^2)[(s\theta_2 s\theta_5 - c\theta_2 s\theta_4 c\theta_5)^2 + c^2\theta_4 c^2\theta_5] + \\
& \frac{1}{2}(k_{511}^2 - k_{522}^2 - k_{533}^2)(s^2\theta_4 + c^2\theta_2 c^2\theta_4) + \\
& \frac{1}{2}(k_{511}^2 + k_{522}^2 - k_{533}^2)[(s\theta_2 c\theta_5 + c\theta_2 s\theta_4 s\theta_5)^2 + c^2\theta_4 c^2\theta_5] + r_3^2 s^2\theta_2 + r_2^2 + \\
& 2\overline{z}_5 [r_3(s^2\theta_2 c\theta_5 + s\theta_2 s\theta_4 c\theta_4 s\theta_5) - r_2 c\theta_4 s\theta_5] \Big\} +
\end{aligned}$$

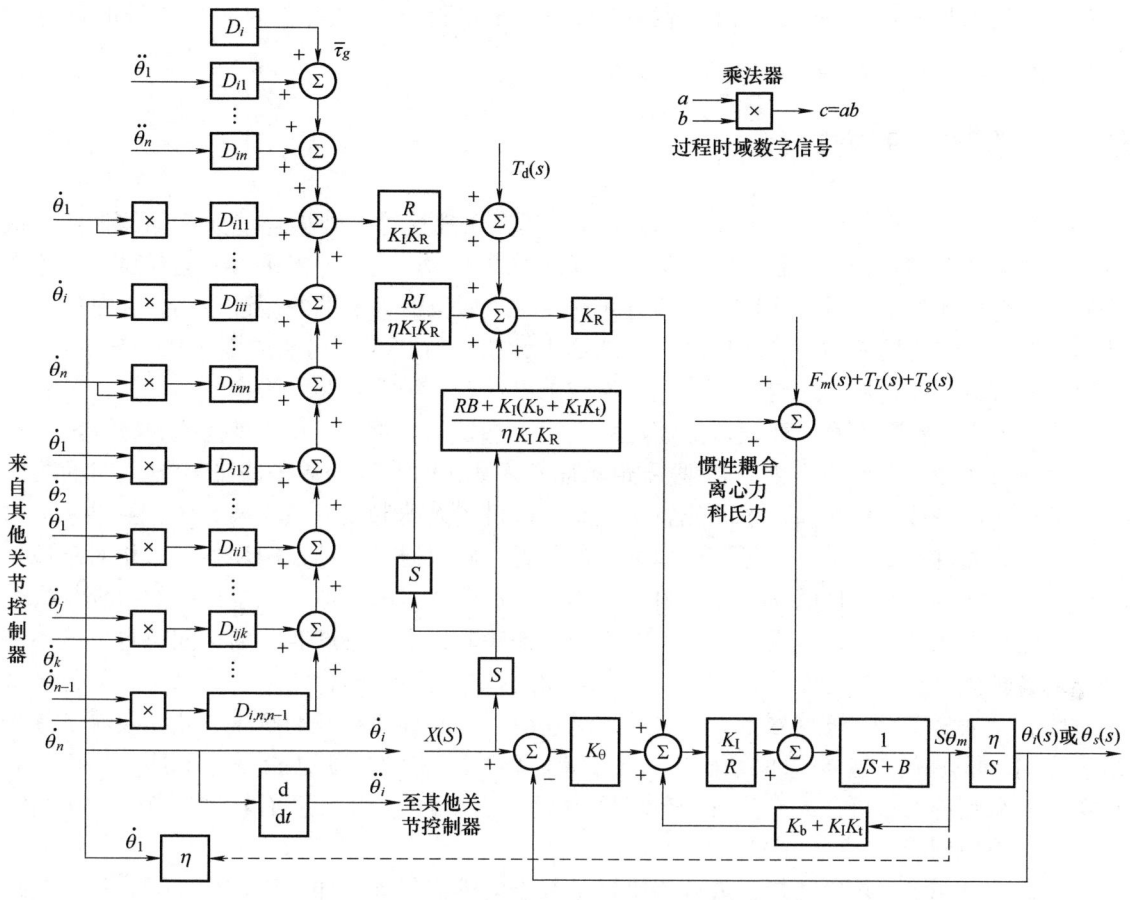

图 6-9 含有 n 个关节的第 i 个关节完全控制器

$$m_6\left\{\frac{1}{2}(-k_{611}^2+k_{622}^2+k_{633}^2)[(s\theta_2 s\theta_5 c\theta_6-c\theta_2 s\theta_4 c\theta_5 c\theta_6-c\theta_2 c\theta_4 s\theta_6)^2+\right.$$
$$(c\theta_4 c\theta_5 c\theta_6-s\theta_4 s\theta_6)^2]+$$
$$\frac{1}{2}(k_{611}^2+k_{622}^2-k_{633}^2)[(c\theta_2 s\theta_4 s\theta_5+s\theta_2 c\theta_5)^2+c^2\theta_4 s^2\theta_5]+$$
$$[r_6 c\theta_2 s\theta_4 s\theta_5+(r_6 c\theta_5+r_3)s\theta_2]^2+(r_6 c\theta_4 s\theta_5-r_2)^2+$$
$$2\bar{z}_6[r_6(s^2\theta_2 c^2\theta_5+c^2\theta_4 s^2\theta_5+c^2\theta_2 s^2\theta_4 s^2\theta_5+2s\theta_2 c\theta_2 s\theta_4 s\theta_5 c\theta_5)+$$
$$\left.r_3(s\theta_2 c\theta_2 s\theta_4 s\theta_5+s^2\theta_2 c\theta_5)-r_2 c\theta_4 s\theta_5]\right\}$$

不难看出，对 D_{i1} 的计算并非一项简单的任务。特别是当机器人运动时，如果它的位置和姿态参数发生变化，那么计算任务就更为艰巨。因此，应力图寻找简化这种计算的新方法。目前已有三种简化方法，分别是几何/数字法、混合法以及微分变换法。

几何/数字方法涉及旋转关节和棱柱式关节的特性，它能够对拉格朗日方程中与计算 $\partial T_p/\partial q_j$ 和 $\partial^2 T_p/(\partial q_j \partial q_k)$ 有关的四阶方阵 J_j^k（它能够把任何以第 k 个坐标系表示的矢量变换为以第 j 个坐标系表示的同一矢量）预先进行化简。由于四阶方阵中的许多元素均为零，所以求得的 D_i、D_{ij} 和 D_{ijk} 表达式就不像原先那样复杂。混合法首先用计算机比较动态方程中牛顿-欧拉公式所有的项，然后根据各种判定准则，把其中的某些项略去。最后，把留下的各项重新放入拉格朗日方程。此法所得结果为一个以符号形式表示的简化方程的计算机输出。

6.3 机器人的力控制

6.2 节讨论了机器人位置控制的问题。针对喷漆、焊接等与外界环境无接触的作业，机器人通过路径规划和轨迹控制，即可实现很好的位置跟踪。然而，当机器人运动过程中存在与外界环境接触的情况时，环境带来的空间约束将阻碍机器人末端的循迹运动，此时纯粹的轨迹控制会导致机器人与环境间作用力不断增大，引起机器人损伤或周围环境破坏。可见，单纯的轨迹控制仅适用于固定编程路径、不与外界环境接触的机器人操作。

当机器人与环境接触，如执行擦玻璃、开门、拧螺钉、磨抛、去毛刺、抓取易碎物体、装配零件等作业时，机器人则不但要沿指定路径运动，而且要控制与作业环境之间的接触力，从而在保证接触力的前提下完成轨迹跟踪。以机器人夹持手爪擦玻璃为例，如果手爪拿着很软的海绵进行擦洗，并且已知玻璃的精确位置，则仅通过轨迹控制调整手爪相对于玻璃的位置，以此调整对玻璃的作用力，自然可实现擦玻璃的目的。但若把手爪中的海绵替换为刚性工具，由机器人带动工具刮去玻璃表面上的油漆时，由于玻璃表面的空间位置可能不准确，或者刚性工具的位置误差比较大，纯粹的轨迹控制将引起两种结果：要么是工具与玻璃不接触，要么是工具与玻璃接触力太大导致玻璃破碎。一种比较好的解决方法是控制工具与玻璃之间的接触力。这样，即使作业环境（如玻璃）是未知的，也能保持工具与环境正确地接触。由此可见，机器人在执行与环境接触的交互作业时，不但要有轨迹控制功能，而且要有力控制的功能。

机器人具备了力控制功能，就可以胜任更复杂的操作任务，如完成零件装配、打磨等作业，也可作为人体增强设备用于康复、医疗等领域。力控制要求具有力反馈功能，那么通常需要在机器人腕部或者各关节处安装力（力矩）传感器。机器人通过力（力矩）传感器检测机器人与外部环境的接触力（力矩），并设计力控制器计算位置参考指令的修调量或者关节力矩控制指令，可以操纵机器人在不确定环境下与环境相适应。如要求机器人在曲面的法线方向施加一定的力，然后以一定速度沿曲面运动。此时，曲面就是环境约束条件，而力控制的目的就是使得机器人与环境恒力接触并沿曲面表面运动。由单纯的轨迹控制到轨迹与力结合的力控制，使机器人具备了力觉，这是机器人智能化的一种表征。

6.3.1 质量-弹簧系统的力控制

通过把最简单的机械系统的轨迹控制简化为单自由度的质量控制问题，可以将多自由度机器人的控制问题等效为几个独立物体的控制问题。用类似的方法，把手爪（或工具）与环境相接触的力控制问题，简化为"质量-弹簧"系统的力控制问题。

1. 一般原理

当手爪与环境有接触力时，被控物体和环境相互作用的简单模型如图 6-10 所示。假设物体是刚性的，质量是 m，用弹簧模型表示被控物体和环境之间的作用，而环境的刚度为 k_e。

现在讨论图 6-10 中质量-弹簧系统的力控制问题。用 f_{dis} 表示未知的干扰力，它可能是摩擦力或是机械传动的阻力。作用在弹簧上的力，也就是希望作用在环境上的控制变量，用 f_e 表示，则

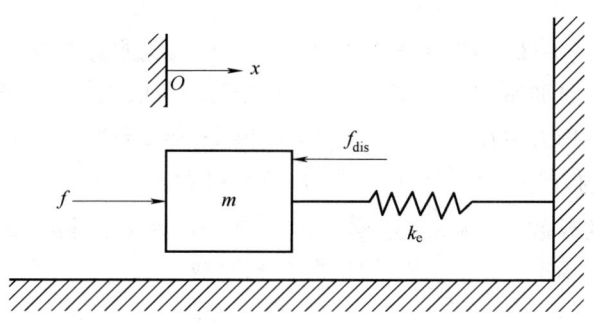

图 6-10 质量-弹簧力控制系统

$$f_e = k_e x \tag{6-23}$$

描述这个物理系统的方程为

$$f = m\ddot{x} + k_e x + f_{dis} \tag{6-24}$$

如果用作用在环境上的控制变量 f_e 表示，则由式（6-23）和式（6-24），可得

$$f = mk_e^{-1}\ddot{f}_e + f_e + f_{dis} \tag{6-25}$$

利用第 7 章（轨迹控制）所述控制规律分解方法 $f = \alpha f' + \beta$ 选定

$$\alpha = mk_e^{-1}, \beta = f_e + f_{dis} \tag{6-26}$$

同时，令 f_d 是期望力，e_f 是 f_d 与在环境中检测出的力 f_e 之间的误差，$e_f = f_d - f_e$。若 $e_f \to 0$，则有闭环系统

$$\ddot{e}_f + k_{vf}\dot{e}_f + k_{pf}e_f = 0 \tag{6-27}$$

将式（6-26）和式（6-27）代入式（6-25）可得

$$f = \alpha(\ddot{f}_d + k_{vf}\dot{e}_f + k_{pf}e_f) + \beta \tag{6-28}$$

但是，由于 f_{dis} 是未知的，因而式（6-28）不可解。当然，也可以在式（6-28）中去掉一项，得到伺服规则

$$f = \alpha(\ddot{f}_d + k_{vf}\dot{e}_f + k_{pf}e_f) + f_e \tag{6-29}$$

但是稳态误差分析表明，还有更好的解决办法，特别是当环境的刚度 k_e 很高（一般如此）的时候，可以把式（6-28）中的 β 用 f_d 代替，这样做既实用又可使稳态误差减小，伺服规则变为

$$f = \alpha(\ddot{f}_d + k_{vf}\dot{e}_f + k_{pf}e_f) + f_d \tag{6-30}$$

2. 稳态误差

下面讨论式（6-29）和式（6-30）所示两种情况的稳态误差。考虑舍去 f_{dis} 这一项，则式（6-25）与式（6-29）相等，且设在稳态情况下各阶导数项为零，得到稳态误差

$$e_f = \frac{f_{dis}}{\lambda} \tag{6-31}$$

式中，$\lambda = mk_e^{-1}k_{pf}$，为有效的力反馈增益。

考虑用 f_d 代替 $f_e + f_{dis}$，则式（6-25）和式（6-30）相等，稳态误差为

$$e_f = \frac{f_{dis}}{1 + \lambda} \tag{6-32}$$

一般情况下环境是刚性的，λ 是比较小的正数。对比式（6-31）和式（6-32）可知，由式（6-30）表示的伺服规则产生的稳态误差小些。

3. 简化伺服规则

图 6-11 是利用式（6-30）的伺服规则画出的闭环系统原理框图。在实际应用中并非如此。首先，接触力的轨迹通常都是控制为某一常数值，而很少把它设置为任意的时间函数，因此控制系统中的导数项 $\dot{f}_d = \ddot{f}_d = 0$。另一个实际问题是检测出的力噪声很大，如果根据检测出的 f_e 用数值微分的方法求 $\dot{f}_e$，会使系统的噪声放大。根据 $f_e = k_e x$，可以用测得的物体的速度 $\dot{x}$ 计算环境力的导数 $\dot{f}_e = k_e \dot{x}$。这样做比较合理，因为检测机器人速度的技术是成熟的。考虑了这两种实际情况之后，可以把伺服规则写成

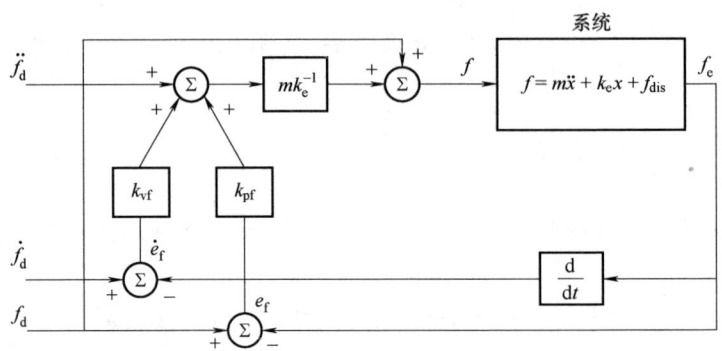

图 6-11 质量-弹簧力控制系统框图

$$f = m(k_e^{-1} k_{pf} e_f - k_{vf} \dot{x}) + f_d \tag{6-33}$$

相应的系统框图如图 6-12 所示。利用力的误差信号构成速度反馈的内回路，其反馈增益是 k_{vf}，调整 k_{vf} 可以改变阻尼比，改善系统的动态性能。反馈信号 f_e 和前馈信号 f_d 减少了系统误差。

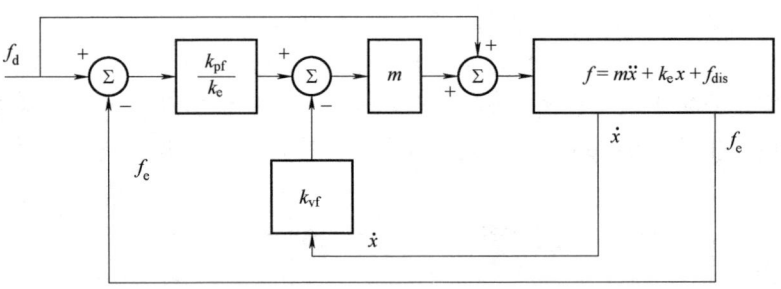

图 6-12 实际的质量-弹簧力控制系统框图

还有一个问题需要说明，就是控制规则中的环境刚度 k_e 是时变的，其在实际系统中往往是未知的。但是，由于装配机器人的处理对象常常是刚性部件，因此可以认为 k_e 相当大。在这种假设的条件下，在选择增益时，要考虑在 k_e 变化的情况下系统能够正常地工作。

6.3.2 力/位混合控制

机器人末端执行器与外界环境接触有两种极端状态。一种是机器人末端执行器在空间中可以自由运动，即机器人末端执行器没有受到外界环境的约束作用。也就是说，机器人末端

执行器在任何方向上都没有受到作用力，而在位置的 6 个自由度上可以运动。另一种是机器人末端执行器被固定不动，这时末端执行器不能自由地改变位置，即机器人末端执行器既受到位置约束，又受到作用力和力矩的约束。

上述两种极端状态，第一种情况属于单纯的位置控制问题，第二种情况在实际中很少出现。多数情况是部分自由度受位置约束，即部分自由度服从位置控制，其余自由度服从力控制，将机器人的位置约束与力约束分解为位控子空间与力控子空间。这样就需要采用一种力/位混合控制的方式。机器人的力/位混合控制必须解决下述三个问题

1）在有自然约束力的方向施加位置控制。
2）在有位置自然约束的方向施加力控制。
3）在任意约束坐标系 $\{C\}$ 的正交自由度上施加力/位混合控制。

下面介绍以 $\{C\}$ 为基准的直角坐标系机械手臂的力/位混合控制方案。图 6-13 所示为 3 个自由度上都是移动关节的机械手，设每个连杆的质量均是 m，摩擦力为零。假设关节轴线 x、y 和 z 方向完全与约束坐标系轴向一致；手爪与刚度为 k 的表面接触，作用在 y_c 方向上。所以，y_c 方向需要进行力控制，x_c 和 z_c 方向需要进行位置控制。

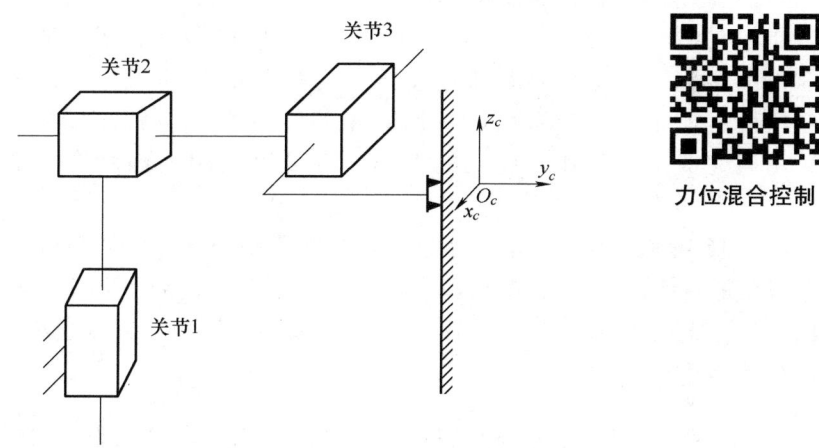

图 6-13　3 自由度直角坐标系机械手与外界接触

在这种情况下，力/位混合控制问题比较清楚。对关节 1 和 3 应该使用轨迹控制器，对关节 2 应该使用力控制器。可以在 x_c 和 z_c 方向设定位置轨迹，而在 y_c 方向设定力的轨迹。

如果外界环境发生变化，原来进行力控制的某个自由度上可能要改为轨迹控制，原来进行轨迹控制的可能要改为力控制。这样，要求在每个自由度上既要能进行轨迹控制，又要能进行力控制。因此，应使机械手可以用于在 3 个自由度上全部实施位置控制，同时也可用于在 3 个自由度上实施力控制。当然，对于同一个自由度，一般不需要在同一时刻进行位置和力两种控制，因而需要设置一种工作模式，用来指明在各自由度上在给定的时刻究竟施加哪种控制。

图 6-14 所示为 3 自由度直角坐标系机械手的力/位混合控制器方框图。三个关节既有位置控制器，又有力控制器。为了根据约束条件选择每个自由度所要求的控制模式，图中引入了选择矩阵 S 和 S'，它们实际上是两组互锁开关，是 3×3 的对角矩阵。如果要求对第 i 个关节进行位置（或力）控制，则矩阵 S（或 S'）对角线上的第 i 个元素为 1，否则为 0，如

对应于图 6-13 的 S 和 S' 应为

$$S = \begin{pmatrix} 1 & 0 & 0 \\ 0 & 0 & 0 \\ 0 & 0 & 1 \end{pmatrix}, \quad S' = \begin{pmatrix} 0 & 0 & 0 \\ 0 & 1 & 0 \\ 0 & 0 & 0 \end{pmatrix}$$

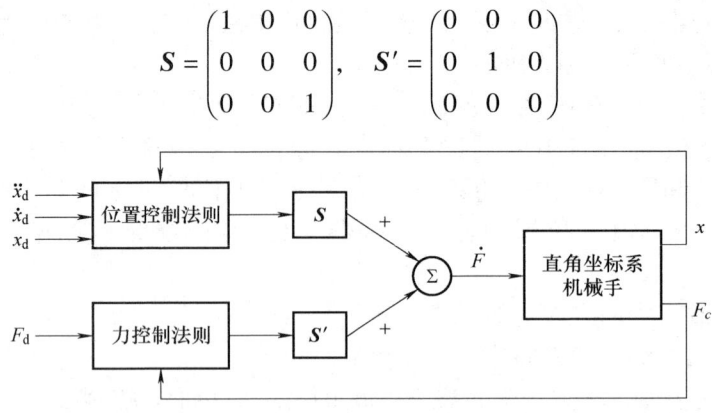

图 6-14　3 自由度直角坐标系机械手的力/位混合控制器方框图

与选择矩阵 S 相对应，系统总是由三个分量控制，这三个分量可由位置轨迹和力轨迹任意组合而成。所以，当系统某个关节以位置（或力）控制模式工作时，则这个关节的力（或位置）的误差信息就被忽略掉。

要把图 6-14 所示的混合控制器推广到一般机械手，可以直接使用基于直角坐标系控制的概念。基本思想是，通过使用之前介绍的直角坐标空间的动力学模型，就有可能把实际机械手的组合系统以及计算模型等效为一组独立的、没有耦合的单位质量系统，一旦完成了解耦和线性化的工作，就可以运用前面所介绍的简单伺服系统来综合分析。

图 6-15 所示为基于直角坐标空间的机械手动力学的解耦形式，c_f 等效为一组没有耦合的单位质量系统，$\text{kin}(q)$ 表示运动学变换。为了用于混合控制方案，直角坐标动力学的各项以及雅可比矩阵都在约束坐标系 $\{C\}$ 中描述，动力学方程也相当于在约束坐标系 $\{C\}$ 中进行计算。

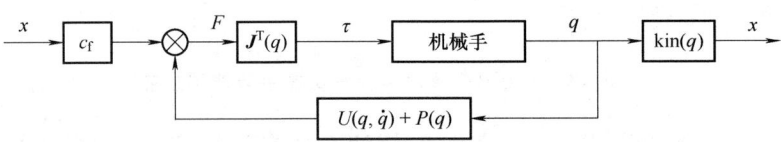

图 6-15　直角坐标解耦形式

由于前面已经为与约束坐标系 $\{C\}$ 相一致的直角坐标机械手设计了混合控制器（图 6-14），而且直角坐标解耦形式提供了具有同样输入输出特性的系统，把两者结合起来，就可生成一般的力/位混合控制器。其中，动力学各项及雅可比矩阵都在约束坐标系 $\{C\}$ 中描述，动力学方程以及检测到的力都要变换到约束坐标系 $\{C\}$ 中，伺服误差也要在约束坐标系 $\{C\}$ 中计算，当然，还要对 S 和 S' 进行适当的取值。

6.4　机器人的现代控制技术

机器人系统为现代控制理论、智能控制、人工智能提供了重要的研究背景，随着机器人的工作速度和精度的提高，特别是直接驱动型机器人和带有柔性臂机器人的出现，很多现代控制理论被应用到机器人控制领域，以解决高度非线性及强耦合系统的控制问题。目前，这些控制技术包括鲁棒控制、最优控制、解耦控制、自适应控制、滑模变结构控制等。本节主要研究介绍基于现代控制理论的机器人控制技术。

6.4.1 机器人的自适应控制

机器人的动力学模型存在非线性和不确定因素，这些因素包括未知的系统参数（如摩擦力）、非线性动态特性（如重力、科氏力、离心力的非线性），以及当机器人在工作过程中环境和工作对象的性质和特征的变化这些未知因素和不确定性，将使控制系统性能变差，采用一般的反馈技术不能满足控制要求。一种解决此问题的方法是在运行过程中不断测量受控对象的特性，根据测得的特征信息使控制系统按新的特性实现闭环最优控制，即自适应控制。自适应控制主要分模型参考自适应控制（model reference adaptive control，MRAC）和自校正自适应控制（self-tuning adaptive control，STAC）。

1. 模型参考自适应控制

模型参考自适应控制法控制器的作用是使得系统的输出响应趋近于某种指定的参考模型，其结构如图6-16所示。指定的参考模型可选为一稳定的线性定常系统：

$$\dot{\boldsymbol{y}} = \boldsymbol{A}_\mathrm{m} \boldsymbol{y} + \boldsymbol{B}_\mathrm{m} \boldsymbol{r} \tag{6-34}$$

式中　$\boldsymbol{y}$——$2n$ 参考模型状态矢量；

　　　$\boldsymbol{r}$——$2n$ 参考模型输入矢量；

$$\boldsymbol{A}_\mathrm{m} = \begin{pmatrix} \boldsymbol{O} & \boldsymbol{I} \\ -\boldsymbol{A}_1 & -\boldsymbol{A}_2 \end{pmatrix}, \boldsymbol{B}_\mathrm{m} = \begin{pmatrix} \boldsymbol{O} \\ \boldsymbol{A}_1 \end{pmatrix}$$

式中　$\boldsymbol{A}_1$——含有 ω_i 项的 $n \times n$ 对角矩阵；

　　　$\boldsymbol{A}_2$——含有 $2\xi_i\omega_i$ 项的 $n \times n$ 对角矩阵。

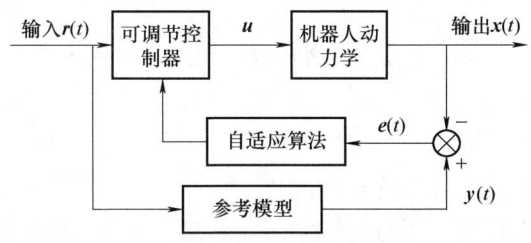

图 6-16　模型参考自适应控制系统结构

式（6-34）表示 n 个含有指定参数 ξ_i 和 ω_i 的去耦二阶微分方程：

$$\ddot{\boldsymbol{y}}_i + 2\xi_i\omega_i\dot{\boldsymbol{y}}_i + \omega_i^2\boldsymbol{y}_i = \omega_i^2\boldsymbol{r} \tag{6-35}$$

式中　r——此控制器输入，是机器人末端执行器的理想运动轨迹。

如图 6-16 所示，自适应控制器把系统状态 $\boldsymbol{x}(t)$ 反馈给"可调节控制器"，并通过调整，使得机器人状态方程变为可调的。图 6-16 还表明，将系统的状态变量 $\boldsymbol{x}(t)$ 与参考模型状态 $\boldsymbol{y}(t)$ 进行比较，所得的状态误差 $\boldsymbol{e}(t)$ 作为自适应算法的输入，其调节目标是使状态误差接近于零，以实现使机器人具有参考模型的动态特性。

控制器自适应算法应具有使自适应控制器渐近稳定的功能，可根据李雅普诺夫稳定性判

据设计控制器的自适应算法。设机器人状态方程的输入为

$$u = -K_x x + K_u r \tag{6-36}$$

式中 K_x、K_u——$n \times n$ 时变可调反馈矩阵和前馈矩阵，是图 6-16 中"可调节控制器"功能。

将由式（6-36）表示的输入代入机器人状态方程式，得开环系统的状态方程为

$$\dot{x} = A_s(x)x + B_s(s)r \tag{6-37}$$

其中，

$$A_s = \begin{pmatrix} O & L \\ -J^{-1}(H+M_a K_{x1}) & -J^{-1}(E+M_a K_{x2}) \end{pmatrix}, B_s = \begin{pmatrix} O \\ J^{-1}M_a K_u \end{pmatrix}$$

其中，K_{x1} 和 K_{x2} 是 K_x 的两个子矩阵；J、H、M_a 是由传动装置参数所决定的 $n \times n$ 矩阵。

正确地设计 K_x 和 K_u，可使机器人状态方程与参考模型匹配，使状态误差

$$e(t) = y - x \tag{6-38}$$

趋于零。由式（6-38）、式（6-37）和式（6-34）可得

$$\dot{e} = (A_m - A_s)x + (B_m - B_s)r \tag{6-39}$$

为了系统的稳定性，选取正定李雅普诺夫函数 V 为

$$V = e^T P e + \text{tr}[(A_m - A_s)^T F_A^{-1}(A_m - A_s)] + \text{tr}[(B_m - B_s)^T F_B^{-1}(B_m - B_s)] \tag{6-40}$$

利用式（6-38）和式（6-39），并对式（6-40）求导得

$$\dot{V} = e^T(A_m P + P A_m)e + \text{tr}[(A_m - A_s)^T(P e X^T - F_A^{-1}\dot{A}_s)] + \text{tr}[(B_m - B_s)^T(P e r^T - F_B^{-1}\dot{B}_s)] \tag{6-41}$$

根据李雅普诺夫第二稳定理论，保证系统稳定的充分必要条件是 $\dot{V}$ 为负定，所以可得

$$A_m^T P + P A_m = -Q$$

$$\dot{A}_s = F_A P e x^T \approx B_p \dot{K}_x, \dot{B}_s = F_B P e r^T \approx B_p \dot{K}_u$$

以及

$$\dot{K}_u = K_u B_m^+ F_B P e r^T, \dot{K}_x = K_u B_m^+ F_A P e r^T$$

式中 P、Q——对称正定矩阵；

B_m^+——B_m 的伪逆矩阵；

F_A、F_B——正定自适应增益矩阵。

满足这些条件的 K_x 和 K_u 可使系统渐进稳定，进而实现自适应控制的目的。

2. 自校正自适应控制

机器人自校正自适应控制是把机器人状态方程在目标轨迹附近线性化，形成离散摄动方程，用递推最小二乘法辨识摄动方程中的系统参数，并在每个采样周期更新和调整线性化系统的参数和反馈增益，以确定所需的控制力。其系统结构如图 6-17 所示。

（1）运动的摄动方程

机器人的状态方程式可写成如下形式

$$\dot{x} = f(x, u) \tag{6-42}$$

用泰勒级数将上式在目标轨迹附近展开，得系统的线性化摄动方程

$$\delta \dot{x}(t) = A(t)\delta x(t) + B(t)\delta u(t) \tag{6-43}$$

式中 $A(t)$、$B(t)$——系统的时变参数矩阵，分别是沿目标轨迹计算的雅可比矩阵，即

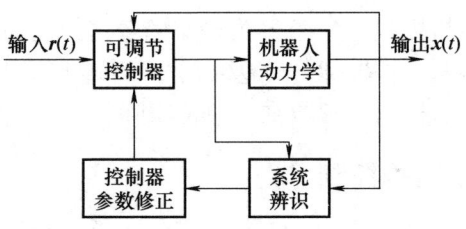

图 6-17 自校正自适应控制系统结构

$$A(t) = \frac{\partial f}{\partial x}, \quad B(t) = \frac{\partial f}{\partial u}$$

在实际的控制系统中,用参数辨识技术确定其中的未知元素。若目标输出及对应的输入分别表示为 x_d 和 u_d,则 $\delta x = x(t) - x_d(t), \delta u = u(t) - u_d(t)$。

(2) 参数辨识及自适应控制

将式 (6-43) 离散化为

$$x(k+1) = A(k)x(k) + B(k)u(k) \quad (k=0,1,\cdots,n-1) \tag{6-44}$$

由于 $A(t)$ 和 $B(t)$ 的阶数分别为 $2n \times 2n$ 和 $2n \times n$,所以在此模型中有 $6n^2$ 个参数需要辨识。在辨识中做以下假设:

1) 当采样间隔取得足够小时,系统参数变化速度小于自适应的调节速度。
2) 测量噪声可忽略。
3) 式 (6-44) 的状态变量可测。

在式 (6-44) 中第 k 时刻未知参数组成一个矢量

$$\boldsymbol{v}_{i,k} = \left(a_{i,1}(k),\cdots,a_{i,2n}(k),b_{i,1}(k),\cdots,b_{i,n}(k)\right)^T$$

将 k 时刻的状态和输入也组成一个矢量

$$\boldsymbol{\varphi}_k = \left(x_1(k),\cdots,x_{2n}(k),u_1(k),\cdots,u_n(k)\right)^T$$

式 (6-44) 中的状态矢量可写为

$$\boldsymbol{x}(k) = \left(x_1(k),\cdots,x_{2n}(k)\right)^T = \left(x_{1,k},\cdots,x_{2n,k}\right)^T$$

则式 (6-44) 的第 i 行可写成

$$x_{i,k+1} = \boldsymbol{\varphi}_k^T \boldsymbol{v}_{i,k}$$

此式为辨识参数的标准形式。递推最小二乘参数辨识的算法为

$$\hat{\boldsymbol{v}}_{i,k+1} = \hat{\boldsymbol{v}}_{i,k} - \dot{\boldsymbol{P}}_k \boldsymbol{\varphi}_k (\boldsymbol{\varphi}_k^T \boldsymbol{P}_k \boldsymbol{\varphi}_k + r)^{-1} (\boldsymbol{\varphi}_k^T \hat{\boldsymbol{v}}_{i,k} - x_{i,k+1})$$

式中 r——大于零小于1的加权因子;

P_k——$3n \times 3n$ 维对称正定矩阵,它的递推形式为

$$\boldsymbol{P}_{k+1} = \boldsymbol{P}_k - \boldsymbol{P}_k \boldsymbol{\varphi}_k (\boldsymbol{\varphi}_k^T \boldsymbol{P}_k \boldsymbol{\varphi}_k + r)^{-1} \boldsymbol{\varphi}_k^T \boldsymbol{P}_k$$

线性化摄动系统的控制问题可化为一个线性二次型问题,在确定 $A(t)$ 和 $B(t)$ 之后,可寻求一个最优控制,使如下性能指标最小

$$J(k) = \frac{1}{2}\left[\boldsymbol{x}^T(k+1)\boldsymbol{Q}\boldsymbol{x}(k+1) + \boldsymbol{u}^T(k)\boldsymbol{R}\boldsymbol{u}(k)\right] \tag{6-45}$$

式中 Q——$2n \times 2n$ 维半正定矩阵;

R——$n \times n$ 维正定矩阵。

满足式（6-44）和性能指标式（6-45）为最小的最优控制为

$$u(k) = -[R + B^{T}(k)QB(k)]^{-1}B^{T}QA(k)x(k) \tag{6-46}$$

一般选取 Q、R 以及 P_k 的初值为常数乘以单位矩阵。

6.4.2 机器人的滑模变结构控制

变结构控制是对具有不定性动力学系统进行控制的一种重要方法。变结构系统是一种非连续反馈控制系统，其主要特点是它在一种开关曲面上建立滑动模型，称为"滑模"。滑模变结构系统对系统参数及外界干扰不敏感，因而能忽略机器人关节间的相互作用。变结构控制器的设计不需要精确的动力学模型，只需要参数的范围，所以变结构控制适合机器人的运动控制。

机器人的滑模变结构控制系统的一般结构如图 6-18 所示。

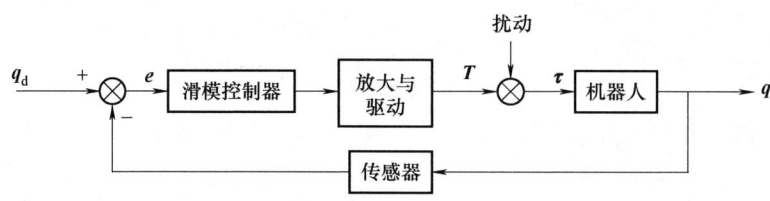

图 6-18　机器人滑模变结构控制系统的一般结构

含有 n 个关节的机械手动力学模型为

$$D(q)\ddot{q} + C(q,\dot{q}) + G(q) = D(q)\ddot{q} + W(q,\dot{q}) = T \tag{6-47}$$

式中　$D(q)$——惯性矩阵；

$C(q,\dot{q})$——黏性阻尼、科氏力、离心力等非线性力列阵；

$G(q)$——重力矢量；

T——关节力（力矩）列阵。

由于惯性矩阵总是非奇异矩阵，则式（6-47）可以改写成

$$\ddot{q} = -D^{-1}(q)W(q,\dot{q}) + D^{-1}(q)T = -B(q)W(q,\dot{q}) + B(q)T \tag{6-48}$$

其中，$B(q) = D^{-1}(q)$。

如果设 $x_\mathrm{I} = q$，$x_\mathrm{II} = \dot{q}$，则可以将式（6-48）写成状态方程的形式

$$\dot{x}_\mathrm{II} = -B(x_\mathrm{I})W(x_\mathrm{I},x_\mathrm{II}) + B(x_\mathrm{I})T \tag{6-49}$$

设期望的轨迹 $q_\mathrm{d} = x_\mathrm{Id}$，$\dot{q}_\mathrm{d} = x_\mathrm{IId}$，则轨迹误差为

$$E = x_\mathrm{Id} - x_\mathrm{I}$$

进而有

$$\dot{E} = \dot{x}_\mathrm{Id} - \dot{x}_\mathrm{I} = x_\mathrm{IId} - x_\mathrm{II}$$

$$\ddot{E} = \ddot{x}_\mathrm{Id} - \ddot{x}_\mathrm{I} = \dot{x}_\mathrm{IId} - \dot{x}_\mathrm{II}$$

选择滑动面函数为

$$S = \dot{E} + HE \tag{6-50}$$

其中，$S = (s_1, s_2, \cdots, s_n)^\mathrm{T}$，$E = (e_1, e_2, \cdots, e_n)^\mathrm{T}$，$H = \mathrm{diag}(h_1, h_2, \cdots, h_n)^\mathrm{T}$，$h_i =$

const >0。

假定系统状态被约束在开关函数曲面上，则产生滑动运动的相应控制量 T 可由 $\dot{S}=\mathbf{0}$ 求得。

$$\dot{S} = \ddot{E} + H\dot{E} \tag{6-51}$$

将式（6-49）带入式（6-51），有

$$\dot{S} = \dot{x}_{\mathrm{IId}} - \dot{x}_{\mathrm{II}} + H(x_{\mathrm{IId}} - x_{\mathrm{II}}) = \dot{x}_{\mathrm{IId}} + B(x_{\mathrm{I}})W(x_{\mathrm{I}},x_{\mathrm{II}}) - B(x_{\mathrm{I}})T + H(x_{\mathrm{IId}} - x_{\mathrm{II}}) \tag{6-52}$$

为明显起见，将式（6-52）写成分离形式

$$\dot{s}_i = \dot{x}_{\mathrm{IId}i} + \sum_{j=1}^{n} b_{ij}\omega_j - \sum_{j=1}^{n} b_{ij}\tau_j + h_i(x_{\mathrm{IId}i} - x_{\mathrm{II}i}) \tag{6-53}$$

下面的问题是如何选择式（6-53）中的 τ_j，使得能达性条件成立。首先设 $\dot{S}=\mathbf{0}$，由式（6-52）得出控制量的估计值 T^*：

$$T^* = W(x_{\mathrm{I}}, x_{\mathrm{II}}) + D(x_{\mathrm{I}})[\dot{x}_{\mathrm{IId}} + H(x_{\mathrm{IId}} - x_{\mathrm{II}})] \tag{6-54}$$

由于在控制系统中式（6-54）中的 $W(x_{\mathrm{I}}, x_{\mathrm{II}})$ 和 $D(x_{\mathrm{I}})$ 不能给出精确值，所以称 T^* 为估计值。在此情况下，在控制量中加入修正量 T_g，即

$$T = T^* + T_g \tag{6-55}$$

将式（6-54）、式（6-55），带入式（6-52）中，得

$$\dot{S} = -B(x_{\mathrm{I}})T_g \tag{6-56}$$

写出 $\dot{S}$ 的第 i 项

$$\dot{s}_i = -\sum_{j=1}^{n} b_{ij}\tau_{gj} \tag{6-57}$$

为了确保产生滑动运动的条件 $\dot{s}_i s_i < 0$，$i = 1, 2, \cdots, n$，如下选择修正量 τ_{gj}

$$\dot{s}_i = -\sum_{j=1}^{n} b_{ij}\tau_{gj} \leq -\lambda_i \mathrm{sgn}(s_i) \qquad (i=1,2,\cdots,n; s_i \neq 0) \tag{6-58}$$

其中，$\mathrm{sgn}(s_i)$ 表示 S_i 的符号，$\lambda_i = \mathrm{const} > 0$，此时

$$\dot{s}_i s_i = -\lambda_i |s_i| < 0$$

将式（6-58）写成矩阵形式

$$\dot{S} = -B(x_{\mathrm{II}})T_g = -\boldsymbol{\lambda}\mathrm{sgn}(S) \tag{6-59}$$

其中，$\boldsymbol{\lambda} = \mathrm{diag}(\lambda_1, \lambda_2, \cdots, \lambda_n)$，$\mathrm{sgn}(S) = (\mathrm{sgn}(s_1), \mathrm{sgn}(s_2), \cdots, \mathrm{sgn}(s_n))^{\mathrm{T}}$。

由式（6-59）可得修正量

$$T_g = B^{-1}(x_{\mathrm{II}})\boldsymbol{\lambda}\mathrm{sgn}(S) = D(x_{\mathrm{II}})\boldsymbol{\lambda}\mathrm{sgn}(S) \tag{6-60}$$

将式（6-60）展开，写为

$$\tau_{gi} = \sum_{j=1}^{n} m_{ij}(x_{\mathrm{I}})\lambda_i \mathrm{sgn}(s_i) \tag{6-61}$$

所以总的控制矢量为

$$T = \hat{W}(x_{\mathrm{I}}, x_{\mathrm{II}}) + D(x_{\mathrm{I}})[\dot{x}_{\mathrm{IId}} + H(x_{\mathrm{IId}} - x_{\mathrm{II}}) + \boldsymbol{\lambda}\mathrm{sgn}(S)] \tag{6-62}$$

6.5 机器人的智能控制技术

长期以来，自动控制科学已对整个科学技术的理论和实践做出了重要贡献，并为人类社

会带来了巨大效益。然而，现代科学技术的迅速发展和重大进步，对控制和系统科学提出了更新、更高的要求。机器人控制系统也正面临发展的新机遇和严峻挑战。传统控制理论，包括经典反馈控制和现代控制，在应用中遇到不少难题。多年来，机器人控制一直在寻找新的出路。而现在看来，出路之一就是实现机器人控制系统的智能化，以期解决面临的难题。本节主要研究介绍基于智能控制的机器人控制技术。

6.5.1 机器人的学习控制

学习控制是人工智能技术应用到控制领域的一种智能控制方法。已经提出了多种机器人学习控制方法，如基于感知器的学习控制、基于小脑模型的学习控制等，这里仅介绍一种基于感知器的学习控制方法。

1. 基于感知器的学习控制方法

这种方法首先由 Arimoto 等人提出，方法的程序图如图 6-19 所示。

初始输出值 $Y_1(t)(0 \leqslant t \leqslant T)$ 在首次试验运动中，由输入值 $U_1(t)$ 给入该系统后得到。随后，将实际输出值与期望输出之间的首次误差 $e_1(t)$ 计算如下

$$e_1(t) = Y_d(t) - Y_1(t) \tag{6-63}$$

第 2 次输入值 $U_2(t)$，则可由下式计算

$$U_2(t) = U_1(t) + G(e_1) \tag{6-64}$$

式中 $G(e_k)$——误差修正量，是误差 e_k 的函数，或者是 e_k, $\dot{e}_k$, $\ddot{e}_k$ 的函数。

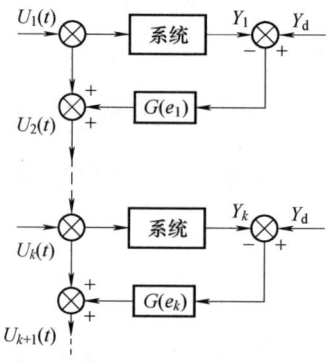

图 6-19 学习控制法程序图

如果将力矩用作为输入值 U_k，则用位置和（或）速度误差的函数不可能在少数几次试验运动中实现期望运动，这是因为在每次试验运动的初始时刻不存在位置和速度误差。因此，这里应采用加速度误差来计算 $G(e_k)$。

2. 机器人的学习控制过程

n 关节机械手运动的动力学方程为

$$M(q)\ddot{q} + H(q, \dot{q}) + G(q) = \tau \tag{6-65}$$

式中　τ——$n \times 1$ 力矩矢量；
　　　q——关节角位置；
　　　$\dot{q}$——关节角速度；
　　　$M(q)$——$n \times n$ 维正定、对称的惯量矩阵；
　　　$H(q, \dot{q})$——n 维与科氏力和离心力有关的矢量。

机器人的学习控制过程如图 6-20 所示。使用式（6-65），对于第 $k-1$ 次试验中时刻 t_s 的加速度计算如下

$$\ddot{\boldsymbol{\theta}}_{k-1,t_s} = \boldsymbol{M}^{-1}\boldsymbol{\theta}_{k-1,t_s}[\boldsymbol{\tau}_{k-1,t_s} - \boldsymbol{H}(\boldsymbol{\theta}_{k-1,t_s},\dot{\boldsymbol{\theta}}_{k-1,t_s}) - \boldsymbol{G}(\boldsymbol{\theta}_{k-1,t_s})] \tag{6-66}$$

下标 $k-1$，t_s 表示在 $k-1$ 次试验中的时刻 t_s。在第 k 次试验中时刻 t_s 的力矩 $\boldsymbol{\tau}_{k,t_s}$，则由下列方程计算得到

$$\boldsymbol{\tau}_{k,t_s} = \boldsymbol{\tau}_{k-1,t_s} + \boldsymbol{\varGamma}[\ddot{\boldsymbol{\theta}}_d(t_s) - \ddot{\boldsymbol{\theta}}_{k-1,t_s}] \tag{6-67}$$

式中　$\boldsymbol{\varGamma}$——控制系统的学习增益；

$\ddot{\boldsymbol{\theta}}_d(t_s)$——期望关节角加速度在时刻 t_s 的值；

$\ddot{\boldsymbol{\theta}}_{k-1,t_s}$——关节角加速度在第 $k-1$ 次试验中时刻 t_s 的值。

可以根据式（6-66）和式（6-67）用下列方程式计算 $\boldsymbol{\tau}_{k,t_s}$：

$$\begin{aligned}\boldsymbol{\tau}_{k,t_s} &= \boldsymbol{\tau}_{k-1,t_s} + \boldsymbol{\varGamma}\{\ddot{\boldsymbol{\theta}}_d(t_s) - \boldsymbol{M}^{-1}(\boldsymbol{\theta}_{k-1,t_s})[\boldsymbol{\tau}_{k-1,t_s} - \boldsymbol{H}(\boldsymbol{\theta}_{k-1,t_s},\dot{\boldsymbol{\theta}}_{k-1,t_s}) - \boldsymbol{G}(\boldsymbol{\theta}_{k-1,t_s})]\} \\ &= \boldsymbol{A}\boldsymbol{\tau}_{k-1,t_s} + \boldsymbol{B}\end{aligned} \tag{6-68}$$

其中

$$\boldsymbol{A} = \boldsymbol{I} - \boldsymbol{\varGamma}\boldsymbol{M}^{-1}(\boldsymbol{\theta}_{k-1,t_s})$$

$$\boldsymbol{B} = \boldsymbol{\varGamma}\{\ddot{\boldsymbol{\theta}}_d(t_s) - \boldsymbol{M}^{-1}(\boldsymbol{\theta}_{k-1,t_s})[\boldsymbol{H}(\boldsymbol{\theta}_{k-1,t_s},\dot{\boldsymbol{\theta}}_{k-1,t_s}) - \boldsymbol{G}(\boldsymbol{\theta}_{k-1,t_s})]\}$$

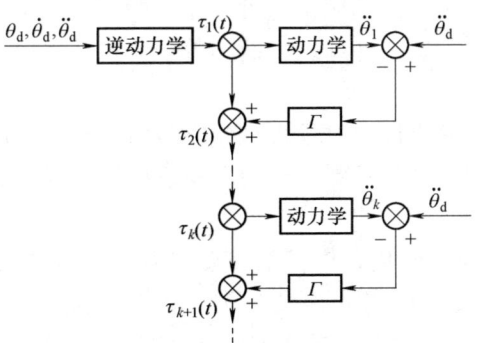

图 6-20　机器人的学习控制过程

现在讨论在最终试验（$k\to\infty$）时，式（6-68）在整个运动时域内的收敛条件。由式（6-68）可得

$$\begin{aligned}\boldsymbol{\tau}_{1,t_s} &= \boldsymbol{A}\boldsymbol{\tau}_{0,t_s} + \boldsymbol{B} \\ \boldsymbol{\tau}_{2,t_s} &= \boldsymbol{A}\boldsymbol{\tau}_{1,t_s} + \boldsymbol{B} = \boldsymbol{A}^2\boldsymbol{\tau}_{0,t_s} + \boldsymbol{A}\boldsymbol{B} + \boldsymbol{B} \\ &\cdots \\ \boldsymbol{\tau}_{k,t_s} &= \boldsymbol{A}^k\boldsymbol{\tau}_{0,t_s} + (\boldsymbol{I}-\boldsymbol{A})^{-1}(\boldsymbol{I}-\boldsymbol{A}^k)\boldsymbol{B}\end{aligned} \tag{6-69}$$

从上述公式可以看出，渐进方程式（6-68）的收敛条件为

$$\lim_{k\to\infty}\boldsymbol{A}^k = \boldsymbol{0} \tag{6-70}$$

矩阵 $\boldsymbol{A}$ 用对角阵 $\boldsymbol{Q}$ 变换成如下形式

$$\boldsymbol{A}^k = \boldsymbol{P}^{-1}\boldsymbol{Q}\boldsymbol{P} \tag{6-71}$$

其中，$\boldsymbol{Q} = \text{diag}(\lambda_1,\lambda_2,\cdots,\lambda_n)$，$\lambda_i$ 为矩阵 $\boldsymbol{A}$ 的特征值。当每个特征值满足如下不等式时，方程式（6-68）的收敛条件成立，即

$$|\lambda_i| < 1 \tag{6-72}$$

渐近方程式（6-68）的收敛速度取决于矩阵 A 收敛到零的速度。于是可以认为学习控制法的速度取决于特征矢量 λ 的长度，即

$$|\lambda| = \sqrt{\lambda_1^2 + \lambda_2^2 + \cdots + \lambda_n^2} \tag{6-73}$$

从上述描述的计算可以看出，最佳学习增益 Γ_{opt} 当 λ 取最小值时得到确定。

反馈控制的控制率式（6-67）也可以用式（6-74）表示，以包括位移、速度、加速度的反馈信息。

$$\tau_{k,t_s} = \tau_{k-1,t_s} + K_p\left[\theta_\text{d}(t_s) - \theta_{k-1,t_s}\right] + K_v\left[\dot{\theta}_\text{d}(t_s) - \dot{\theta}_{k-1,t_s}\right] + K_a\left[\ddot{\theta}_\text{d}(t_s) - \ddot{\theta}_{k-1,t_s}\right] \tag{6-74}$$

式中 K_p, K_v, K_a——关节的角位置、速度和加速度反馈增益矩阵，它们都是对角的正定常数矩阵。

6.5.2 机器人的模糊控制

1965 年，L. A. Zade 提出了模糊集合的概念，从而创立了模糊理论。模糊理论是介于推理与计算之间的一种工具和方法。形式上它利用规则进行逻辑推理，但是其逻辑取值可以在 0 与 1 之间连续变化，其处理方法也是基于数值方法而非符号的方法。符号处理方法允许直接用规则表示结构性知识，但是它不能直接使用数值计算的工具，因而也不能用大规模集成电路来实现一个人工智能系统。而模糊系统可以兼具两者的优点，它可用数值的方法来表示结构性知识，从而用数值的方法来处理。因而随着计算机技术的发展，模糊理论在控制领域取得了巨大的成功。

模糊理论的应用主要去解决被控过程很难建立数学模型的问题，这些过程的参数具有时变性及非线性等特征。模糊控制技术不需要建立精确的数学模型，是解决不确定性系统控制问题的一种有效途径。

模糊自动控制是以模糊集合化、模糊语言变量及模糊逻辑推理为基础的一种计算机数字控制。从线性控制与非线性控制的角度分类，模糊控制是一种非线性控制；从控制器的智能性看，模糊控制属于智能控制的范畴。本小节主要讲述模糊控制系统的组成及其基本原理。

1. 模糊控制系统组成

模糊控制属于计算机数字控制的一种形式，因此，模糊控制系统的组成类似于一般的数字控制系统，其框图如图 6-21 所示。

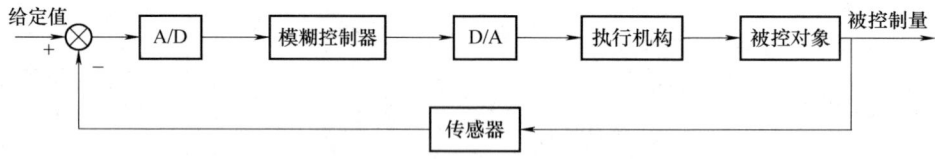

图 6-21 模糊控制系统的框图

模糊控制系统一般可分为五个组成部分。

（1）模糊控制器

它是各类自动控制系统中的核心部分。由于被控对象的不同，以及对系统静态、动态特性的要求和所应用的控制规则（或策略）各异，可以构成各种类型的控制器，如在经典控制理论中，用运算放大器加上阻容网络构成的 PID 控制器和由前馈、反馈环节构成的各种

串、并联校正器；在现代控制理论中，设计的有限状态观测器、自适应控制器、解耦控制器、鲁棒控制器等。而在模糊控制理论中，则采用基于模糊控制知识表示和规则推理的语言型"模糊控制器"，这也是模糊控制系统区别于其他自动控制系统的特点所在。

（2）输入输出接口

模糊控制器通过输入输出接口从被控对象获取数字信号量，并将模糊控制器决策的输出数字信号经过数模转换，转变为模拟信号，然后送给被控对象。在 I/O 接口装置中，除 A/D、D/A 转换外，还包括必要的电平转换电路。

（3）执行机构

执行机构包括各交流电动机、直流电动机、气动调节阀、液压泵、液压缸等。

（4）被控对象

它可以是一种设备或装置以及它们的群体，也可以是一个生产的、自然的、社会的、生物的或其他各种的状态转移过程。这些被控对象可以是确定的或模糊的、单变量的、有滞后或无滞后的，也可以是线性的或非线性的、定常的或时变的，以及具有强耦合和干扰等多种情况。对于那些难以建立精确数学模型的复杂对象，更适宜采用模糊控制。

（5）传感器

传感器是将被控对象或各种过程的被控制量转换为电信号（模拟或数字）的一类装置。被控制量往往是非电量，如位移、速度、加速度、温度、压力、流量、浓度、湿度等。传感器在模糊控制系统中占有十分重要的地位，它的精度往往直接影响整个控制系统的精度，因此，在选择传感器时，应注意选择精度高且稳定性好的传感器。

2. 模糊控制的基本原理

模糊控制的基本原理如图 6-22 所示，它的核心部分为模糊控制器，如图中单点画线框中部分所示。

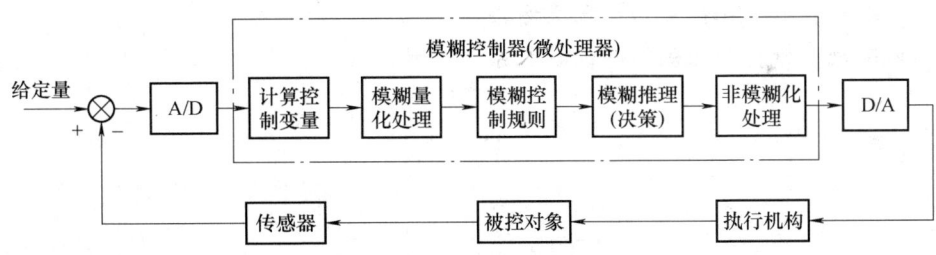

图 6-22 模糊控制的基本原理

模糊控制器的控制规则由计算机的程序实现，微机通过采样获取被控制量的精确值，然后将此量与给定值比较得到误差信号正值（在此取误差反馈）。一般误差信号正值作为模糊控制器的输入量。把误差信号 E 精确量进行模糊化变为模糊量，误差正值的模糊量可用响应的模糊语言表示。至此，得到了误差 E 的模糊语言集合的一个子集 e（e 实际上是一个模糊矢量）。再由 e 和模糊控制规则 R（模糊关系）根据推理合成规则进行决策，得到模糊控制量为

$$u = e \circ R \tag{6-75}$$

式中 u——一个模糊量；

$\circ$——模糊矩阵的乘法运算，它与普通矩阵的乘法运算过程相似，只不过将两数间相乘改为"取小"，相加改为"取大"运算而已。

为了对被控对象施加精确的控制，还需要将模糊量转换为精确量，这一步骤在图 6-22 中称为非模糊化处理（也称为去模糊化或清晰化处理）。得到了精确的数字控制量后，经数模转换，变为精确的模拟量后送给执行机构，对被控对象进行控制。

综上所述，模糊控制算法可概括为以下四个步骤：
1) 根据本次采样得到的系统输出值，计算所选择系统的输入变量。
2) 将输入变量的精确值变为模糊量。
3) 根据输入模糊变量和模糊控制规则，按模糊推理合成模糊控制规则去计算控制量。
4) 由上述得到的控制变量（模糊量）计算精确的控制量。

本章小结

本章研究机器人控制问题。首先讨论工业机器人控制的特点及分类。在此之后，详细介绍了机器人的位置控制、力控制、现代控制技术、智能控制技术等。机器人系统为现代控制理论、智能控制提供了重要的研究背景，随着机器人的工作速度和精度的提高，很多现代控制理论应用到机器人控制领域，以解决高度非线性及强耦合系统的控制问题，此类研究日益广泛。

思考题与习题

6-1 工业机器人通常有哪些控制方式？
6-2 简述工业机器人力/位混合控制的原理及方法。
6-3 什么是智能控制？机器人控制系统为什么要采用智能控制？
6-4 简述机器人模糊控制的原理及方法。
6-5 试举例分析一个模糊控制机器人系统实例。

第 7 章

工业机器人的轨迹规划

导读

　　机器人学的一个基本问题是解决某个预定的任务而规划机器人的动作,然后在机器人执行完成那些动作所需的命令时控制它。这里,规划的意思就是机器人在行动前确定一系列动作(做决策),这种动作的确定可用问题求解系统来解决,给定初始情况后,该系统可达到某一规定的目标。因此,规划就是指机器人为达到目标而需要的行动过程的描述。

本章知识点

- 轨迹规划的基本原理
- 关节空间的轨迹规划
- 直角坐标的轨迹规划

7.1 机器人轨迹规划

　　机器人的轨迹泛指机器人在运动过程中的运动轨迹,即运动点的位移、速度和加速度。

　　机器人在作业空间要完成给定的任务,其末端执行器必须按一定的轨迹进行。轨迹的生成一般是先给定轨迹上的若干个点,将其通过运动学反解映射到关节空间,对关节空间中的相应点建立运动方程,然后依据这些运动方程对关节进行插值,从而实现作业空间的运动要求,这一过程通常称为轨迹规划。机器人运动轨迹的描述一般是对其末端执行器位姿的描述,此位姿可与关节变量相互转换。控制轨迹也就是按时间来控制末端执行器或工具中心点走过的空间路径。

7.1.1 轨迹规划的一般性问题

　　机器人的作业可以描述成工具坐标系相对于工件坐标系的一系列运动。用工具坐标系相对于工件坐标系的运动来描述作业路径是一种通用的作业描述方法。它把作业路径描述与具体的机器人、末端执行器或工具分离开来,形成了模型化的作业描述方法,从而使这种描述既适用于不同的机器人,也适用于在同一机器人上装夹不同规格的工具。

在轨迹规划中，为叙述方便，也常用点来表示机器人的状态，或用它来表示工具坐标系的位姿，如起始点、终止点就分别表示工具坐标系的起始位姿及终止位姿。更详细地描述运动时，不仅要规定机器人的起始点和终止点，而且要给出介于起始点和终止点之间的中间点，也称路径点。这时，运动轨迹除了位姿约束外，还存在各路径点之间的时间分配问题。例如，在规定路径的同时，必须给出两个路径点之间的运动时间。

机器人的运动应当平稳，不平稳的运动将加剧机械部件的磨损，并导致机器人的振动和撞击。为此，要求所选择的运动轨迹描述函数必须连续，而且它的一阶导数（速度）、二阶导数（加速度），有时甚至三阶导数（加加速度）也应该连续。

轨迹规划既可以在关节空间进行，也可以在直角坐标空间中进行。在关节空间进行轨迹规划是指将所有关节变量表示为时间的函数，用这些关节函数及其一阶、二阶导数描述机器人预期的运动；在直角坐标空间中进行轨迹规划是指将末端执行器位姿、速度和加速度表示为时间的函数，而相应的关节位置、速度和加速度由末端执行器信息导出。

7.1.2 轨迹的生成方式

运动轨迹的描述或生成有以下几种方式：

1. 示教-再现运动

这种运动由人手把手示教机器人，定时记录各关节变量，得到沿路径运动时各关节的位移时间函数 $q(t)$；再现时，按内存中记录的各点的值产生序列动作。

2. 关节空间运动

这种运动直接在关节空间里进行。由于动力学参数及其极限值直接在关节空间里描述，所以用这种方式求最短时间运动很方便。

3. 空间直线运动

这是一种直角空间里的运动，它便于描述空间操作，计算量小，适于简单的作业。

4. 空间曲线运动

这是一种在描述空间中用明确的函数表达的运动，如圆周运动、螺旋运动等。

7.1.3 轨迹规划涉及的主要问题

为了描述一个完整的作业，往往需要将上述运动进行组合。通常这种规划涉及以下几方面的问题：

1）对工作对象及作业进行描述，用示教方法给出轨迹上的若干个节点。

2）用一条轨迹通过或逼近节点，此轨迹可按一定的原则优化，如加速度平滑得到直角空间的位移时间函数 $X(t)$ 或关节空间的位移时间函数 $q(t)$；在节点之间如何进行插补，即根据轨迹表达式在每一个采样周期实时计算轨迹上点的位姿和各关节变量值。

3）以上生成的轨迹是机器人位置控制的给定值，可以据此并根据机器人的动态参数设计一定的控制规律。

4）规划机器人的运动轨迹时，尚需明确其路径上是否存在障碍约束的组合。一般将机器人的规划与控制方式分为四种情况，见表7-1。

表 7-1 机器人的规划与控制方式

方式		障碍约束	
		有	无
路径约束	有	离线无碰撞路径规划 + 在线路径跟踪	离线路径规划 + 在线路径跟踪
	无	位置控制 + 在线障碍探测和避障	位置控制

7.1.4 关节空间描述与直角坐标空间描述

考虑一个6轴机器人从空间位置 A 点向 B 点运动。使用第3章中导出的机器人逆运动方程，可以计算出机器人到达新位置时关节的总位移，机器人控制器利用所算出的关节值驱动机器人到达新的关节值，从而使机器人手臂运动到新的位置。采用关节量来描述机器人的运动称为关节空间描述。正如后面将看到的，虽然在这种情形下最终将机器人移动到期望位置，但机器人在这两点之间的运动是不可预知的。

假设在 A、B 两点之间画一条直线，希望机器人从 A 点沿该直线运动到 B 点。为达到此目的，必须将直线分为许多小段，并使机器人的运动经过所有中间点。为完成这一任务，在每个中间点处都要求解机器人的逆运动方程，计算出一系列的关节量，然后由控制器驱动关节到达下一目标点。当所有线段都完成时，机器人便到达所希望的 B 点。然而在该例中，与前面提到的关节空间描述不同，这里机器人在所有时刻的位形运动都是已知的。机器人所产生的运动序列首先在直角坐标空间中进行描述，然后转化为关节空间描述。由这个简单例子可以看出，直角坐标空间描述的计算量远大于关节空间描述，然而使用该方法能得到一条可控且可预知的路径。关节空间和直角坐标空间这两种描述都很有用，且都已经应用于工业部门，然而每种方法各有其长处与不足。

由于直角坐标空间轨迹在常见的直角坐标空间中表示，因此非常直观，人们能很容易地看到机器人末端执行器的轨迹。然而，直角坐标空间轨迹计算量大，需要较快的处理速度才能得到类似关节空间轨迹的计算精度。此外，虽然在直角坐标空间的轨迹非常直观，但难以确保不存在奇点。稍不注意就可能使指定的轨迹穿入机器人自身，或使轨迹到达工作空间之外，这些自然是不可能实现的，而且也不可能求解。由于在机器人运动之前无法事先得知其位姿，这种情况完全有可能发生。此外，两点间的运动有可能使机器人关节值发生突变，这也是不可能实现的。对于上述一些问题，可以指定机器人必须通过的中间点来避开障碍物或其他奇点。

7.1.5 轨迹规划的基本原理

这里以简单的两自由度机器人为例，用来帮助理解在关节空间和在直角坐标空间进行轨迹规划的基本原理。如图7-1所示，要求机器人从 A 点运动到 B 点。机器人在 A 点时的构型为 $\alpha=20°$，$\beta=30°$。假设已算出机器人达到 B 点时的构型是 $\alpha=40°$，$\beta=80°$，同时已知机器人两个关节运动的最大速率均为 $10°/s$。机器人从 A 点运动到 B 点的一种方法是使所有关节都以其最大角速度运动，这就是说，机器人下方的连杆用2s即可完成运动，而如图7-1所示，上方的连杆还需再运动3s。图7-1中画出了臂部末端的轨迹，可见其路径是不规则的，臂部末端走过的距离也是不均匀的。

假设机器人臂部两个关节的运动用一个公共因子做归一化处理，使其运动范围较小的关

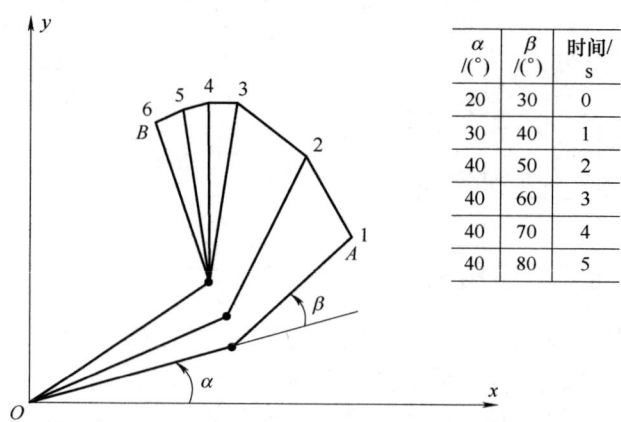

图 7-1　两自由度机器人关节空间的非联动运动

节运动成比例地减慢，以使得两个关节能够同步地开始和结束运动。这时两个关节以不同速度一起连续运动，即 α 每秒改变 4°，β 每秒改变 10°。从图 7-2 中可以看出，得出的轨迹与前面不同，该运动轨迹的各部分比以前更加均衡，但是所得路径仍然是不规则的（不同于前一种情况）。这两个例子都是在关节空间中进行规划的，所需的计算仅是运动终点的关节量，而第二个例子中还进行了关节速率的归一化处理。

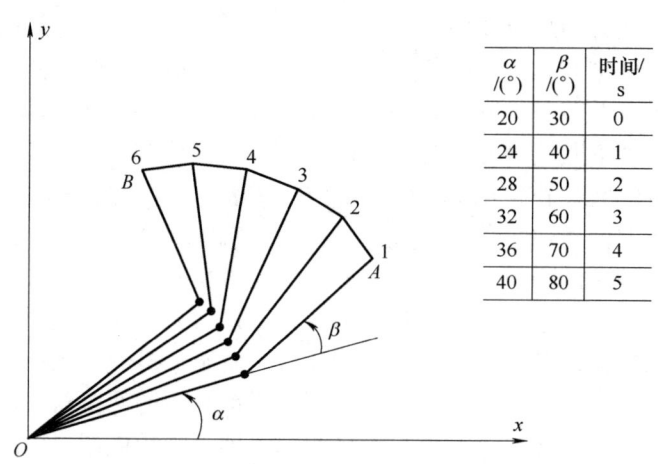

图 7-2　两自由度机器人关节空间的联动运动

现在假设希望机器人的臂部末端可以沿 A 点到 B 点之间的一条已知路径运动，比如说沿一条直线运动。最简单的解决方法是首先在 A 点和 B 点之间画一直线，再将这条线等分为几部分，如分为 5 份，然后如图 7-3 所示计算出各点所需要的 α 和 β 值，这一过程称为在 A 点和 B 点之间插值。可以看出，这时路径是一条直线，而关节角并非均匀变化。虽然得到的运动是一条已知的直线轨迹，但必须计算直线上每点的关节量。显然，如果路径分割的部分太少，将不能保证机器人在每段内严格地沿直线运动。为获得更好的沿循精度，就需要对路径进行更多的分割，也就需要计算更多的关节点。由于机器人轨迹的所有运动段都是基于直角坐标进行计算的，因此它是直角坐标空间的轨迹。

在前面的例子中均假设机器人的驱动装置能够提供足够大的功率来满足关节所需的加速

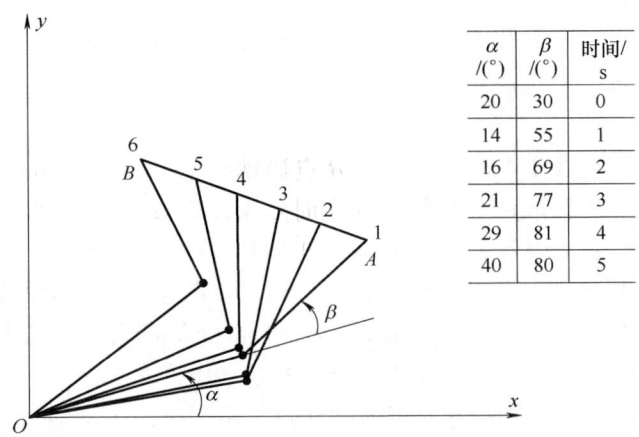

图 7-3 两自由度机器人的直角坐标空间运动

和减速,如前面假设臂部在路径第一段运动的一开始就可立刻加速到所需的期望速度。如果这一点不成立,机器人所沿循的将是一条不同于前面所设想的轨迹,即在加速到期望速度之前的轨迹将稍稍落后于设想的轨迹。此外,需要注意的是两个连续关节量之间的差值大于规定的最大关节速度10°/s(例如,在 0 和 1 时刻之间,关节必须移动25°)。显然,这是不可能达到的。同样必须注意,关节 1 在向上移动前首先向下移动。

为了改进这一状况,可对路径进行不同方法的分段,即臂部开始加速运动时的路径分段较小,随后使其以恒定速度运动,而在接近 B 点时再在较小的分段上减速,如图 7-4 所示。当然,对于路径上的每一点仍须求解机器人的逆运动学方程,这与前面几种情况类似。如在该例中,不是将直线段 AB 等分,而是在开始时基于方程 $x = (1/2)at^2$ 进行划分,直到其到达所需要的运动速度 $v = at$ 时为止,臂部末端运动则依据减速过程类似地进行划分。

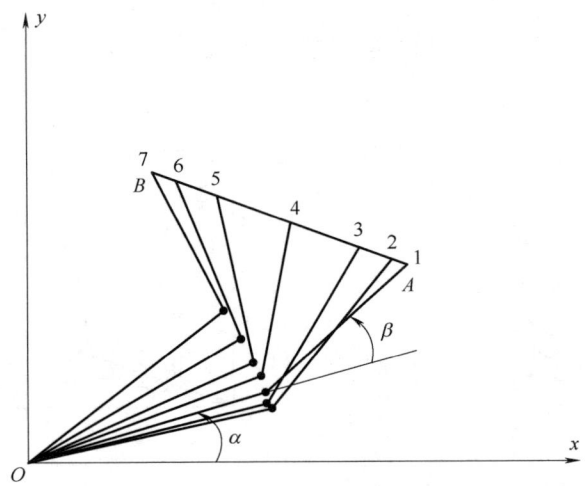

图 7-4 具有加速和减速段的轨迹规划

还有一种情况是轨迹规划的路径并非直线,而是某个期望路径(如二次曲线),这时必须基于期望路径计算出每一段的坐标,进而计算相应的关节量,才能实现沿循期望路径运动。

至此只考虑了机器人在 A 和 B 两点间的运动，而在多数情况下，可能要求机器人顺序通过许多点，包括中间点和过渡点。下面进一步讨论多点间的轨迹规划，并最终实现连续运动。

如图 7-5 所示，假设机器人从 A 点经过 B 点运动到 C 点。一种方法是从 A 点向 B 点先加速，再匀速，接近 B 点时减速并在到达 B 点时停止，然后由 B 点到 C 点重复这一个过程。这种一停一走的不平稳运动包含了不必要的停止动作。一种可行方法是将 B 点两边的运动进行平滑过渡。机器人先抵达 B 点（如果必要的话可以减速），然后沿着平滑过渡的路径重新加速，最终抵达并停在 C 点。平滑过渡的路径使机器人的运动更加平稳，降低了机器人的应力水平，并且减少了能量消耗。如果机器人的运动由许多段组成，所有的中间运动段都可以采用过渡的方式平滑连接在一起。但必须注意，由于采用了平滑过渡曲线，机器人经过的可能不是原来的 B 点而是 B' 点，如图 7-5a 所示。如果要求机器人精确经过 B 点，可事先设定一个不同的 B'' 点，使得平滑过渡曲线正好经过 B 点，如图 7-5b 所示。另一种方法如图 7-6 所示，在 B 点前后各加过渡点 D 和 E，使得 B 点落在 DE 连线上，确保机器人能够经过 B 点。

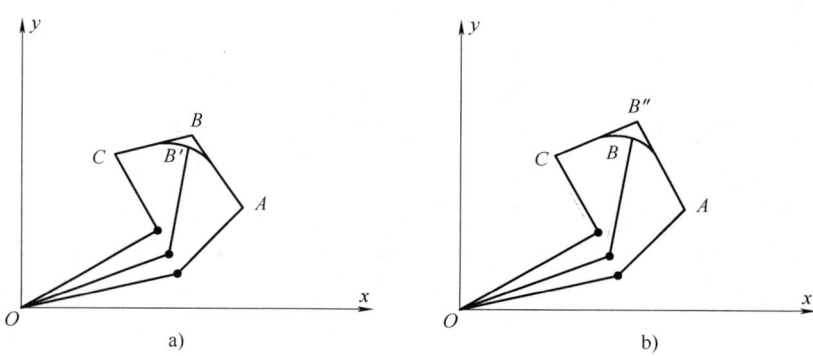

图 7-5　路径上不同运动段的平滑过渡

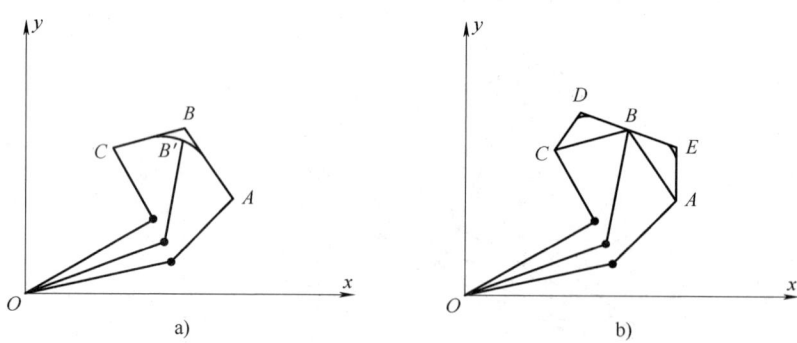

图 7-6　保证机器人运动通过中间规定点的替代方案

下一节将详细讨论不同的轨迹规划方法。通常，使用高次多项式来表示两条路径之间每点的位置速度和加速度。规划路径后，控制器通过路径信息求解逆运动学方程得到关节量，并操纵机器人做相应的运动。如果机器人的路径非常复杂，无法用一个方程来表示，这时可手动移动机器人,并记录下每个关节的运动状态,并将所记录的关节值用于以后驱动机器人的运动。对于示教机器人,常常采用这种方式来完成诸如汽车喷漆、复杂形状的焊缝及其他类似的任务。

7.2 关节空间的轨迹规划

本节将研究如何利用受控参数在关节空间中规划机器人的运动,有许多不同阶次的多项式函数及抛物线过渡的线性函数可用于实现这个目的。下面将具体讨论在关节空间中轨迹规划的一些方法。特别需要说明的是,这些轨迹规划的给定点均为关节量而非直角坐标量。

7.2.1 三次多项式轨迹规划

这里假设机器人的初始位姿是已知的,通过求解逆运动学方程可求得机器人期望末端位姿对应的关节角。然而,机器人每个运动都必须单独规划。若考虑其中某一关节在运动开始时刻 t_i 的角度为 θ_i,希望该关节在时刻 t_f 运动到新的角度 θ_f。规划轨迹的一种方法是使用多项式函数,以使得初始和末端的边界条件与已知条件相匹配。这些已知条件为 θ_i 和 θ_f 及机器人在运动开始和结束时的速度,这些速度通常为 0 或其他已知数值,这 4 个已知信息可用来求解下列三次多项式方程中的 4 个未知量:

$$\theta(t) = c_0 + c_1 t + c_2 t^2 + c_3 t^3 \tag{7-1}$$

其中,初始和末端条件是

$$\begin{cases} \theta(t_i) = \theta_i \\ \theta(t_f) = \theta_f \\ \dot{\theta}(t_i) = 0 \\ \dot{\theta}(t_f) = 0 \end{cases} \tag{7-2}$$

对式(7-1)的多项式求一阶导数得到

$$\dot{\theta}(t_i) = c_1 + 2c_2 t + 3c_3 t^2 \tag{7-3}$$

将初始和末端条件代入式(7-1)和式(7-3)得到

$$\begin{cases} \theta(t_i) = c_0 = \theta_i \\ \theta(t_f) = c_0 + c_1 t_f + c_2 t_f^2 + c_3 t_f^3 \\ \dot{\theta}(t_i) = c_1 = 0 \\ \dot{\theta}(t_f) = c_1 + 2c_2 t_f + 3c_3 t_f^2 = 0 \end{cases} \tag{7-4}$$

通过联立求解这 4 个方程,得到方程中 4 个未知的数值。这样可计算出任意时刻的关节位置,控制器则据此驱动关节到达所需的位置。尽管每一关节是用同样步骤分别进行轨迹规划的,但所有关节自始至终都是同步驱动的。如果机器人初始和末端的速率不为 0,同样可以通过给定数据得到未知的数值。因此,三次多项式能用于产生驱动每个关节的运动轨迹。

如果要求机器人依次地通过两个以上的点,那么每一段末端求解出的边界速度和位置都可用作下一段的初始条件,每一段的轨迹均可用类似的三次多项式加以规划。然而,尽管位置和速度都是连续的,但加速度并不连续,这也可能会产生问题。

例 7-1 要求一个 6 轴机器人的第一关节在 5s 内从初始角 30°运动到终端角 75°,用三次多项式计算在第 1s、2s、3s 和第 4s 时关节的角度。

解 将边界条件代入式（7-4）可得

$$\begin{cases} \theta(t_i) = c_0 = 30 \\ \theta(t_f) = c_0 + c_1(5) + c_2(5^2) + c_3(5^3) = 75 \\ \dot{\theta}(t_i) = c_1 = 0 \\ \dot{\theta}(t_f) = c_1 + 2c_2(5) + 3c_3(5^2) = 0 \end{cases} \rightarrow \begin{cases} c_0 = 30 \\ c_1 = 0 \\ c_2 = 5.4 \\ c_3 = -0.72 \end{cases}$$

由此得到位置、速度和加速度的多项式方程如下

$$\begin{cases} \theta(t) = 30 + 5.4t^2 - 0.72t^3 \\ \dot{\theta}(t) = 10.8t - 2.16t^2 \\ \ddot{\theta}(t) = 10.8 - 4.32t \end{cases}$$

代入时间求得

$$\theta(1) = 34.68°, \ \theta(2) = 45.84°, \ \theta(3) = 59.16°, \ \theta(4) = 70.32°$$

该关节的角位置、角速度和角加速度如图 7-7 所示。可以看出，本例中需要的初始加速度为 $10.8°/s^2$，运动末端的角加速度为 $-10.8°/s^2$。

例 7-1 **MATLAB 详解**

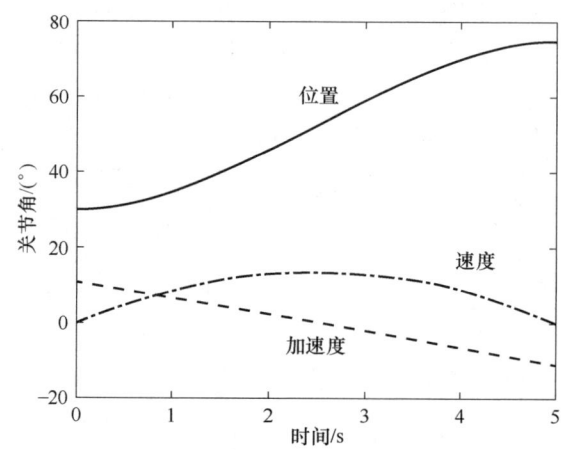

图 7-7 例 7-1 中的关节位置、速度和加速度

例 7-2 假设例 7-1 中的机械手臂部末端在前面运动的基础上继续运动，要求在其后的 3s 内关节角到达 $105°$。画出该运动的位置、速度和加速度曲线。

解 已经知道第一运动段末端的关节位置和速度，将它们作为下一运动段的初始条件，可得

$$\begin{cases} \theta(t) = c_0 + c_1 t + c_2 t^2 + c_3 t^3 \\ \dot{\theta}(t) = c_1 + 2c_2 t + 3c_3 t^2 \\ \ddot{\theta}(t) = 2c_2 + 6c_3 t \end{cases}$$

其中，

$$\begin{cases} t_i = 0 \text{ 时}, \theta_i = 75, \dot{\theta}_i = 0 \\ t_f = 3 \text{ 时}, \theta_f = 105, \dot{\theta}_f = 0 \end{cases}$$

可以求得
$$\begin{cases} c_0 = 75, c_1 = 0, c_2 = 10, c_3 = -2.222 \\ \theta(t) = 75 + 10t^2 - 2.222t^3 \\ \dot{\theta}(t) = 20t - 6.666t^2 \\ \ddot{\theta}(t) = 20 - 13.332t \end{cases}$$

图 7-8 画出了整个运动过程的位置、速度和加速度，可以看出边界条件恰恰是所期望的值。同时发现：虽然速度曲线是连续的，但在中间点上速度曲线的斜率由负变正导致了加速度的突变，使得机器人关节冲击较大。机器人能否产生这样的加速度依赖于机器人自身的能力。为保证机器人的加速度不超过其自身能力，在计算到达目标所需时间时必须考虑加速度限制。当 $\dot{\theta}_i = 0$ 和 $\dot{\theta}_f = 0$ 时，最大加速度将是

$$|\ddot{\theta}|_{\max} = \left| \frac{6(\theta_f - \theta_i)}{(t_f - t_i)^2} \right|$$

据此可计算出机器人到达目标点所需要的时间。这里面要注意的是，中间点的速度不必为 0，中间点的上一段的末端速度就等于下一段的初始速度。必须使用这些值来计算三次多项式的系数。

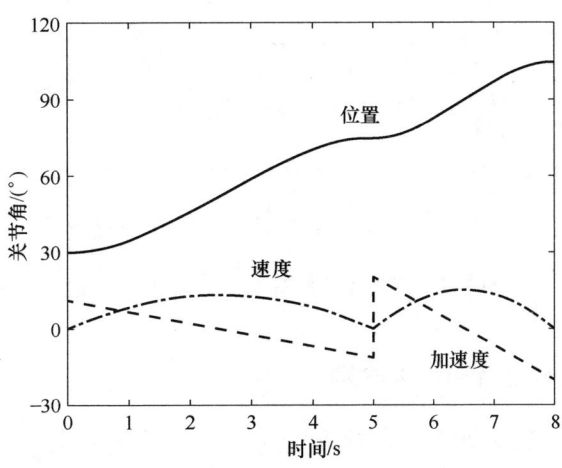

图 7-8　例 7-2 的关节位置、速度和加速度

7.2.2　五次多项式轨迹规划

在前一小节中设计的加速度也许无法在实际过程中实现。因此，需要指定所能获取的最大加速度值。除了指定运动段的起点和终点的位置和速度外，也可指定该运动段的起点和终点加速度。这样，边界条件的数量就增加到了 6 个，相应地可采用如下五次多项式来规划轨迹：

$$\begin{cases} \theta(t) = c_0 + c_1 t + c_2 t^2 + c_3 t^3 + c_4 t^4 + c_5 t^5 \\ \dot{\theta}(t) = c_1 + 2c_2 t + 3c_3 t^2 + 4c_4 t^3 + 5c_5 t^4 \\ \ddot{\theta}(t) = 2c_2 + 6c_3 t + 12c_4 t^2 + 20c_5 t^3 \end{cases} \quad (7-5)$$

根据这些方程，可以通过位置、速度和加速度边界条件计算出五次多项式的系数。

例 7-3 同例 7-1，且已知初始加速度和末端减速度均为 $5°/s^2$。

解 由例 7-1 和给出的加速度值得到

$$\theta_1 = 30°, \dot{\theta}_i = 0°/s, \ddot{\theta}_i = 5°/s^2, \theta_f = 75°, \dot{\theta}_f = 0°/s, \ddot{\theta}_f = -5°/s^2$$

将初始和末端边界条件代入式（7-5），得出

$$c_0 = 30, c_1 = 0, c_2 = 2.5, c_3 = 1.6, c_4 = -0.58, c_5 = 0.0464$$

进而得到如下运动方程

$$\begin{cases} \theta(t) = 30 + 2.5t^2 + 1.6t^3 - 0.58t^4 + 0.0464t^5 \\ \dot{\theta}(t) = 5t + 4.8t^2 - 2.32t^3 + 0.232t^4 \\ \ddot{\theta}(t) = 5 + 9.6t - 6.96t^2 + 0.928t^3 \end{cases}$$

图 7-9 所示为机器人关节的位置、速度和加速度曲线，其最大加速度为 $8.7°/s^2$。

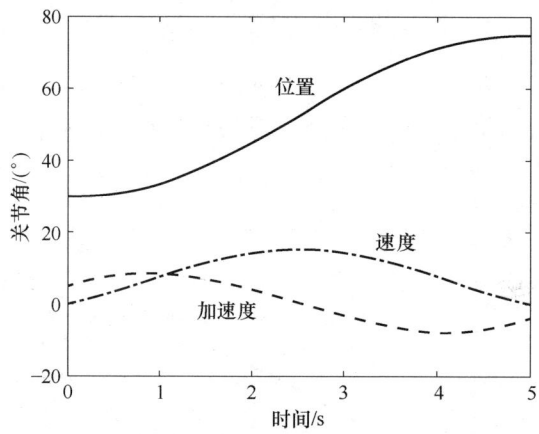

图 7-9 例 7-3 的关节位置、速度和加速度

7.2.3 抛物线过渡的线性运动轨迹

在关节空间进行轨迹规划的另一种方法是如 7.1.2 节所讨论的那样，让机器人关节以恒定速度在起点和终点位置之间运动，轨迹方程相当于一次多项式，其速度是常数，加速度为零。这表示在运动段的起点和终点的加速度必须为无穷大，才能在边界点瞬间产生所需的速度。为避免这一情况，线性运动段在起点和终点处可以用抛物线来进行过渡，从而产生如图 7-10 所示的连续位置和速度。假设在 $t_i = 0$ 和 t_f 时刻对应的起点和终点位置为 θ_i 和 θ_f，抛物线与直线部分的过渡段在时间 t_b 和 $t_f - t_b$ 处是对称的，由此得到

$$\begin{cases} \theta(t) = c_0 + c_1 t + \frac{1}{2}c_2 t^2 \\ \dot{\theta}(t) = c_1 + c_2 t \\ \ddot{\theta}(t) = c_2 \end{cases} \tag{7-6}$$

显然，这时抛物线运动段的加速度是一常数，并在公共点 A 和 B（称这些点为节点）上产生连续的速度。将边界条件代入抛物线段的方程，得到

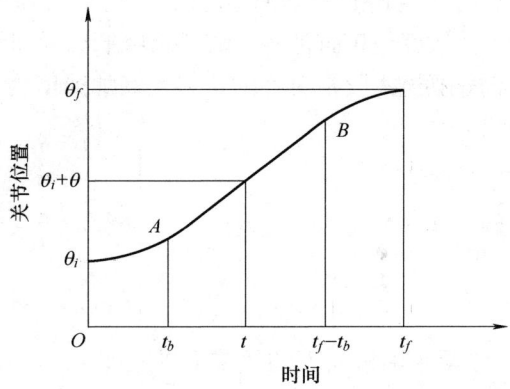

图 7-10 抛物线过渡的线性段规划办法

$$\begin{cases} \theta(t=0) = \theta_i = c_0 \\ \dot{\theta}(t=0) = 0 = c_1 \\ \ddot{\theta}(t) = c_2 \end{cases} \rightarrow \begin{cases} c_0 = \theta_i \\ c_1 = 0 \\ c_2 = \ddot{\theta} \end{cases}$$

从而给出抛物线段的方程为

$$\begin{cases} \theta(t) = \theta_i + \frac{1}{2}c_2 t^2 \\ \dot{\theta}(t) = c_2 t \\ \ddot{\theta}(t) = c_2 \end{cases} \tag{7-7}$$

显然，对于直线段，速度将保持为常值，它可以根据驱动器的物理性能来加以选择。将零初速度、线性段常值速度 ω 以及零末端速度代入到式（7-7）中，可以得到 A 点、B 点以及终点的关节位置和速度如下

$$\begin{cases} \theta_A = \theta_i + \frac{1}{2}c_2 t_b^2 \\ \dot{\theta}_A = c_2 t_b = \omega \\ \theta_B = \theta_A + \omega[(t_f - t_b) - t_b] = \theta_A + \omega(t_f - 2t_b) \\ \dot{\theta}_B = \dot{\theta}_A = \omega \\ \theta_f = \theta_B + (\theta_A - \theta_i) \\ \dot{\theta}_f = 0 \end{cases} \tag{7-8}$$

由式（7-8）可以求得

$$\begin{cases} c_2 = \frac{\omega}{t_b} \\ \theta_f = \theta_i + c_2 t_b^2 + \omega(t_f - 2t_b) \end{cases} \rightarrow \theta_f = \theta_i + \frac{\omega}{t_b} t_b^2 + \omega(t_f - 2t_b) \tag{7-9}$$

进而由式（7-9）可以解得过渡时间

$$t_b = \frac{\theta_i - \theta_f + \omega t_f}{\omega} \tag{7-10}$$

显然，t_b 不能大于总时间 t_f 的一半，否则在整个过程中将没有直线运动段而只有抛物线

加速段和抛物线减速段。由式（7-10）可以计算出对应的最大速度 $\omega_{max}=2(\theta_f-\theta_i)/t_f$。应该说明，如果运动段的初始时间不是 0 而是 t_a，则可采用平移时间轴的办法使初始时间为 0。

终点的抛物线段与起点的抛物线段是对称的，只是其加速度为负。因此可表示为

$$\theta(t)=\theta_f-\frac{1}{2}c_2(t_f-t)^2,\text{其中 }c_2=\frac{\omega}{t_b}\rightarrow\begin{cases}\theta(t)=\theta_f-\frac{\omega}{2t_b}(t_f-t)^2\\ \dot{\theta}(t)=\frac{\omega}{t_b}(t_f-t)\\ \ddot{\theta}(t)=-\frac{\omega}{t_b}\end{cases} \quad (7\text{-}11)$$

例 7-4 在例 7-1 中，假设 6 轴机器人的关节 1 以速度 10°/s 在 5s 内从初始角 $\theta_i=30°$，运动到目的角 $\theta_f=70°$。求解所需的过渡时间并绘制关节位置、速度和加速度曲线。

解 由式（7-7）、式（7-10）和式（7-11），得到

$$t_b=\frac{\theta_i-\theta_f+\omega_1 t_f}{\omega_1}=\frac{30-70+10\times 5}{10}\text{s}=1\text{s}$$

$\theta=\theta_i$ 到 θ_A
$$\begin{cases}\theta=30+5t^2\\ \dot{\theta}=10t\\ \ddot{\theta}=10\end{cases}$$

$\theta=\theta_A$ 到 θ_B
$$\begin{cases}\theta=\theta_A+10(t-1)\\ \dot{\theta}=10\\ \ddot{\theta}=0\end{cases}$$

$\theta=\theta_B$ 到 θ_f
$$\begin{cases}\theta=70-5(5-t)^2\\ \dot{\theta}=10(5-t)\\ \ddot{\theta}=-10\end{cases}$$

图 7-11 所示为该关节的位置、速度和加速度曲线。

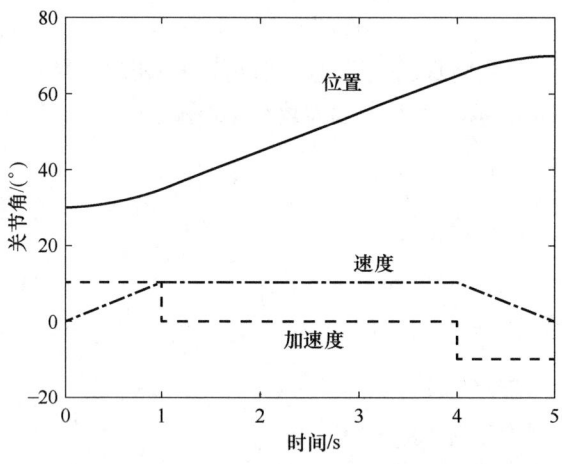

图 7-11 例 7-4 中关节 1 的位置、速度和加速度

7.2.4 具有中间点及用抛物线过渡的线性运动轨迹

如果运动段不止一个，即机器人运动到第一运动段末端点后，还将向下一点运动，那么该点可能是终点也可能是另一中间点。正如前面所讨论的，要采用各种运动段间过渡方法来避免时停时走的运动。这里也是这样，机器人在初始时刻 t_0 的关节角是已知的，以及使用逆运动方程可以求得中间点和终点的关节角。在各段之间进行过渡时，使用每一点的边界条件来计算抛物线段的系数。例如，已知机器人开始运动时关节的

位置和速度,并且在第一运动段的末端点,位置和速度必须连续,它们可作为中间点的边界条件,进而可对新的运动段进行计算,重复这一过程直至计算出所有运动段并到达终点。显然,对于每个运动段,必须基于给定的关节速度求出新的 t_b,同时还须检验加速度值是否超过限定值。

7.2.5 高次多项式运动轨迹

除了指定起点和终点外,当指定其他中间点(包括抬升点和着陆点等)时,可以通过匹配两个运动段上每一点的位置、速度和加速度来规划出一条连续的轨迹。利用起点和终点边界条件以及中间点的信息,可以采用如下形式的高次多项式来规划轨迹并使其通过所有的指定点

$$\theta(t) = c_0 + c_1 t + c_2 t^2 + \cdots + c_{n-1} t^{n-1} + c_n t^n \tag{7-12}$$

然而,对路径上的每一点都求解高次多项式方程需要大量的计算。一个替代方法是,可在轨迹不同的运动段采用不同的低次多项式,然后将它们平滑过渡地连在一起以满足各点的边界条件。例如,可使用 4-3-4 轨迹、3-5-3 轨迹或五段三次多项式轨迹等来代替七次多项式轨迹。对于 4-3-4 轨迹,首先使用四次多项式来规划从起点到第一中间点(如抬升点)间的轨迹,再用三次多项式来规划两个中间点(如抬升点和下降点)之间的轨迹,最后再用四次多项式来规划从最后一个中间点(如下降点)到终点之间的轨迹。类似地,3-5-3 轨迹可依次用于初始点和第一中间点、相邻两个中间点以及最后一个中间点和终点之间的轨迹规划。

下面仔细考察一条 4-3-4 轨迹的具体规划过程。一个三次多项式有四个未知系数,一个四次多项式有五个未知系数,一个五次多项式有六个未知系数。4-3-4 轨迹和 3-5-3 轨迹总共需要求解 14 个未知系数。对于 4-3-4 轨迹,未知系数的形式如下

$$\begin{cases} \theta(t)_1 = a_0 + a_1 t + a_2 t^2 + a_3 t^3 + a_4 t^4 \\ \theta(t)_2 = b_0 + b_1 t + b_2 t^2 + b_3 t^3 \\ \theta(t)_3 = c_0 + c_1 t + c_2 t^2 + c_3 t^3 + c_4 t^4 \end{cases} \tag{7-13}$$

此外,还有如下的 14 个边界和过渡条件可用于求解所有的未知系数并最终规划出这条轨迹:

1)已知初始位置 θ_1。
2)给定初始速度。
3)给定初始加速度。
4)已知第一个中间点位置 θ_2,它也是第一运动段四次多项式轨迹的末端位置。
5)第一个中间点的位置必须和三次多项式轨迹的初始位置相同,以确保运动的连续性。
6)中间点的速度保持连续。
7)中间点的加速度保持连续。
8)已知第二中间点的位置 θ_n,它与三次多项式轨迹的末端位置相同。
9)第二中间点的位置必须和下一条四次多项式轨迹的初始位置相同。
10)下一个中间点的速度保持连续。
11)下一个中间点的加速度保持连续。

12）已知终点位置 θ_f。

13）给定终点速度。

14）给定终点加速度。

将整个运动的标准化全局时间变量表示为 t，而将第 j 个运动段的本地时间变量表示为 τ_j。再假设每一运动段的初始时间 $\tau_{ji}=0$，且给定每一运动段的终端本地时间 τ_{jf}。这表明所有运动段均起始于本地时间 $\tau_{ji}=0$，结束于给定的本地时间 τ_{jf}。基于前面的假设和数据，一条 4-3-4 次多项式运动轨迹和它们的导数可以表示如下：

1）在本地时间 $\tau_1=0$ 处，第一条四次多项式运动段产生的初值即为已知位置 θ_1，于是得出

$$\theta_1 = a_0 \tag{7-14}$$

2）在本地时间 $\tau_1=0$ 处，已给定第一运动段的初始速度，因此得出

$$\dot{\theta}_1 = a_1 \tag{7-15}$$

3）在本地时间 $\tau_1=0$ 处，已给定第一运动段的初始加速度，由此得出

$$\ddot{\theta}_1 = 2a_2 \tag{7-16}$$

4）第一中间点位置与第一运动段在本地时间 τ_{1f} 时的末端位置相同，于是有

$$\theta_2 = a_0 + a_1\tau_{1f} + a_2\tau_{1f}^2 + a_3\tau_{1f}^3 + a_4\tau_{1f}^4 \tag{7-17}$$

5）第一中间点的位置与三次多项式轨迹在本地时间 $\tau_2=0$ 时的初始位置相同，从而有

$$\theta_2 = b_0 \tag{7-18}$$

6）在中间点的速度保持连续，因此有

$$a_1 + 2a_2\tau_{1f} + 3a_3\tau_{1f}^2 + 4a_4\tau_{1f}^3 = b_1 \tag{7-19}$$

7）在中间点的加速度保持连续，因此有

$$2a_2 + 6a_3\tau_{1f} + 12a_4\tau_{1f}^2 = 2b_2 \tag{7-20}$$

8）已知第二个中间点的位置 θ_3 与第二段三次多项式轨迹在本地时间 τ_{2f} 时的末端位置相同，因此有

$$\theta_3 = b_0 + b_1\tau_{2f} + b_2\tau_{2f}^2 + b_3\tau_{2f}^3 \tag{7-21}$$

9）第二中间点的位置 τ_3 应与下一段四次多项式轨迹在本地时间 τ_3 时的初始位置相同，因此有

$$\theta_3 = c_0 \tag{7-22}$$

10）在中间点的速度保持连续，从而有

$$b_1 + 2b_2\tau_{2f} + 3b_3\tau_{2f}^2 = c_1 \tag{7-23}$$

11）在中间点的加速度保持连续，因此有

$$2b_2 + 6b_3\tau_{2f} = 2c_2 \tag{7-24}$$

12）已知最后运动段在本地时间 τ_{3f} 时的位置 θ_f，因此

$$\theta_4 = c_0 + c_1\tau_{3f} + c_2\tau_{3f}^2 + c_3\tau_{3f}^3 + c_4\tau_{3f}^4 \tag{7-25}$$

13）已知最后运动段在本地时间 τ_{3f} 时的速度，因此

$$\dot{\theta}_4 = c_1 + 2c_2\tau_{3f} + 3c_3\tau_{3f}^2 + 4c_4\tau_{3f}^3 \tag{7-26}$$

14）已知最后运动段在本地时间 τ_{3f} 时的加速度，因此

$$\ddot{\theta}_4 = 2c_2 + 6c_3\tau_{3f} + 12c_4\tau_{3f}^2 \tag{7-27}$$

式（7-14）~式（7-27）可以表示为如下的矩阵形式：

$$\begin{pmatrix} \theta_1 \\ \dot\theta_1 \\ \ddot\theta_1 \\ \theta_2 \\ \theta_2 \\ 0 \\ 0 \\ \theta_3 \\ \theta_3 \\ 0 \\ 0 \\ \theta_4 \\ \dot\theta_4 \\ \ddot\theta_4 \end{pmatrix} = \begin{pmatrix} 1 & 0 & 0 & 0 & 0 & 0 & 0 & 0 & 0 & 0 & 0 & 0 & 0 & 0 \\ 0 & 1 & 0 & 0 & 0 & 0 & 0 & 0 & 0 & 0 & 0 & 0 & 0 & 0 \\ 0 & 0 & 2 & 0 & 0 & 0 & 0 & 0 & 0 & 0 & 0 & 0 & 0 & 0 \\ 1 & \tau_{1f} & \tau_{1f}^2 & \tau_{1f}^3 & \tau_{1f}^4 & 0 & 0 & 0 & 0 & 0 & 0 & 0 & 0 & 0 \\ 0 & 0 & 0 & 0 & 0 & 1 & 0 & 0 & 0 & 0 & 0 & 0 & 0 & 0 \\ 0 & 1 & 2\tau_{1f} & 3\tau_{1f}^2 & 4\tau_{1f}^3 & 0 & -1 & 0 & 0 & 0 & 0 & 0 & 0 & 0 \\ 0 & 0 & 2 & 6\tau_{1f} & 12\tau_{1f}^2 & 0 & 0 & -2 & 0 & 0 & 0 & 0 & 0 & 0 \\ 0 & 0 & 0 & 0 & 0 & 1 & \tau_{2f} & \tau_{2f}^2 & \tau_{2f}^3 & 0 & 0 & 0 & 0 & 0 \\ 0 & 0 & 0 & 0 & 0 & 0 & 0 & 0 & 0 & 1 & 0 & 0 & 0 & 0 \\ 0 & 0 & 0 & 0 & 0 & 0 & 1 & 2\tau_{2f} & 3\tau_{2f}^2 & 0 & -1 & 0 & 0 & 0 \\ 0 & 0 & 0 & 0 & 0 & 0 & 0 & 2 & 6\tau_{2f} & 0 & 0 & -2 & 0 & 0 \\ 0 & 0 & 0 & 0 & 0 & 0 & 0 & 0 & 0 & 1 & \tau_{3f} & \tau_{3f}^2 & \tau_{3f}^3 & \tau_{3f}^4 \\ 0 & 0 & 0 & 0 & 0 & 0 & 0 & 0 & 0 & 0 & 1 & 2\tau_{3f} & 3\tau_{3f}^2 & 4\tau_{3f}^3 \\ 0 & 0 & 0 & 0 & 0 & 0 & 0 & 0 & 0 & 0 & 0 & 2 & 6\tau_{3f} & 12\tau_{3f}^2 \end{pmatrix} \times \begin{pmatrix} a_0 \\ a_1 \\ a_2 \\ a_3 \\ a_4 \\ b_0 \\ b_1 \\ b_2 \\ b_3 \\ c_0 \\ c_1 \\ c_2 \\ c_3 \\ c_4 \end{pmatrix}$$

(7-28)

或表示为

$$\boldsymbol{\theta} = \boldsymbol{MC} \tag{7-29}$$

和

$$\boldsymbol{C} = \boldsymbol{M}^{-1}\boldsymbol{\theta} \tag{7-30}$$

由式（7-29）通过计算 $\boldsymbol{M}$ 可以求出所有的未知系数，于是也就求得了三个运动段的运动方程，从而可控制机器人使其经过所有给定的位置。同样的方法可用于其他关节。

类似的方法可用来计算其他组合，如 3-5-3 轨迹或五段三次多项式轨迹的相关系数。

例7-5 设机器人采用 4-3-4 轨迹从起点经过两个中间点到达终点。给定该机器人的一个关节在三个运动段的位置、速度和运动时间，要求确定其轨迹方程，并绘制出该关节的位置、速度和加速度曲线。假设已知

$$\begin{cases} \theta_1 = 30°时，\dot\theta_1 = 0，\ddot\theta_1 = 0，\tau_{1i} = 0，\tau_{1f} = 2 \\ \theta_1 = 50°时，\tau_{2i} = 0，\tau_{2f} = 4 \\ \theta_1 = 90°时，\tau_{3i} = 0，\tau_{3f} = 2 \\ \theta_1 = 70°时，\dot\theta_4 = 0，\ddot\theta_4 = 0 \end{cases}$$

解 直接将已知数据代入式（7-28），或者代入式（7-14）~式（7-27），解得三个运动段的未知系数为

$$\begin{cases} a_0 = 30 & a_1 = 0 & a_2 = 0 & a_3 = 4.88 & a_4 = -1.19 \\ b_0 = 50 & b_1 = 20.48 & b_2 = 0.71 & b_3 = -0.83 \\ c_0 = 90 & c_1 = -13.81 & c_2 = -9.29 & c_3 = 9.64 & c_4 = -2.02 \end{cases}$$

从而得到三个运动段的方程为

$$\begin{cases} \theta(t)_1 = 30 + 4.88t^3 - 1.191t^4 & 0 < t \leq 2 \\ \theta(t)_2 = 50 + 20.477t + 0.714t^2 - 0.833t^3 & 0 < t \leq 4 \\ \theta(t)_3 = 90 - 13.81t - 9.286t^2 + 9.643t^3 - 2.024t^4 & 0 < t \leq 2 \end{cases}$$

图 7-12 所示为基于 4-3-4 轨迹的关节运动位置、速度和加速度曲线。

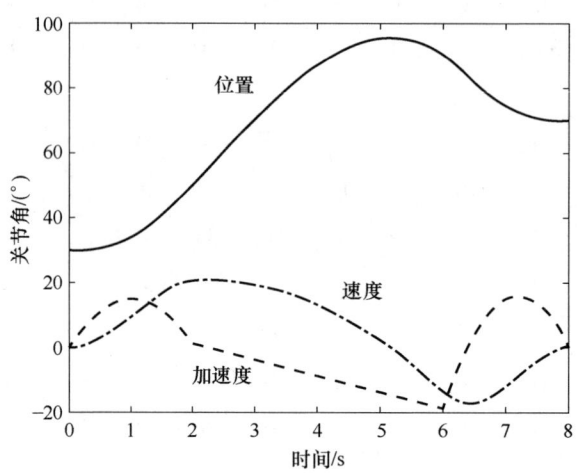

图 7-12 例 7-5 中基于 4-3-4 轨迹的关节运动位置、速度和加速度曲线

7.2.6 其他轨迹

除了前面介绍的方法外，还有许多其他方法可用于轨迹规划。这些方法包括棒-棒（bang-bang）函数轨迹、加速度曲线为方形或梯形函数轨迹以及正弦函数轨迹等。此外，还可以用其他多项式或其他函数来进行轨迹规划。若需了解关于这方面的更多信息，可参考本书后面列出的参考文献。

7.3 直角坐标空间的轨迹规划

正如讨论 7.1.2 节中的简单例子时所指出的，直角坐标空间轨迹与机器人相对于直角坐标系的运动有关，如机器人末端的位姿便是沿直角坐标空间的轨迹。除了简单的直线轨迹以外，也可用许多其他的方法来控制机器人在不同点之间沿一定轨迹运动。实际上所有用于关节空间轨迹规划的方法都可用于直角坐标空间的轨迹规划。最根本的差别在于，直角坐标空间轨迹规划必须反复求解逆运动学方程来计算关节角。也就是说，对于关节空间轨迹规划，规划函数生成的值就是关节值，而直角坐标空间轨迹规划函数生成的值是机器人末端的位姿，它们需要通过求解逆运动学方程才能转化为关节量。

以上过程可以简化为如下的计算循环：
1) 将时间增加一个增量 $t = t + \Delta t$。
2) 利用所选择的轨迹函数计算出末端的位姿。
3) 利用机器人逆运动学方程计算出对应末端位姿的关节量。
4) 将关节信息送给控制器。
5) 返回到循环的开始。

第7章 工业机器人的轨迹规划

在工业应用中,最实用的轨迹是点到点之间的直线运动,但也经常碰到多目标点(如有中间点)间需要平滑过渡的情况。

为实现一条开线轨迹,必须计算起点和终点位姿之间的变换,并将该变换划分为许多小段。起点构型 T_i 和终点构型 T_f 之间的总变换 R 可通过下面的方程进行计算

$$T_f = T_i R$$
$$T_i^{-1} T_f = T_i^{-1} T_i R$$
$$R = T_i^{-1} T_f \tag{7-31}$$

至少有以下三种不同方法可用来将该总变换转化为许多的小段变换。

1)在起点和终点之间有平滑的线性变换,因此需要大量很小的分段,从而产生了大量的微分运动。利用第3章导出的微分运动方程,可将末端坐标系在每个新段的位姿与微分运动 D、雅可比矩阵 J 及关节速度 D_θ 通过下列方程联系在一起。其中,T_new 表示前一时刻,T_old 表示下一时刻。

$$D = J D_\theta, \quad D_\theta = J^{-1} D$$
$$\mathrm{d}T = \Delta T$$
$$T_\text{new} = T_\text{old} + \mathrm{d}T$$

这一方法需要进行大量的计算,并且仅当雅可比矩阵的逆存在时才有效。

2)在起点和终点之间的变换分解为一个平移和两个旋转。平移是将坐标原点从起点移动到终点,第一个旋转是将末端坐标系与期望姿态对准,而第二个旋转是末端坐标系绕其自身轴转到最终的姿态。所有这三个变换同时进行。

3)在起点和终点之间的变换 R 分解为一个平移和一个绕 q 轴的旋转。平移仍是将坐标原点从起点移动到终点,而旋转则是将末端坐标系与最终的期望姿态对准。两个变换同时进行(图7-13)。

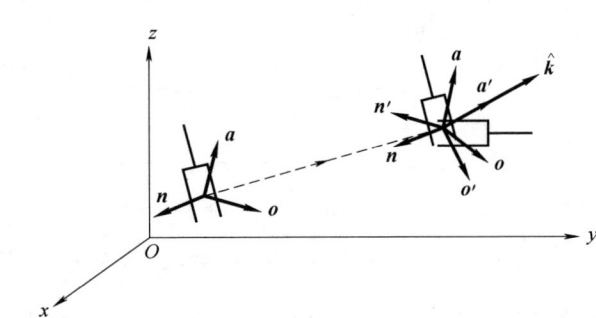

图7-13 直角坐标空间轨迹规划中起点和终点之间的变换

若需了解关于直角坐标空间轨迹规划的更多信息,可参考本书列出的参考文献。

例7-6 一个2自由度平面机器人要求从起点(3,10)沿直线运动到终点(8,14),假设路径分为10段,求出机器人的关节变量。每一根连杆的长度为9in(1in=25.4mm)。

解 直角坐标空间中起点和终点间的直线可以描述为

$$m = \frac{y-14}{x-8} = \frac{14-10}{8-3} = 0.8$$

或者

$$y = 0.8x + 7.6$$

中间点的坐标可以通过将起点和终点的 x 坐标和 y 坐标之差简单地加以分割得到，然后通过求解逆运动学方程得到对应每个中间点的两个关节角。结果见表 7-2 和图 7-14。

表 7-2　例 7-6 中机器人的坐标和关节角

x/in	y/in	$\theta_1/(°)$	$\theta_2/(°)$
3.0	10.0	18.8	109.0
3.5	10.4	19.0	104.0
4.0	10.8	19.5	100.4
4.5	11.2	20.2	95.8
5.0	11.6	21.3	90.9
5.5	12.0	22.5	85.7
6.0	12.4	24.1	80.1
6.5	12.8	26.0	74.2
7.0	13.2	28.2	67.8
7.5	13.6	30.8	60.7
8.0	14.0	33.9	52.8

例 7-6　MATLAB 详解

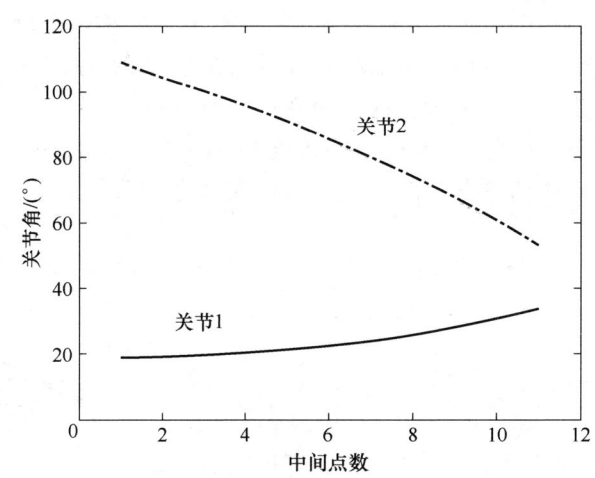

图 7-14　例 7-6 中机器人的关节位置

例 7-7　加利福尼亚理工学院实验室研究使用的一个 3 自由度机器人有两根连杆，每根连杆长 9in。如图 7-15 所示，假设定义坐标系使得当所有关节角均为 0 时末端处于竖直向上状态。要求机器人沿直线从点 (9, 6, 10) 移动到点 (3, 5, 8)。求 3 个关节在每个中间点的角度值，并绘制出这些角度值。根据已知该机器人的逆运动学方程可以求得

$$\theta_1 = \arctan(P_x/P_y)$$
$$\theta_3 = \arccos\{[(P_y/C_1)^2 + (P_z - 8)^2 - 162]/162\}$$
$$\theta_2 = \arccos\{[C_1(P_z - 8)(1 + C_3) + P_y S_3]/[18(1 + C_3)C_1]\}$$

解　虽然在实际应用中起点和终点之间要分成许多很小的部分，但求解本题时只将其分为 10 段。每个中间点的坐标可简单地通过将起点和终点之间的距离进行 10 等分得到。通过求解逆运动学方程即可算得每个中间点的关节角，结果见表 7-3 和图 7-16。

第 7 章 工业机器人的轨迹规划

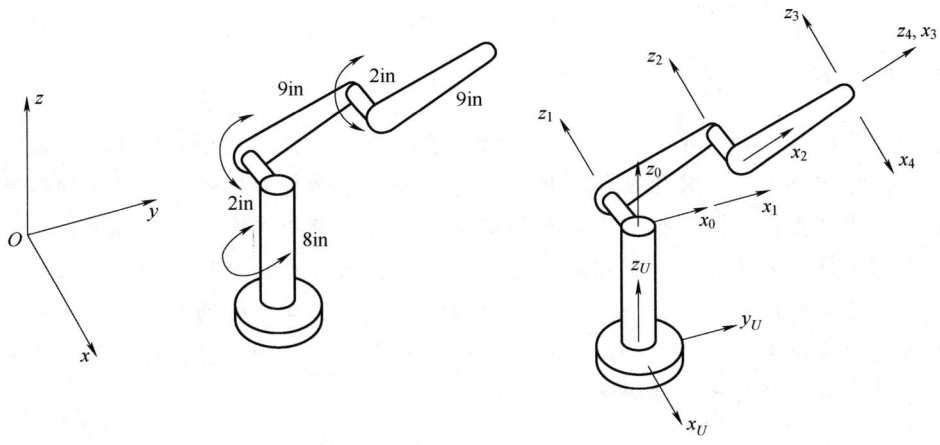

图 7-15 例 7-7 中机器人及其坐标系

表 7-3 例 7-7 中机器人的末端坐标系坐标及关节角

x/in	y/in	z/in	θ_1/(°)	θ_2/(°)	θ_3/(°)
9.0	6.0	10	56.3	104.7	27.2
8.4	5.9	9.8	54.9	109.2	25.4
7.8	5.8	9.6	53.4	113.6	23.8
7.2	5.7	9.4	51.6	117.9	22.4
6.6	5.6	9.2	49.7	121.9	21.2
6.0	5.5	9.0	47.5	125.8	20.1
5.4	5.4	8.8	45.0	129.5	19.1
4.8	5.3	8.6	42.2	133.0	18.7
4.2	5.2	8.4	38.9	136.3	18.4
3.6	5.1	8.2	35.2	139.4	18.5
3.0	5.0	8.0	31.0	142.2	18.9

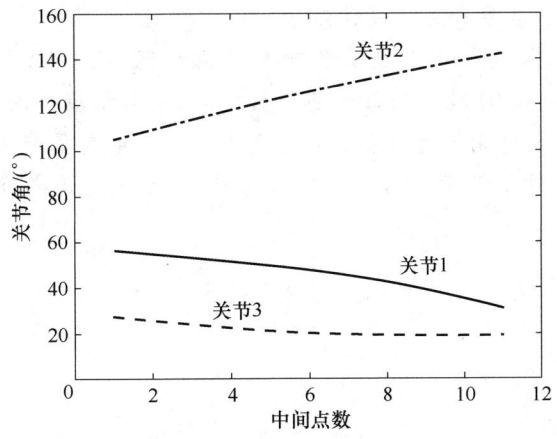

图 7-16 例 7-7 中机器人的关节位置

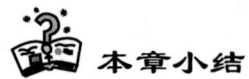

本章小结

本章学习了机器人如何在预定模式下运动。若没有一个合适规划的轨迹,机器人的运动就无法预测,它就有可能与其他物体碰撞,或可能通过不希望经过的点,无法精确地运动。

轨迹规划既可在关节空间也可在直角坐标空间进行,无论在哪个空间都有很多不同的规划方法。事实上许多方法可在两种空间中通用。然而,虽然直角坐标空间中的轨迹比较实用和直观,但是它较难计算和规划。显然,对于指定像直线运动那样的路径,必须在直角坐标空间中进行规划才能生成直线。如果并不要求机器人跟踪指定的路径,那么关节空间的轨迹规划更容易计算从而产生出实际的运动。

思考题与习题

7-1 要求6轴机器人的第1关节用3s由初始角50°移动到终止角80°。假设机器人从静止开始运动,最终停在目标点上,计算一条三次多项式关节空间轨迹的系数,确定第1s、2s、3s时的关节角度、速度和加速度。

7-2 要求6轴机器人的第3关节用4s由初始角20°移动到终止角80°。假设机器人由静止开始运动,抵达目标点时速度为5°/s。计算一条三次多项式关节空间轨迹的系数并绘制出关节角、速度和加速度曲线。

7-3 6轴机器人的第2关节用5s由初始角20°移动到80°的中间角,然后再用5s运动到25°的目标点,假设该关节在中间点停止后再运动,计算关节空间三次多项式的系数,并绘制关节角度、速度和加速度曲线。

7-4 要求用一个5次多项式来控制机器人在关节空间的运动,求5次多项式的系数,使得该机器人关节用3s由初始角0°运动到终止角75°,机器人的起点和终点速度为0,初始加速度和终点减加速度均为$10°/s^2$。

7-5 要求6轴机器人的关节1用4s以速度$\omega_1 = 30°/s$由初始角$\theta_i = 30°$运动到终止角$\theta_f = 120°$。若使用抛物线过渡的线性运动来规划轨迹,求线性段与抛物线之间所必须的过渡时间,并绘制关节角度、速度和加速度曲线。

7-6 一个2自由度平面机器人在直角坐标空间中沿直线从起点(2,6)运动到终点(12,3)。若将路径划分为10段,且每一连杆长9in,求该机器人的关节位置。

7-7 例7-7中的3自由度机器人(图7-15)沿直线由点(3,5,5)运动到点(3,-5,-5),运动过程划分为10段。求每个中间点处这3个关节的关节角,并绘制关节角曲线。

第 8 章

机器人操作系统及路径规划

> **导读**
>
> 本章首先简要介绍了机器人操作系统（ROS）的诞生背景，然后介绍机器人操作系统的工作原理，分析信息传递与服务调用在通信机制中的作用，通俗易懂地介绍了 RVIZ 及机器人仿真技术，并简述了机器视觉识别、定位与轨迹规划等方面的内容。
>
> **本章知识点**
>
> - 机器人操作系统（ROS）
> - ROS 的工作原理
> - 数据可视化技术及机器人仿真
> - 机器视觉识别、定位与轨迹规划

8.1 概述

从应用角度，国内将机器人分为工业机器人和特种机器人两大类。如果按照移动性来划分，机器人分为不可移动式机器人、半移动式机器人和移动机器人。机器人技术存在重复开发的问题，降低了机器人的开发效率，限制了机器人技术的进一步发展。为了提高机器人代码复用和模块化设计水平，需采用具有更好通用性的开源机器人系统，在此需求背景下，ROS 应运而生，本章主要围绕移动机器人来加以介绍。

1. ROS 简介

ROS 起源于 2007 年斯坦福大学人工智能实验室的项目与机器人技术公司 Willow Garage 的个人机器人项目之间的合作，2008 年之后就由 Willow Garage 公司来进行推动，2010 年由 Willow Garage 公司正式发布。ROS 是一种开源的机器人后操作系统，或者说次级操作系统。它能提供类似操作系统所提供的功能，如硬件抽象描述、底层驱动程序管理、共用功能的执行、程序间的消息传递、程序发行包管理，它也提供一些工具程序和库用于获取、建立、编写和运行多机整合的程序。ROS 是一种分布式的处理框架，这使得可执行文件能够被独立设计，并且在运行时松散耦合。这些过程可以封装到功能包或功能包集中，以便于共享和复用，这也是 ROS 的主要设计目标。ROS 可以分成两层，下层是上述的操作系统层，上层则是广大用户群贡献的能够实现不同功能的功能包，如机械臂运动规划、自主导航定位、传感器插件、仿真工具等。

采用 ROS 的机器人种类繁多，而 ROS 在机器人中的作用类似于人的中枢神经，如图 8-1 所示。ROS 的主要特点为：

（1）点对点设计

ROS 的点对点设计以及服务和节点管理器等机制可以分散由计算机视觉和语音识别等功能带来的实时计算压力，能够适应多机器人系统遇到的挑战。

（2）支持多种编程语言

为了满足不同编程者的需求，ROS 采用了语言中立性的框架结构，即不依赖于某一种编程语言。目前 ROS 支持的语言包括 C++、Python、Octave 和 LISP 等。

（3）精简与集成

ROS 建立的系统具有模块化的特点，各模块中的代码可以使用不同语言编制，而且编译使用的 CMake 工具可以很容易地实现精简的理念。ROS 集成了很多现在已经存在的开源库，例如在机器视觉算法方面，ROS 已经集成了 OpenCV 库；在规划算法方面，ROS 已经与 OpenRAVE 实现集成；在驱动、运动控制、仿真方面，ROS 已经与 Player 实现集成。

（4）免费并且开源

ROS 遵循 BSD 协议，对个人、商业应用以及修改都是免费的，这也是促进 ROS 快速发展的主要因素之一。

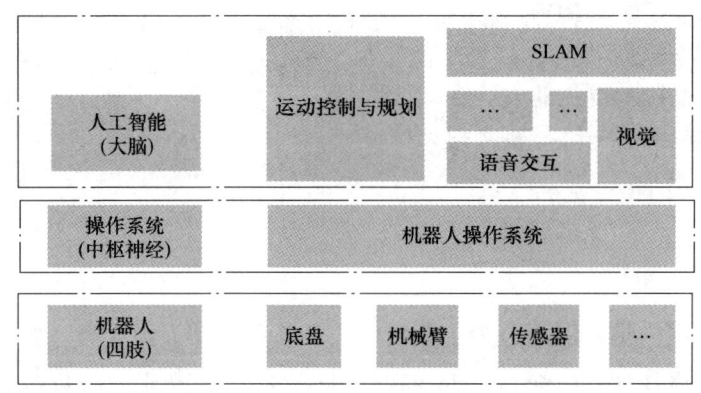

图 8-1　ROS 在机器人技术中的作用

2. ROS 中的几个概念

为了能够更好地学习 ROS，需要先理解几个概念：

（1）功能包（package）

功能包是 ROS 中组织软件的主要形式，其作用相当于一个 C++工程，在该"工程"中可以编写代码并进行编译、执行等操作。一个功能包一般包含程序文件、编译描述文件、配置文件等。

（2）功能包集（stack）

功能包集是实现某种功能的多个功能包的集合，它可以提供更高级的功能，如"导航功能包集"。每一个功能包集都带有相关版本号，是 ROS 软件发布的主要形式。

（3）节点（node）

节点实际上是一个可执行文件，它位于功能包中，是实现功能的最小单位。程序文件

（如.cpp文件和.py文件等）只有转换为可执行文件，才可以在ROS中运行。一个功能包中可以有多个节点。

（4）主题（topic）和服务（service）

单个节点能够实现的功能比较简单，而多个节点联合起来就可以实现复杂的功能。这涉及节点之间的通信，其通信方式包括主题和服务两种。主题只能实现节点之间的单向通信，而服务是双向通信，包括请求（request）和响应（response）。

（5）消息（message）

消息指的是节点之间通信的内容，每一个消息都有一个固定的数据结构，它支持标准的原始数据类型，包括整型、浮点型、布尔型等。

8.2 机器人操作系统的工作原理

1. ROS 文件系统介绍

（1）快速了解 ROS 文件系统概念

功能包（package）是 ROS 应用程序代码的组织单元，每个功能包都可以包含程序库、可执行文件、脚本或者其他手动创建的东西。在功能包使用过程中，还需要清单文件和编译配置文件。

清单文件（package.xml）是关于"功能包"相关信息的描述，用于定义功能包相关元信息之间的依赖关系，这些信息包括版本、维护者和许可协议，编译依赖和运行依赖等。

编译配置文件（CMakeLists.txt）使用 cmake 进行程序编译的时候，会根据 CMakeLists.txt 这个文件进行一步一步的处理，然后形成一个 makefile 文件，系统再通过这个文件的设置进行程序的编译。

那么 catkin_make 如何编译整个工作空间的功能包呢？

1）gcc 是 GNU 编译器套件（GNU compiler collection 三个英文单词的首字母缩写），也可以简单认为是编译器，当用户有一个源码文件时就可以直接调用 gcc 来编译。

2）当用户的程序包含很多个源文件时，用 gcc 命令逐个去编译时，就很容易混乱而且工作量大，这时候就需要 make 工具了，但 make 工具本身并没有编译和链接的功能，而是用类似于批处理的方式通过调用 makefile 文件中用户指定的命令来进行编译和链接的。

3）makefile 是什么？简单地说，makefile 就像一本菜谱，make 工具就像厨师，厨师按照菜谱知道了一道菜该如何操作，make 工具就是根据 makefile 中的命令进行编译和链接的。

4）makefile 在一些简单的工程中完全可以由人工手写，但是当工程非常大的时候，手写 makefile 也是非常麻烦的，如果换了平台，则 makefile 又要重新修改。

5）这时候就需要 cmake 工具，cmake 工具可以更加简单地生成 makefile 文件。当然，cmake 工具还可以跨平台生成对应平台能用的 makefile，用户不用再去修改 makefile。

6）cmake 工具根据什么生成 makefile 呢？它需要根据 CMakeLists.txt 文件去生成 makefile，这个 CMakeLists.txt 就是用户在新创建一个功能包时自动生成的。

7）最后，catkin_make 是将 cmake 与 make 的编译方式做了一个封装的指令工具，规范了工作路径与生成文件路径，而且在新建工作空间时就帮用户创建了一个顶层的 CMakeLists.txt 文件，它会递归地寻找到当前工作空间下的所有功能包内的 CMakeLists.txt 依次来编译每一个功能包。

(2) 认识文件系统工具

程序代码是分布在众多 ROS 功能包当中的，当使用命令行工具（比如 ls 和 cd）来浏览时会非常繁琐，因此 ROS 提供了专门的命令工具来简化这些操作。

使用 rospack：获取功能包的有关信息。

当 ROS 安装包越来越多时，该命令就会非常有用，尤其是当安装包有上百个之多时，用户根本无法准确记清各个功能包的路径或是否存在某功能包等。

使用 roscd：直接切换（cd）工作目录到某个功能包或者功能包集当中。

使用 rosls：直接按功能包的名称而不是绝对路径执行 ls 命令（罗列目录）。

使用〈Tab〉键自动补全输入：要输入一个完整的功能包名称有时会比较繁琐，可以输入前面一部分然后敲击〈Tab〉键，即可自动根据前半部分的输入来补全。

使用 rosed：直接编辑某个功能包中的可编辑文件。

使用 roscp：直接从某个功能包中复制某个文件到指定目录下。

2. 创建和编译 ROS 功能包

所有的 ROS 软件，包括用户创建的软件，都被组织成功能包。在用户写任何程序之前，第一步是创建一个容纳用户功能包的工作区，然后创建功能包本身。

(1) 创建工作空间

用户创建的工作区其实就是一个文件夹，用于存储用户功能包，工作区可以任意命名成用户喜欢的名字，任意选择存储在 home 目录下用户喜欢的位置。

对于许多用户来说，没有必要使用多个 ROS 工作区。但是 ROS 的 catkin 编译系统，试图一次性编译同一个工作区中的所有功能包。因此，如果用户的工作涉及大量的功能包，或者涉及几个相互独立的项目，才有必要维护数个独立的工作区。

(2) 创建功能包

创建一个新 ROS 功能包的命令应该在工作区中的 src 目录下运行。

其实这个功能包创建命令没有做太多工作，它只不过创建了一个存放这个功能包的目录，并在那个目录下生成了两个配置文件。

(3) 程序包依赖关系

1）一级依赖：在使用 catkin_create_pkg 命令时提供了几个程序包作为依赖包，现在用户可以使用 rospack 命令工具来查看一级依赖包。

当新创建了工作空间时，ROS 只有知道该工作空间的环境变量才能定位到该工作空间下的功能包，因此，为了方便每次打开终端都自动配置环境变量，需要在 home 目录下的 .bashrc 文件最下面添加如下信息：

```
source
/opt/ros/kinetic/setup.bash      ******系统空间下的环境变量
source
  ~/rosworkspack/devel/setup.bash    ******工作空间下的环境变量
```

rospack 列出了在运行 catkin_create_pkg 命令时作为参数的依赖包，这些依赖包随后保存在 package.xml 文件中。

2）间接依赖：在很多情况中，一个依赖包还会有它自己的依赖包，比如，rospy 还有其他依赖包。

ROS 包的命名遵循一个命名规范，只允许使用小写字母、数字和下划线，而且首字符必须是一个小写字母。一些 ROS 工具，包括 catkin，仅支持遵循此命名规范的包。

（4）删除工作空间的功能包

删除不想要的工作空间的功能包也很简单，直接删除整个功能包目录即可，然后重新编译整个工作空间。

（5）编写测试代码

为了演示如何正确地编译功能包，用户需要在测试功能包 test_pkg 中编写一个测试代码才能演示如何编译功能包。

（6）编译功能包

用户主要需要修改 CMakeLists.txt 这个编译配置文件。

当修改完 CMakeLists.txt 文件后就可以在工作空间的根目录下使用 catkin_make 进行编译了。

（7）运行节点

当编译过程没有错误时，接下来就可以使用 rosrun 命令来启动节点了。

3. 理解 ROS 话题（topic）及其发布和订阅机制

图 8-2 所示为 ROS 节点间通过话题通信流程简图，通过该图理解话题及其命令行工具，并理解话题的发布和订阅机制。

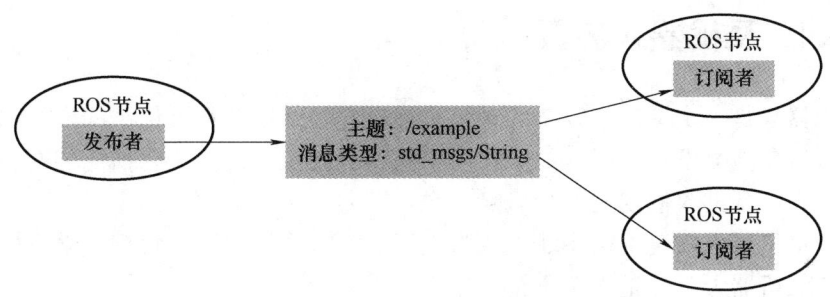

图 8-2　ROS 节点间通过话题通信流程简图

4. 理解 ROS 的服务

话题发布和订阅机制尽管是 ROS 中节点通信的主要方法，但确实受到了一定的限制，因此引入另一种通信方法，称之为服务调用（service calls），服务调用与话题的区别主要体现在以下两个方面：

1）服务调用是双向的，一个节点给另一个节点发送信息并等待响应，因此信息流是双向的。作为对比，当话题发布后，并没有响应的概念，甚至不能保证系统内有节点订阅了这些消息。

2）服务调用实现的是一对一通信。每一个服务由一个节点发起，对这个服务的响应返回同一个节点。对于采用话题来传递信息的机制来说，每一个消息都和一个话题相关，这个话题可能有很多的发布者和订阅者。

简单来理解话题发布和订阅与服务调用区别的话就是：

1）通过话题来传递消息的机制就类同于通过发送微信公众号来广播消息，不管有没有人订阅公众号，管理员都会往公众号里发布教程消息，用户愿意学习 ROS 就订阅查看，没人订阅也不影响管理员发消息。

2）服务调用就类同于你给我打电话询问问题，等我接通电话后，你询问完你的问题后，然后我经过思考后再把答案告诉你，我们之间的通信是一对一的，而且是及时的。不同于发话题，如果没有发公众号消息用户想看教程都没有。

服务调用的基本信息流如图 8-3 所示。

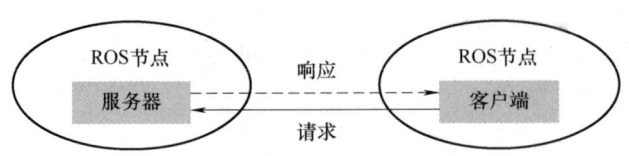

图 8-3　服务调用的基本信息流

其过程是一个客户端（client）节点发送一些称为请求（request）的数据到一个服务器（server）节点，并且等待回应。服务器节点接收到请求后，采取一些行动（计算、配置软件或硬件、改变自身行为等），然后发送一些称为响应（response）的数据给客户端节点。

请求和响应数据携带的特定内容由服务数据类型（service data type）来决定，它与决定消息内容的消息类型是类似的。唯一的区别就在于服务数据类型分为两部分，分别表示请求（客户端节点提供给服务器节点）和响应（服务器节点反馈给客户端节点）。

8.3　RVIZ 及机器人仿真

首先，机器人是一个综合、复杂的系统，它包含软件系统和硬件结构。在制作机器人的过程中，不可避免地会发生错误，如果在动手做一个真实的机器人之前能够有一个虚拟的机器人做仿真，则会帮助人们规避不少风险。

其次，一个机器人系统价格不菲，成为人们学习机器人的一个负担。学习机器人相关技术从一个虚拟的机器人开始是一个不错的选择。

在本节中将学习如何描述一个机器人，并将其在 RVIZ 中三维显示，最终在 gazebo 中实现机器人的仿真。

1. URDF 文件介绍

统一机器人描述格式（unified robot description format，URDF）文件使用 XML 格式描述机器人模型。URDF 中定义机器人各个部件的几何形状、物理特性以及部件之间的连接关系。

机器人系统中存在大量数据，这些数据在计算过程中往往都处于数据形态，比如图像数据中 0~255 的 RGB 值。但是这种数据形态的值往往不利于开发者去感受数据所描述的内容，所以常常需要将数据可视化显示，如机器人模型的可视化、图像数据的可视化、地图数据的可视化等。

2. RVIZ 简介

ROS 针对机器人系统的可视化需求，为用户提供了一款显示多种数据的三维可视化平台 RVIZ。

RVIZ 是一款三维可视化工具，很好地兼容了各种基于 ROS 软件框架的机器人平台。在 RVIZ 中，可以使用 XML 对机器人、周围物体等任何实物进行尺寸、质量、位置、材质、关节等属性的描述，并且在界面中呈现出来。同时，RVIZ 还可以通过图形化的方式，实时显示机器人传感器的信息、机器人的运动状态、周围环境的变化等。

总而言之，RVIZ 帮助开发者实现所有可监测信息的图形化显示，开发者也可以在 RVIZ 的控制界面下，通过按钮、滑动条、数值等方式，控制机器人的行为。

（1）安装并运行 RVIZ

RVIZ 已经集成在桌面完整版的 ROS 当中，如果已经成功安装了桌面完整版的 ROS，可以直接跳过这一步骤，否则，请使用如下命令进行安装：

$ sudo apt-get install ros-kinetic-rviz

安装完成后，在终端中分别运行如下命令即可启动 ROS 和 RVIZ 平台：

$ roscore

$ rosrunrvizrviz

启动成功的 RVIZ 主界面如图 8-4 所示。

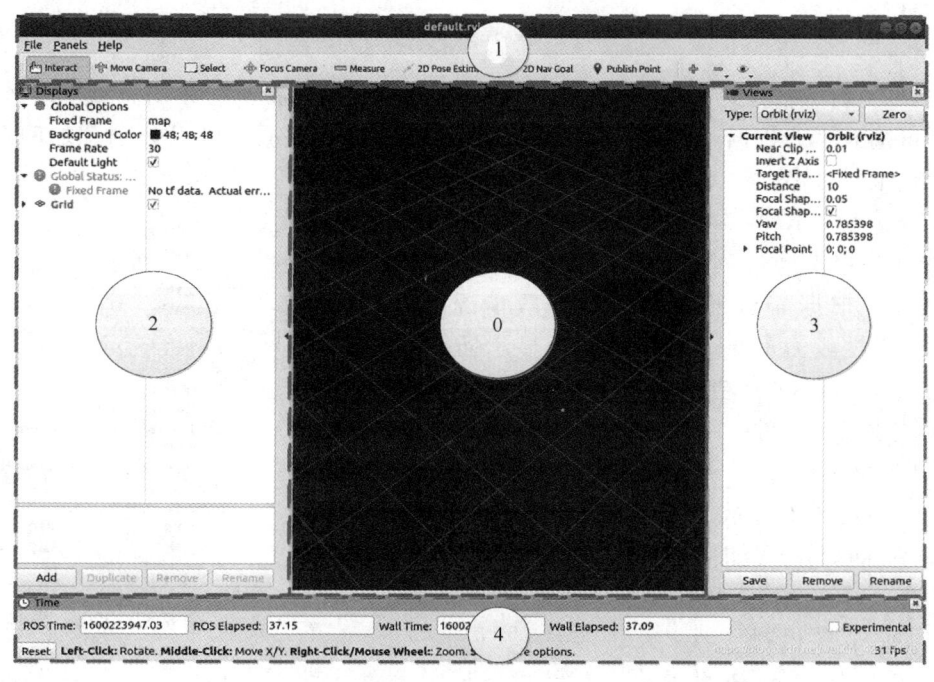

图 8-4　RVIZ 主界面

该界面主要包含以下几个部分：

0：3D 视图区，用于可视化显示数据，目前没有任何数据，所以显示黑色。

1：工具栏，提供视角控制、目标设置、发布地点等工具。

2：显示项列表，用于显示当前选择的显示插件，可以配置每个插件的属性。

3：视角设置区，可以选择多种观测视角。

4：时间显示区，显示当前的系统时间和 ROS 时间。

（2）数据可视化

进行数据可视化的前提是要有数据，假设需要可视化的数据以对应的消息类型发布，用户在 RVIZ 中使用相应的插件订阅该消息即可实现显示。

首先，需要添加显示数据的插件。单击 RVIZ 界面左侧下方的按钮，RVIZ 会将默认支持的所有数据类型的显示插件罗列出来，如图 8-5 所示。

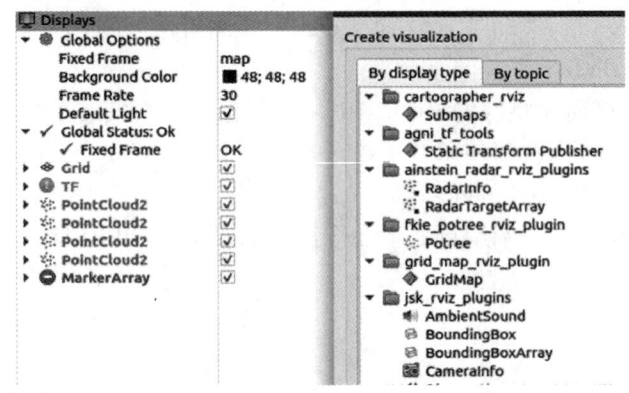

图 8-5　数据类型显示插件

在列表中选择需要的数据类型插件，然后在列表中选择需要的数据类型里填入一个名称，用来识别显示的数据。例如，显示两个激光传感器的数据，可以分别添加两个 LaserScan 类型的插件，命名为 Laser_base 和 Laser_head 进行显示。

添加完成后，RVIZ 左侧的 Dispaly 中会列出已经添加的显示插件；单击插件列表前的加号按钮，可以打开一个属性列表，根据需求设置属性。一般情况下，图 8-6 中的 Topic 属性较为重要，用来声明该显示插件所订阅的数据来源，如果订阅成功，在中间的显示区应该会出现可视化后的数据。

如果显示有问题，请检查属性区域的状态（Status）是否有问题，如图 8-7 所示。Status 有四种状态：OK、Warning、Error 和 Disabled，如果显示的状态不是 OK，那么请查看错误信息，并详细检查数据发布是否正常。

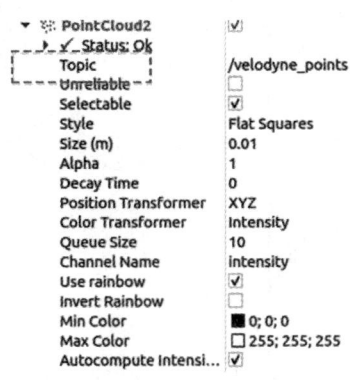

图 8-6　Topic 属性

（3）插件扩展机制

RVIZ 是一个三维可视化平台，默认可以显示通用类型

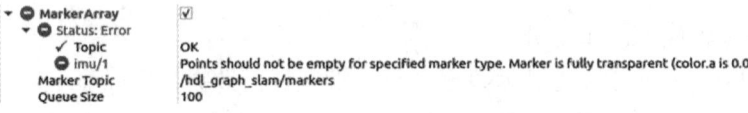

图 8-7　Status 属性

数据，其中包含坐标轴、摄像头图像、地图、激光等数据。

但作为一个平台，RVIZ 可以显示的数据不仅仅如此。RVIZ 支持插件扩展机制，以上这些数据的显示都基于默认提供的相应插件。如果需要添加其他数据的显示，也可以通过编写插件的形式进行添加。

3. gazebo 功能

（1）构建机器人运动仿真模型

在 gazebo 里，提供了最基础的三个物体——球体、圆柱体和立方体，利用这三个物体以及它们的伸缩变换或者旋转变换，可以设计一个最简单的机器人三维仿真模型。此外，gazebo 提供了 CAD、Blender 等各种 2D、3D 设计软件的接口，可以导入这些图样让 gazebo 的机器人模型更加真实。同时，gazebo 提供了机器人的运动仿真，通过 Model Editor 下的 plugin，来添加用户需要验证的算法文件，就可以在 gazebo 里对机器人的运动进行仿真。

（2）构建现实世界各种场景的仿真模型

gazebo 可以建立一个用来测试机器人的仿真场景，通过添加物体库，放入垃圾箱、雪糕桶，甚至是人偶等来模仿现实世界，还可以通过 Building Editor，添加 2D 的房屋设计图，在设计图基础上构建出 3D 的房屋。

（3）构建传感器仿真模型

gazebo 拥有一个很强大的传感器模型库，包括 camera、depth camera、laser、imu 等机器人常用的传感器，并且已经有模拟库，已经可以直接使用，也可以自己从 0 创建一个新的传感器，添加它的具体参数，甚至还可以添加传感器噪声模型，让传感器更加真实。

（4）为机器人模型添加现实世界的物理性质

gazebo 里有 force、physics 的选项，可以为机器人添加重力、阻力等，gazebo 有一个很接近真实的物理仿真驱动器，要注意在 gazebo 中一般的地面是没有阻力的，和现实世界有区别。

（5）RVIZ 与 gazebo 辨析

1）RVIZ 是三维可视化工具，强调把已有的数据可视化显示。

2）gazebo 是三维物理仿真平台，强调的是创建一个虚拟的仿真环境。

3）RVIZ 需要已有数据。

4）RVIZ 提供了很多插件，这些插件可以显示图像、模型、路径等信息，但是前提都是这些数据已经以话题、参数的形式发布，RVIZ 做的事情就是订阅这些数据，并完成可视化的渲染，让开发者更容易理解数据的意义。

8.4 机器视觉识别、定位与轨迹规划

8.4.1 机器人视觉识别

1. 图像预处理

照相机采集的实际图像由于环境、设备等原因，往往跟理想情况存在较大差距，如果直接对图像进行处理分析，则定位精度和识别效果很差，所以对图像进行预处理工作十分重要。图像滤波是图像处理的重要步骤。图像滤波，即在尽可能保留图像细节特征的条件下对目标图像的噪声进行抑制。通过图像滤波抑制噪声，可以得到干净清晰的图像，但会使得边缘模糊。

一幅数字图像可以看成一个二维函数 $f(x, y)$，滤波过程就是将事先选定的滤波器在图像 $f(x, y)$ 中逐点移动，使滤波中心与点 (x, y) 重合。在每一点 (x, y) 处，滤波器在该点的响应是通过选择不同的滤波器来实现的。

(1) 色域空间变换

RGB 颜色空间是工业界的一种颜色标准，利用了物理学中的三原色叠加从而产生各种不同颜色的原理。在 RGB 颜色空间中，R、G、B 三个分量的属性是独立的，三个分量中数值越小的亮度越低，数值越大的亮度越高，如（0，0，0）表示黑色，（255，255，255）表示白色。

在图像处理中，最常用的颜色空间是 RGB 模型，常用于颜色显示和图像处理。

通过色域空间转换，可以得到图像在 RGB 色域空间在 Red、Green 和 Blue 三个通道的值。

(2) 图像分割

在图像识别前，预先将目标物与背景分离更有利于后续的识别操作。图像分割就是把图像分割成若干个特定的、具有独特性质的区域并提取出目标的过程。

现有的图像分割方法主要包括基于阈值的分割方法、基于区域的分割方法、基于边缘的分割方法以及基于特定理论的分割方法等。

灰度阈值分割法是一种最常用的图像分割方法。阈值分割方法实施的变换如下

$$g(i,j) = \begin{cases} 0 & f(i,j) < T \\ 1 & f(i,j) \geq T \end{cases} \tag{8-1}$$

式中　T——阈值，对应目标的图像元素 $g(i, j) = 1$，对于背景的图像元素 $g(i, j) = 0$。

阈值分割算法的关键是确定阈值，如果能确定一个合适的阈值就可以准确地将目标与背景分割开。阈值确定后，将阈值与像素点的灰度值逐个进行比较，分割的结果将直接给出图像区域。

阈值分割时，可以通过 Halcon 中灰度直方图进行观察，并精确调节分割阈值。

(3) 形态学运算

形态学，即数学形态学，是图像处理中应用最广泛的技术之一。形态学的主要应用是用具有一定形态的结构元素从图像提取对应形状，从而使后续的识别工作能够抓住目标最具有区分能力的形状特征。同时，形态学可以对图像实现图像细化以及修剪毛刺，除去图像中不相干的结构。

二维图像的形态变换是一种针对集合的处理过程，从集合的角度来刻画和分析图像。本小节介绍几种二维图像的基本形态学运算，包括腐蚀、膨胀，以及开、闭运算。

1）腐蚀。二值形态学中的运算对象是集合，一般设 A 为图像集合，B 为结构元素，用 B 对 A 进行腐蚀操作，让原本位于图像原点的结构元素 B 在整个平面上移动，当 B 的原点平移到 z 点时，B 能完全包含于 A 中，则所有这样的 z 点构成的集合即 E 集合是对 A 的腐蚀结果。

腐蚀结果 E 的定义：

$$E = \{z \mid B(z) \subset A\} \tag{8-2}$$

腐蚀的作用：腐蚀能够消融物体的边界，具体的腐蚀结果取决于结构元素 B 以及其原点的选取。如果物体整体上大于结构元素，腐蚀的结构是使物体变"瘦"一圈，这一圈有多大是由结构元素决定的；如果物体本身小于结构元素，则腐蚀后的物体会在细连通处断裂，分离成两部分。

2）膨胀。膨胀和腐蚀对集合的运算是彼此对偶的，和腐蚀运算类似，设定 A 为要处理的图像集合，B 为结构元素，通过结构元素 B 对图像进行膨胀处理。让原本位于图像原点的

结构元素 B 在整个平面上移动,当其自身原点平移至 z 点时,B 相对于其原点的映像和 A 有公共的交集,则所有这样的 z 点构成的集合(E 集合)为对 A 的膨胀结果。

膨胀结果 E 的定义:

$$E = \{z \mid B(z) \cap A \neq \varnothing\} \tag{8-3}$$

膨胀的作用:和腐蚀相反,膨胀能够使物体的边界扩大,膨胀结果与图像本身和结构元素的形状有关。膨胀同时可以用来填补物体中的空洞。

3)开、闭运算。开运算和闭运算都由腐蚀和膨胀复合而成,先腐蚀后膨胀的过程称为开运算,先膨胀后腐蚀的过程称为闭运算。闭运算能融合狭窄的间断,填充物体内细小空洞,可以用来连接临近物体、填补轮廓上的缝隙从而平滑图像的轮廓。开运算能够平滑图像的轮廓,削弱狭窄的部分,去掉细的凸出,可以用来消除背景中的小物体,在纤细点处分离物体。

2. 几何形态分析

几何形态分析又称 Blob 分析,包括形状、边缘、长度、面积、圆形度、位置、方向、数量、连通性等。

8.4.2 机器人视觉定位

任意放置的双目立体视觉模型如图 8-8 所示,图中,O_L、O_R 分别为左右两个摄像头坐标系的坐标原点,I_1、I_2 分别为左右两个摄像机的成像平面。

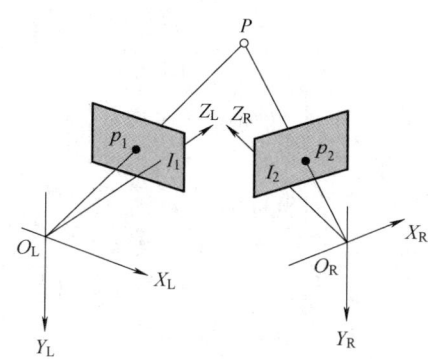

图 8-8 双目立体视觉定位原理

假设已经通过摄像头标定和立体匹配确定了空间点 P 在左右两个摄像机成像平面上的图像坐标分别为 $p_1(u_L, v_L)$、$p_2(u_r, v_r)$,那么,根据摄像机成像模型,可得

$$Z_L \begin{pmatrix} u_L \\ v_L \\ 1 \end{pmatrix} = M_L \begin{pmatrix} x \\ y \\ z \\ 1 \end{pmatrix} = \begin{pmatrix} m_{L11} & m_{L12} & m_{L13} & m_{L14} \\ m_{L21} & m_{L22} & m_{L23} & m_{L24} \\ m_{L31} & m_{L32} & m_{L33} & m_{L34} \end{pmatrix} \begin{pmatrix} x \\ y \\ z \\ 1 \end{pmatrix} \tag{8-4}$$

$$Z_R \begin{pmatrix} u_R \\ v_R \\ 1 \end{pmatrix} = M_R \begin{pmatrix} x \\ y \\ z \\ 1 \end{pmatrix} = \begin{pmatrix} m_{R11} & m_{R12} & m_{R13} & m_{R14} \\ m_{R21} & m_{R22} & m_{R23} & m_{R24} \\ m_{R31} & m_{R32} & m_{R33} & m_{R34} \end{pmatrix} \begin{pmatrix} x \\ y \\ z \\ 1 \end{pmatrix} \tag{8-5}$$

其中,$M_L = K_L(R_L, T_L)$、$M_R = K_R(R_R, T_R)$ 分别为左右两个摄像头的投影矩阵;K_L、K_R

分别为左右两个照相机的内参矩阵；(x, y, z) 为欲求的 P 点的三维坐标。

当选取左照相机的摄像头坐标系作为世界坐标系时，$R_L = I$，$T_L = 0$，R_R、T_R 分别对应着右照相机相对于左照相机的旋转矩阵以及平移矩阵。

对式 (8-4) 和式 (8-5) 消去 Z_L、Z_R 得

$$\begin{cases} u_L = \dfrac{m_{L11}x + m_{L12}y + m_{L13}z + m_{L14}}{m_{L31}x + m_{L32}y + m_{L33}z + m_{L34}} \\ v_L = \dfrac{m_{L21}x + m_{L22}y + m_{L23}z + m_{L24}}{m_{L31}x + m_{L32}y + m_{L33}z + m_{L34}} \\ u_R = \dfrac{m_{R11}x + m_{R12}y + m_{R13}z + m_{R14}}{m_{R31}x + m_{R32}y + m_{R33}z + m_{R34}} \\ v_R = \dfrac{m_{R21}x + m_{R22}y + m_{R23}z + m_{R24}}{m_{R31}x + m_{R32}y + m_{R33}z + m_{R34}} \end{cases} \quad (8\text{-}6)$$

转化成矩阵形式：$AP = b$，其中

$$A = \begin{pmatrix} m_{L31}u_L - m_{L11} & m_{L32}u_L - m_{L12} & m_{L33}u_L - m_{L13} \\ m_{L31}v_L - m_{L21} & m_{L32}v_L - m_{L22} & m_{L33}v_L - m_{L23} \\ m_{R31}u_R - m_{R11} & m_{R32}u_R - m_{R12} & m_{R33}u_R - m_{R13} \\ m_{R31}v_R - m_{R21} & m_{R32}v_R - m_{R22} & m_{R33}v_R - m_{R23} \end{pmatrix} \quad (8\text{-}7)$$

$$P = (x \quad y \quad z)^T \quad (8\text{-}8)$$

$$b = \begin{pmatrix} m_{L14} - m_{L34}u_L \\ m_{L24} - m_{L34}v_L \\ m_{R14} - m_{R34}u_R \\ m_{R24} - m_{R34}v_R \end{pmatrix} \quad (8\text{-}9)$$

根据最小二乘法，解得空间点 P 的坐标为

$$P = (A^T A)^{-1} A^T b \quad (8\text{-}10)$$

8.4.3 轨迹规划方法

1. 移动机器人轨迹规划简介

移动机器人轨迹规划偏向于意指移动的路径轨迹规划，如机器人是在有地图或是没有地图的条件下，移动机器人按什么样的路径轨迹来行走。

（1）基于模型和基于传感器的路径规划

基于模型的方法有：c-空间法、自由空间法、网格法、四叉树法、矢量场流的几何表示法等。相应的搜索算法有 A^*、遗传算法等。

轨迹规划方法

（2）全局路径规划 (global path planning) 和局部路径规划 (local path planning)

1）我现在何处？
2）我要往何处去？
3）我要如何到该处去？

局部路径规划主要解决 1) 和 3) 两个问题，即机器人的定位和路径跟踪问题，方法主要有人工势场法、模糊逻辑算法等。

全局路径规划主要解决问题 2)，即全局目标分解为局部目标，再由局部规划实现局部

目标，方法主要有可视图法、环境分割法（自由空间法、栅格法）等。

（3）离线路径规划和在线路径规划

离线路径规划是基于环境先验完全信息的路径规划。完整的先验信息只能适用于静态环境，在这种情况下，路径是离线规划的；在线路径规划是基于传感器信息的不确定环境的路径规划，在这种情况下，路径必须是在线规划的。

2. 移动机器人轨迹规划一般步骤

一般的连续域范围内路径规划问题，如机器人、飞行器等的动态路径规划问题，其一般步骤主要包括环境建模、路径搜索和路径平滑三个环节。

（1）环境建模

环境建模是路径规划的重要环节，目的是建立一个便于计算机进行路径规划所使用的环境模型，即将实际的物理空间抽象成算法能够处理的抽象空间，实现相互间的映射。

（2）路径搜索

路径搜索阶段是在环境模型的基础上应用相应算法寻找一条行走路径，使预定的性能函数获得最优值。

（3）路径平滑

通过相应算法搜索出的路径不一定是一条可以行走的可行路径，需要做进一步处理与平滑才能使其成为一条实际可行的路径。

对于离散域范围内的路径规划问题，或者在环境建模或路径搜索前已经做好路径可行性分析的问题，路径平滑环节可以省去。

3. 常用算法

编辑路径规划的方法有很多，根据其自身优缺点，其适用范围也各不相同。根据对各领域常用路径规划算法的研究，按照各种算法发现先后时序及算法基本原理，将算法大致分为四类：传统算法、图形学的方法、智能仿生学算法和其他算法。

（1）路径规划传统算法

传统的路径规划算法有：模拟退火算法、人工势场法、模糊逻辑算法、禁忌搜索算法等。

1）模拟退火（simulated annealing，SA）算法是一种适用于大规模组合优化问题的有效近似算法。它模仿固体物质的退火过程，通过设定初温、初态和降温率控制温度的不断下降，结合概率突跳特性，利用解空间的邻域结构进行随机搜索。这种算法具有描述简单、使用灵活、运行效率高、初始条件限制少等优点，但存在着收敛速度慢、随机性大等缺陷，参数设定是应用过程中的关键环节。

2）人工势场法是一种虚拟方法。它模仿引力和斥力下的物体运动，目标点和运动体间为引力，运动体和障碍物间为斥力，通过建立引力场和斥力场函数进行路径寻优。优点是规划出来的路径平滑安全、描述简单等，但是存在局部最优的问题，引力场的设计是算法能否成功应用的关键。

3）模糊逻辑算法网模拟驾驶人的驾驶经验，将生理上的感知和动作结合起来，根据系统实时的传感器信息，通过查表得到规划信息，从而实现路径规划。这种算法符合人类思维习惯，免去数学建模，也便于将专家知识转换为控制信号，具有很好的一致性、稳定性和连续性；但总结模糊规则比较困难，而且一旦确定模糊规则在线调整困难，应变性差。最优的隶属度函数、控制规则及在线调整方法是最大难题。

4）禁忌搜索（tabu search，TS）算法是一种全局逐步寻优算法，是对人类智力过程的一种模拟。通过引入一个灵活的存储结构和相应的晋级规则来避免迂回搜索，并通过藐视准则来赦免一些被禁忌的优良状态，以实现全局优化。

(2) 路径规划图形学的方法

传统算法在解决实际问题时往往存在着建模难的问题，图形学的方法则提供了建模的基本方法，但是图形学的方法普遍存在着搜索能力的不足，往往需要结合专门的搜索算法。图形学的方法有 C 空间法、自由空间法、栅格法、Voronoi 图法等。

1）C 空间法又称可视图空间法，即在运动空间中扩展障碍物为多边形，以起始点、终点和所有多边形顶点间的可行直线连线（不穿过障碍物的连线）为路径范围来搜索最短路径。C 空间法的优点是直观，容易求得最短路径；缺点是一旦起始点和目标点发生改变，就要重新构造可视图，缺乏灵活性。即其局部路径规划能力差，适用于全局路径规划和连续域范围内的路径规划，尤其适用于全局路径规划中的环境建模。

2）自由空间法针对可视图法应变性差的缺陷，采用预先定义的基本形状（如广义锥形、凸多边形等）构造自由空间，并将自由空间表示为连通图，然后通过对图的搜索来进行路径规划。由于起始点和终点改变时，只相当于它们在已构造的自由空间中位置变化，只需重新定位，而不需要整个图的重绘。其缺点是障碍物多时将加大算法的复杂度，算法实现困难。

3）栅格法，即用编码的栅格来表示地图，把包含障碍物的栅格标记为障碍栅格，反之则为自由栅格，以此为基础做路径搜索。栅格法一般作为路径规划的环境建模技术来用，作为路径规划的方法它很难解决复杂环境信息的问题，一般需要与其他智能算法相结合。

4）Voronoi 图是关于空间邻近关系的一种基础数据结构。它是用一些被称为元素的基本图形来划分空间，以每两点间的中垂线来确定元素的边，最终把整个空间划分成结构紧凑的 Voronoi 图，而后运用算法对多边形的边所构成的路径网进行最优搜索。其优点是把障碍物包围在元素中，能实现有效避障；缺点是图的重绘比较费时，因而不适用于大型动态环境。

(3) 路径规划智能仿生学算法

处理复杂动态环境信息情况下的路径规划问题时，来自于自然界的启示往往能起到很好的作用。智能仿生学算法就是人们通过仿生学研究发现的算法，常用的有蚁群算法、神经网络算法、遗传算法等。

1）蚁群算法（ant colony algorithm，ACA）的思想来自于对蚁群觅食行为的探索，每只蚂蚁觅食时都会在走过的道路上留下一定浓度的信息素，相同时间内最短的路径上由于蚂蚁遍历的次数多而信息素浓度高，加上后来的蚂蚁在选择路径时会以信息素浓度为依据，起到正反馈作用，因此信息素浓度高的最短路径很快就会被发现。该算法通过迭代来模拟蚁群觅食的行为达到目的。它具有良好的全局优化能力、本质上的并行性、易于用计算机实现等优点，但计算量大、易陷入局部最优解，不过可通过加入精英蚁等方法改进。

2）神经网络算法是人工智能领域中一种非常优秀的算法，它主要模拟动物神经网络行为，进行分布式并行信息处理。但它在路径规划中的应用却并不成功，因为路径规划中复杂多变的环境很难用数学公式进行描述，如果用神经网络去预测学习样本分布空间以外的点，其效果必然是非常差。尽管神经网络具有优秀的学习能力，但是泛化能力差是其致命缺点。但因其学习能力强、鲁棒性好，它与其他算法的结合应用已经成为路径规划领域研究的热点。

3）遗传算法（genetic algorithm，GA）是当代人工智能科学的一个重要研究分支，是一种模拟达尔文遗传选择和自然淘汰的生物进化过程的计算模型。它的思想源于生物遗传学和适者生存的自然规律，是按照基因遗传学原理而实现的一种迭代过程的搜索算法。其最大的优点是易于与其他算法相结合，并充分发挥自身迭代的优势，缺点是运算效率不高，不如蚁群算法有先天优势，但其改进算法也是目前研究的热点。

8.4.4 视觉 SLAM 系统的关键问题

1. 视觉 SLAM 系统简介

SLAM（simultaneous localization and mapping），也称为 CML（concurrent mapping and localization），同步定位与地图构建，或并发建图与定位。问题可以描述为：将一个机器人放入未知环境中的未知位置，是否有办法让机器人一边逐步描绘出此环境完全的地图，同时一边决定机器人应该往哪个方向行进。所谓完全的地图是指不受障碍行进到房间可进入的每个角落。

根据上面的定义，SLAM 解决的问题是："我在哪里？我所处的环境是什么样子？"

比如：当我们进入一栋陌生的大楼中，在楼中行走的过程中，我们会对该楼的结构有一个认知，同时也能够确定自己在该楼中的位置。这就是一个 SLAM 问题，对于人类极其简单的一个问题，机器人该如何完成？

根据建图时所用传感器的不同，可将现有的 SLAM 算法分为两类：激光 SLAM 和视觉 SLAM。视觉 SLAM 可分为单目、双目（多目）、RGB-D 三类，如图 8-9 所示。从实现难度上来说，大致将这三类方法排序为：单目视觉 > 双目视觉 > RGB-D。

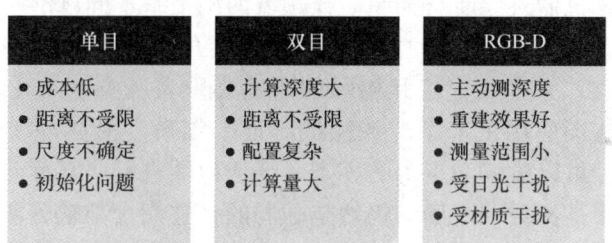

图 8-9 视觉 SLAM 分类

眼睛是人类获取外界信息的主要来源。视觉 SLAM 也具有类似特点，它可以从环境中获取海量的、富于冗余的纹理信息，拥有超强的场景辨识能力。早期的视觉 SLAM 基于滤波理论，其非线性的误差模型和巨大的计算量成了它实用落地的障碍。近年来，随着具有稀疏性的非线性优化（bundle adjustment）理论以及照相机技术、计算机性能的进步，实时运行的视觉 SLAM 已经不再是梦想。

视觉 SLAM 的优点是它所利用的丰富纹理信息。例如，两块尺寸相同内容却不同的广告牌，基于点云的激光 SLAM 算法无法区别它们，而视觉则可以轻易分辨。这带来了在重定位、场景分类方面无可比拟的巨大优势。同时，视觉信息可以较为容易地被用来跟踪和预测场景中的动态目标，如行人、车辆等，对于在复杂动态场景中的应用这是至关重要的。

视觉 SLAM 主要是基于照相机来完成环境的感知工作，相对而言，照相机成本较低，容易放到商品硬件上，且图像信息丰富，因此视觉 SLAM 也备受关注。

目前，视觉 SLAM 除单目、双目（多目）、RGB-D 这三类以外，还有鱼眼、全景等特殊照相机，但目前在研究和产品中还属于少数，此外，结合惯性测量器件（inertial measurement unit，IMU）的视觉 SLAM 也是现在研究热点之一。

单目照相机 SLAM 简称 MonoSLAM，仅用单个摄像头就能完成 SLAM。其最大的优点是传感器简单且成本低廉，但同时也有个大问题，就是不能确切地得到深度信息，即景深。一方面是由于绝对深度未知，单目 SLAM 得到机器人运动轨迹及地图的定位精度不高，如果把轨迹和房间同时放大两倍，单目看到的像是一样的，因此，单目 SLAM 只能估计一个相对深度。另一方面，单目照相机无法依靠一张图像获得图像中物体离自己的相对距离。为了估计这个相对深度，单目 SLAM 要靠运动中的三角测量来求解照相机运动并估计像素的空间位置。也就是说，它的轨迹和地图，只有在照相机运动之后才能收敛，如果照相机不进行运动时，就无法得知像素的位置。同时，照相机运动还不能是纯粹的旋转，这就给单目 SLAM 的应用带来了一些麻烦。

而双目照相机与单目照相机不同的是，立体视觉既可以在运动时估计深度，也可在静止时估计深度，消除了单目视觉的许多麻烦。不过，双目或多目照相机配置与标定均较为复杂，其深度量程也随双目的基线与分辨力受到限制。通过双目图像计算像素距离，是一件非常消耗计算量的事情，现在多用 FPGA（现场可编程逻辑门阵列）和 DSP（数字信号处理）来完成。

RGB-D 照相机是 2010 年左右开始兴起的一种照相机，它最大的特点是可以通过红外结构光或 TOF（time of flight，飞行时间）传感器测距原理，直接测出图像中各像素离照相机的距离。因此，它比传统照相机能够提供更丰富的信息，也不必像单目或双目照相机那样费时费力地计算深度。

定位和地图构建是机器人导航与控制研究领域的两个基本问题。机器人研究领域的同步定位与地图构建（SLAM）技术是同时解决这两个问题的有效方案之一。由于图像或视频能够提供丰富的环境信息，大多数定位和构图的研究集中在视觉 SLAM 算法。但由于其复杂性，给潜在的定位和构图应用带来了严峻挑战。近十年来，视觉 SLAM 算法取得了重大进展，在一定的环境中，可以对移动平台的姿态和环境地图进行非常准确的估计。然而，现有系统和方法的鲁棒性不高，对一些场景仍然是脆弱的；它们大都缺乏实时性，尤其是在大尺度环境下运行时。因此，如何在视觉 SLAM 系统中应对这些挑战至关重要。

2. 视觉 SLAM 算法的现状

（1）基于稀疏特征的 SLAM

视觉特征的提取是这类技术的关键，良好的特征应该具有尺度和旋转的不变性，能够应用的环境应该具有大量的视觉特征，如特征点、角、线等；而在无特征或特征都一致的环境，如空屋子或高速公路等，则难以取得好的估计效果。

ORB-SLAM 是西班牙萨拉戈萨大学的团队开发的，其中 ORB 是一种具有快速提取和描述的特征。它是由 FAST 特征点和 BRIEF 特征描述结合起来的。ORB-SLAM 非常成功地应用在各种规模的、室内/室外的环境中，能够实时计算出照相机的轨线，并生成场景的稀疏三维重建地图。它使用了回环检测，使得估计的结果具有较高的精度，且该系统对剧烈运动具有鲁棒性。目前有单目照相机、双目照相机和 RGB-D 照相机版本。但是，ORB-SLAM 不能提供稠密的三维点云图，也不能提供估计的不确定性。

（2）稠密 SLAM 和半稠密 SLAM

有些环境没有显著特征，有时使用稀疏特征也会丢掉大量的视觉信息，直接或稠密的

SLAM 方法可在一定程度上适应这类环境。直接或稠密的 SLAM 方法不提取特征，而是通过直接比较两帧图像所有像素光强度的不同来优化估计移动平台的位置与方向变化，即用最小化光测误差来定位照相机。地图的构建则是用一些特殊函数来表示环境三维表面，并通过估计所有图像像素的深度进行稠密重建。由于稠密重建所需的计算量和存储量都较大，通常需要用 GPU 加速计算。早期的算法，如 DTAM，应用环境规模有限，且精度有限。

不是图像中所有的像素都是有用的信息，为了减少计算量和存储量，半稠密的视觉里程计 SVO 并不使用图像中所有的像素，而是使用那些具有不可忽略的图像梯度的像素。德国慕尼黑工业大学所开发的一种改进的 SVO，大尺度直接单目 SLAM（LSD-SLAM）可以使用 CPU 在大尺度环境中运行。最新的进一步改进的是直接稀疏里程计 DSO 算法，针对一些正常的环境可以产生非常准确的定位和构图的结果。

(3) 语义 SLAM

目前大多数实时 SLAM 系统都是使用低级水平的特征（点、线、斑块或非参数表征，如深度图），其特点是存储量大，但不利于在大尺度环境中的应用；并且构建的地图是稀疏或稠密点图，不利于机器人对环境的理解。能否用环境中的高级特征或对象，如墙壁、地板、书桌、椅子等来估计移动平台的位置与方向，并对三维点云图进行场景语义标记是研究语义 SLAM 的目的。

英国帝国理工学院开发的平面 SLAM 将环境中的平面作为高级特征或对象，可以同时实现对象识别与定位。然而，对于其他室内物体，如椅子和书桌，还需要进行大量离线的对象识别训练。目前，同步的实时语义标记和定位仍处于初期阶段。

(4) 基于深度学习的 SLAM

1) 深度学习与 SLAM。深度学习在图像处理的一些应用场合中已经取得了很大的成功，如在图像识别或图像分割中超过以往的其他方法，主要是它能自动地提取和有效地表示视觉特征。视觉 SLAM 也需要提取和表示有效的视觉特征，所以基于深度学习的 SLAM 在这几年应运而生。

前面提到的稀疏特征 SLAM 或稠密 SLAM 都采用视觉几何模型的计算，是基于模型的方法；而深度学习 SLAM 是基于数据的方法。大多数基于模型的方法并不能从原始图像中自主学习，也不能从不断增加的数据集中获益，其中一些在挑战性的场景中很脆弱。基于数据的 SLAM 首先是自动提取特征，而不是手动提取，特别是当可以得到非常大规模的数据集时，它有可能得到更有效和可靠的特征，从而提高 SLAM 的鲁棒性。

最近，基于深度学习的 SLAM 已经出现并表现出了良好的性能，特别是在系统的鲁棒性方面有一些明显的改善。但大多数基于深度学习的方法都需要在标记的数据集中进行有监督的学习。然而，对大量数据进行标记非常困难且代价昂贵，这一要求限制了基于深度学习的方法的潜在应用。因此具有无监督学习机制的 SLAM 显得更有应用前景，最新无监督学习的 SLAM 已经和有监督学习的 SLAM 性能接近。通过在规模不断增加的未标记数据集中进行学习，无监督学习的 SLAM 会使得系统性能不断提升。

2) 无监督深度学习的 SLAM。最近开发的 DeepSLAM 是一种新的基于无监督深度学习的视觉 SLAM 系统，它的训练过程是完全无监督的，但需要立体数据恢复深度规模。DeepSLAM 的测试需要单目图像序列作为输入，因此，它属于单目 SLAM 范式。DeepSLAM 包含几个要素：建图网络、跟踪网络、回环网络和图优化单元。具体地说，建图网络是描述环境结构的编码-解码结构，而跟踪网络是一种用于捕获摄像机运动的递归卷积神经网络结构。

回环网络是一种预处理的二进制分类器,用于回环检测。DeepSLAM 可以同时产生姿态估计、深度地图、三维点云图以及离群排斥膜。

3)深度学习 SLAM 的性能。目前基于深度学习的 SLAM 在估计精度方面已逼近当前国际上最先进的 SLAM 算法,但由于训练的数据集有限,其泛化能力还需进一步的提高。但它确实表现出了较强的鲁棒性,在某些具有挑战性的场景中强于某些基于模型的 SLAM。

基于深度学习的 SLAM 也具有很强的灵活性,它不仅可以估计位置和构建三维点云图,并且可以产生估计的不确定性,为后续决策服务,还可和语义 SLAM 结合起来构建场景语义地图。但其缺点是需要大量的离线 GPU 学习训练,目前估计的精确度也没有基于稀疏特征的 SLAM 好。如何结合基于模型的 SLAM 和基于数据的 SLAM,从而既提高精确度又改善系统的鲁棒性是今后的主要研究问题。

本章小结

本章主要介绍机器人操作系统的工作原理,ROS 中的仿真工具 RVIZ、移动机器人的自主导航与避障,以及视觉 SLAM 系统的关键问题。

思考题与习题

8-1 什么是机器视觉技术?试论述其基本概念和目的。

8-2 视觉定位系统的工作原理是什么?

8-3 简要说明开运算和闭运算分别在图像处理和分析中的作用。

8-4 什么是视觉 SLAM?有哪些常用的视觉 SLAM 算法?

第 9 章

机器人应用

导读

本章从应用工业机器人出发，引导读者在采用机器人之前需要考虑任务估计、技术要求与依据、经济理由以及与人的因素等，熟悉使用机器人的经验准则和步骤。给出了机器人的应用实例，如搬运机器人、焊接机器人、上下料机器人等工业机器人，以及家政服务机器人、医疗机器人、农业机器人等其他机器人。

本章知识点

- 应用机器人三要素
- 使用机器人的经验准则
- 采用机器人的步骤
- 工业机器人实例
- 其他机器人实例

9.1 应用工业机器人必须考虑的因素

工厂或企业在准备采用工业机器人时应当考虑的问题及因素包括任务估计、技术要求与依据、经济理由以及与人的因素的关系等。只有这样，才能论证使用机器人的合理性，选择适当的作业，选用合适的机器人，考虑到今后的发展以及充分发挥人的作用和机器人的优点。

9.1.1 机器人的任务估计

要增加对机器人应用情况的了解，最好的方法是到工作现场去观察机器人的工作。参观机器人贸易展览会和机器人制造厂家的设备，可对相关作业任务有所了解。随着互联网的发展，用户还可以通过远程访问机器人供应商的网址，了解所需要机器人的相关信息。

在估计作业任务时，必须把当前进行的作业任务与应当由机器人进行的作业任务加以区别。例如，对于一个手工操作，操作人员可能依次拿起一系列手动工具，并在一个固定的工件上进行工作，要进行这种工作，操作者必须逐一捡起和放下每件工具，但工具的拿起、放下并不创造价值，只有用工具对工件或零件进行操作才能创造价值。如果由机器人捡起零件，握在手中，并将其送至每个工具应属的固定位置，那就要容易得多。

采用机器人能够提供由改变过程变量来显著提高生产率的机会，如果对这些变量的灵活性不够了解，那么采用机器人仅仅是取代工人劳动而不是提高生产率，因此在任务估计时，必须发现并论证什么是要改变的，什么是无需改变的。

9.1.2 应用机器人三要素

技术因素、经济因素和人的因素是进行工厂调查时应当收集的数据。

1. 技术因素

考虑的技术因素包括性能要求、布局要求、产品特性、设备更换、过程变更等。

2. 经济因素

在经济方面所考虑的因素包括劳动力、材料、生产率、能源、设备和成本等。

3. 人的因素

在考虑人的因素时，涉及机器人的操作人员、管理人员、维护人员、经理和工程师等。

9.1.3 使用机器人的经验准则

美国通用电气（GE）公司过程自动化和控制系统经理弗农·E·埃斯蒂斯（Vernon E. Estes）曾提出八条使用机器人的经验准则，人们后来称之为弗农（Vernon）准则。它对于那些想使用机器人自动化形式来发展生产的人们至今仍值得借鉴。

弗农经验准则如下：
1) 应当从恶劣工种开始执行机器人计划。
2) 考虑在生产率落后的部门应用机器人。
3) 要估计长远需要。
4) 使用费用不与机器人成本成正比。
5) 力求简单实效。
6) 确保人员和设备安全。
7) 不要期望卖主提供全套承包服务。
8) 不要忘记机器人需要人。

不过，由于机器人价格的大幅下降和劳动力成本的显著上升，在确保安全、有效、高质、经济的前提下，需要创造与总结新的经验，包括在各种产业广泛使用机器人的经验。

9.1.4 采用机器人的步骤

1) 全面考虑并明确自动化要求。包括提高劳动生产率、增加产量、减轻劳动强度、改善劳动条件、保障经济效益和社会就业等问题。
2) 制定机器人化计划。在全面和可靠的调查研究基础上，制定长期的机器人化计划，包括确定自动化目标、培训技术人员、编绘作业类别一览表、编制机器人化顺序表和日程表等。
3) 探讨采用机器人的条件。根据预先准备好的调查研究项目表进行深入细致的调查，并进行详细的测定和图表资料收集工作。
4) 对辅助作业和机器人性能进行标准化。必须按照现有的和新研制的机器人规格进行标准化工作。此外，需要判断各机器人具有哪些适于特定用途的性能，以便进行机器人性能及其表示方法的标准化工作。

5）设计机器人化作业系统方案，设计并比较各种理想的、可行的或折中的机器人化作业系统方案，选定最符合使用目标的机器人及其配套件来组成机器人化柔性综合作业系统。

6）选择适宜的机器人系统评价指标。建立和选用适宜的机器人化作业系统评价标准和方法，既要考虑到能够适应产品变化和生产计划变更的灵活性，又要兼顾目前和长远的经济效益。

7）详细设计和具体实施。对选定的实施方案进一步进行具体设计工作，提出具体实施细则，并交付执行。

9.2 工业机器人应用实例

工业机器人是面向工业领域的机器人，它具有多关节机械手或多自由度，可以接受人类指挥或按照预定的编程运行。工业机器人具有作业速度快、定位精度高、生产率高等优点，且可以执行工人难以胜任的复杂操作和高危作业，是当前应用范围最广的机器人。目前，美国的工业机器人技术处于世界领先地位，其次为日本和德国。

9.2.1 工业机器人的特点与分类

1. 工业机器人的特点

工业机器人具有以下 4 个特点：

1）工业机器人具有特定机械结构，其动作类似于人或某些生物的器官（肢体、感受等）。

2）工业机器人具有通用性，可从事多种工作，可灵活改变动作程序。

3）工业机器人具有不同程度的智能，如记忆、感知、推理、决策、学习等。

4）工业机器人具有独立性，完善的机器人系统在工作中可以不依赖人的干预。

2. 工业机器人的分类

（1）搬运、码垛机器人

为了提高自动化程度和生产率，制造企业通常需要快速高效的物流线来贯穿整个产品的生产及包装的过程，搬运、码垛机器人在物流线中发挥着举足轻重的作用，其一方面具有人难以达到的精度和效率，另一方面可以承担大重量和高频率的搬运作业。

（2）焊接机器人

许多大型设备在制造过程中需要大量的焊接工作，但仍以人工焊接为主，相当费时、费力。焊接机器人主要是在工业机器人上安装焊接工具，代替焊工从事焊接工作。这样不仅能顺利完成工作，提高生产率，还能减轻劳动负担。

（3）打磨抛光机器人

机械零件形状不断向复杂化、多样化发展，实现打磨抛光工艺的机器人很少有统一的方案。在打磨抛光加工中，机器人的工作方式有两种：一种方式是机器人夹持被加工工件贴近加工工具，如砂轮、砂带等，进行打磨抛光加工；另一种方式是机器人夹持打磨抛光加工工具贴近工件进行加工。

（4）移动式工业机器人

对于大尺寸工件的制造，如航空航天产品，传统的工业机器人无法胜任。首先，大尺寸工件由于重量和尺寸巨大，不易移动；其次，工业机器人相对工件而言尺寸不足，如果单纯地按比例放大，机器人制造和控制成本将十分高昂，因此，移动式工业机器人是一个很好的解决方案。

（5）自动化装配机器人

许多大型化生产企业均采用流水线生产，这样不仅能提高生产率，还能降低工作人员的劳动强度，节约生产成本。而自动化装配线上的机器人也因操作臂的运动情况水平被分为旋转关节型和直角坐标型等多种装配机器人。垂直多关节型装配机器人能够实现在工作范围内任意的工作姿势，而直角坐标装配机器人因在生产过程中的操作简单而应用在零件的移送等简单操作中。对于双臂装配机器人而言，其性能较佳，可以实现较为复杂的装配工作。

（6）涂装机器人

国外于20世纪60年代开始研究涂装机器人，直到20世纪60年代末挪威率先推出针对涂装实际情况而设计的专用涂装机器人，从此，涂装机器人的研制和应用发展十分迅速。涂装机器人在工业发达国家于20世纪80年代已达到普及阶段。它广泛地应用于汽车、农机、发动机、机床、家电等大中型企业的实际涂装作业中。其中，应用最多的是汽车制造业。

下面介绍几种典型的几种工业机器人实例。

9.2.2 搬运机器人

随着我国工业自动化逐渐发展成熟，工业搬运机器人得到了更进一步的应用，很多大企业都开始使用工业机器人进行货物的搬运，它可以批量地完成工作，提高工作效率。图9-1所示为南京ESTUN公司的搬运机器人。

图9-1 南京ESTUN公司的搬运机器人

搬运机器人是可以进行自动化搬运作业的工业机器人。最早的搬运机器人出现在1960年的美国，Versatran和Unimate两种机器人首次用于搬运作业。搬运作业是指用一种设备握持工件，从一个加工位置移到另一个加工位置。搬运机器人可安装不同的末端执行器以完成各种不同形状和状态的工件的搬运工作，大大减轻了人类繁重的体力劳动。搬运机器人被广泛应用于机床上下料、冲压机自动化生产线、自动装配流水线、码垛搬运、集装箱等的自动搬运。部分发达国家已制定出人工搬运的最大限度，超过限度的必须由搬运机器人来完成。

搬运机器人是近代自动控制领域出现的一项高新技术产品，涉及力学、机械学、电气/液压/气压技术、自动控制技术、传感器技术、单片机技术和计算机技术等学科领域，已成为现代机械制造生产体系中的一项重要组成部分。它可以通过编程完成各种预期的任务，在自身结构和性能上有了人和机器的各自优势，尤其体现出了人工智能和适应性。

搬运机器人在实际工作环境中通常被称作机械手。在工业自动化生产中，无论单机还是组合机床，以及自动生产流水线，都要用到机械手来完成工件的取放。对机械手的控制主要是位置识别、运动方向控制和物料是否存在的判别。其任务是将传送带 A 上的工件或物品搬运到传送带 B 上。机械手的上移、下移、左移、右移、抓紧和放松都采用双线圈三位电磁阀气动缸完成。当某个电磁阀通电时，就保持相对应的动作，即使线圈再断电仍然保持通电状态，直到相反方向的线圈通电，相对应的动作才结束。设备上装有上、下、左、右、抓紧、放松六个限位开关，控制对应工步的结束。传送带上设有一个光电开关，监视工件到位与否。

机械手是模仿人的手部动作，按给定程序、轨迹和要求实现自动抓取、搬运和操作的自动装置。它特别是在高温、高压、多粉尘、易燃、易爆、放射性等恶劣环境中，以及笨重、单调、频繁的操作中代替人作业，因此获得日益广泛的应用。机械手一般由执行机构、驱动系统、控制系统及检测装置四大部分组成，智能机械手还具有感觉系统和智能系统。

工业机械手是近几十年发展起来的一种高科技自动化生产设备。工业机械手是工业机器人的一个重要分支，在国民经济各领域有着广阔的发展前景。

图 9-2 所示为 FANUC Robot M-2000iA 搬运机器人，FANUC 是日本一家专门研究数控系统和工业机器人的公司，是世界上较大的专业数控系统生产厂家之一，该型号机器人最大可搬

图 9-2　FANUC Robot M-2000iA 搬运机器人

运质量为 900~2300kg 的负载，一般用于大型铸件及建材等重工件的搬运。

图 9-3 所示为 KUKA KR1000 titan 搬运机器人，KUKA 及其德国母公司是世界工业机器人和自动控制系统领域的顶尖制造商，该型号搬运机器人应用于自动化生产线，用来搬运成品工件，把工人从高强度、单调的作业中解放出来，提高了生产率。

图 9-4 所示为 ABB IRB360 搬运机器人，ABB 总公司位于瑞士，其致力于研发、生产机器人已有 40 多年的历史，该型号搬运机器人不同于六轴机器人，其用途是完成高精度拾放料工作，具有操作速度快、有效载荷大、占地面积小的特点，主要应用于轻型制造业。

图 9-5 所示为全球最大负载关节式六轴搬运机器人，由欢颜自动化设备（上海）有限公司研制，取名欢颜"大金刚"，该机器人自身总重超过 24t，有效负载 3.6t，超过 FANUC 公司的同类机器人 M-2000iA 的 2.3t 有效负载，创造了新的世界纪录。

图 9-3　KUKA KR 1000 titan 搬运机器人

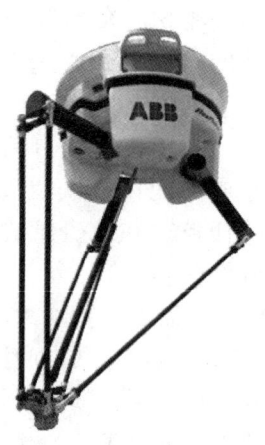
图 9-4　ABB IRB360 搬运机器人

图 9-5　欢颜"大金刚"搬运机器人

2019 年，全球工业机器人市场规模已经达到 159 亿美元，占整体机器人市场规模的 54.1%。在庞大的市场销量下，搬运机器人的占比超过了 30%，可见搬运机器人是工业机器人产业发展的主要力量。物料搬运是一项无处不在的日常工作，存在于各行各业间，看似不起眼的简单工作背后，却有着长期性、基础性的企业需求，还时常受到人员、成本及效率等因素的限制，因此搬运机器人大有可为。

9.2.3　焊接机器人

焊接机器人是从事焊接的工业机器人。根据国际标准化组织（ISO）工业机器人属于标准焊接机器人的定义，工业机器人是一种多用途的、可重复编程的自动控制操作机，具有三个或更多可编程的轴，用于工业自动化领域。为了适应不同的用途，机器人最后一个轴的机械接口，通常是一个连接法兰，可接装不同工具（或称末端执行器）。焊接机器人就是在工业机器人的末轴法兰装接焊钳或焊（割）枪，使之能进行焊接、切割或热喷涂。

按照机器人作业中所采用的焊接方法，可将焊接机器人分为点焊机器人、弧焊机器人、搅拌摩擦焊机器人、激光焊接机器人等类型。

图 9-6 所示为 KUKA KR 系列点焊机器人，它具有有效载荷大、工作空间大的特点，配

备有专用的点焊枪,并能实现灵活准确的运动,可以适应点焊作业的要求,其最典型的应用是汽车车身自动装配生产线中的焊接工作。

a) KR CYBERTECH

b) KR QUANTEC

图 9-6　KUKA KR 系列点焊机器人

图 9-7 所示为 ABB IRB 1520ID 弧焊机器人,因弧焊的连续作业要求,可以实现连续轨迹控制,也可以利用插补功能根据示教点生成连续焊接轨迹,弧焊机器人除机器人本体、示教器与控制柜之外,还包括焊枪、自动送丝机构、焊接电源、保护气体相关部件等。

航空工业-赛福斯特技术有限公司率先在中国成立了"机器人搅拌摩擦焊工程中心",并成功研制出中国首个机器人搅拌摩擦焊系统,如图 9-8 所示,机器人搅拌摩擦焊系统集成了恒压力控制、恒位移控制、恒扭矩控制,以及焊缝跟踪技术等多项先进技术,能够实现复杂 3D 曲线焊缝零件焊接。

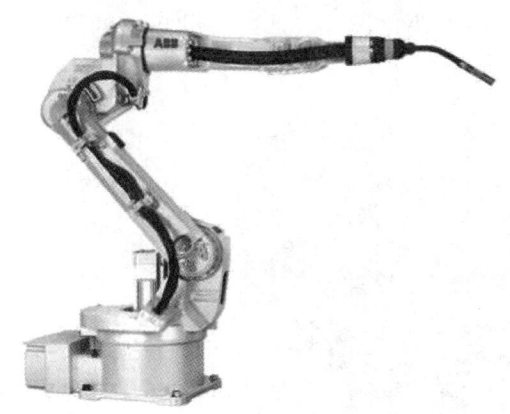

图 9-7　ABB IRB 1520ID 弧焊机器人

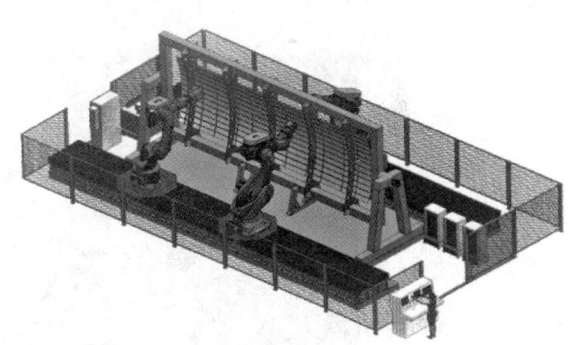

图 9-8　搅拌摩擦焊机器人系统

图 9-9 所示为松下公司的 LAPRISS 机器人激光焊接系统,激光焊接是一种高效率、高品质的焊接方法,其能量高度集中、效率高、速度快、质量好、热影响区小、成形美观,该系统已越来越广泛地被应用于手机、笔记本计算机等电子设备的摄像头零件、液晶显示屏零件及微型电动机、微型变压器等零部件的焊接,还可用于液晶电视、高端数码照相机、航空航天军工制造、高端汽车零件制造等领域。

焊接机器人技术在当前许多领域中都得到了应用,并受到普遍青睐。通过焊接机器人技术的应用,有效地提高了焊接质量,而且在一些特殊环境下也能够进行焊接操作。焊接机器

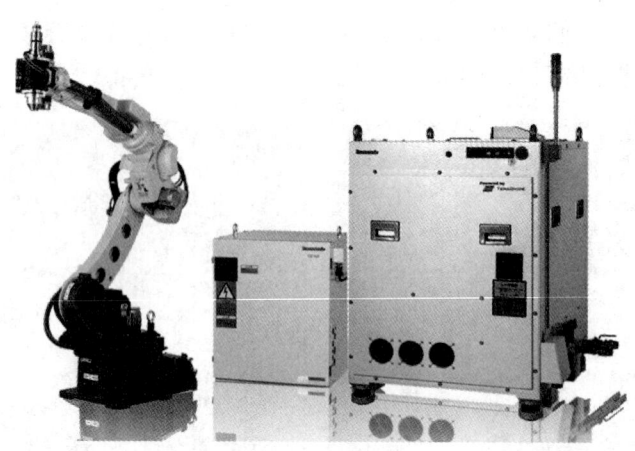

图 9-9　LAPRISS 机器人激光焊接系统

人技术在实际应用过程中受到较多因素的影响,因此需要加大对焊接机器人技术的研究力度,进一步寻求智能化控制方面的技术突破,确保焊接机器人技术水平得到有效提升,为国家现代化发展提供重要的技术支持。

9.2.4　上下料机器人

随着智能制造时代的来临,越来越多的企业有自动化生产线智能化改造需求,用上下料机器人可代替人工为多台数控机床上下料和进行零件抽检等,如图 9-10 所示。上下料机器人具有工作可靠性高、生产柔性化、自动化程度高等优势,具有广阔的市场前景。

自动上下料机器人可以实现机床制造过程的完全自动化,采用了集成加工技术,适用于生产线的上下料、工件翻转、工件转序等,它主要采用模块化设计,通过各种形式的组合,组成多台联机的生产线,实现了工业生产制作自动一体化。

图 9-10　上下料机器人

上下料机器人有以下特点:

1)生产率高:为了提高生产率,须控制生产节拍。除了固定的生产加工节拍无法提高外,自动上下料机器人取代了人工操作,这样就可以很好地控制节拍,避免了由于人为因素而对生产节拍产生的影响,大大提高了生产率。

2）工艺修改灵活：人们可以通过修改程序和手爪夹具，迅速地改变生产工艺，调试速度快，免去了对工人进行培训的时间，可快速投产。

3）提高工件出厂质量：上下料机器人自动化生产线，从上料、装夹、下料完全由机器人完成，减少了中间环节，零件质量大大提高，特别是工件表面更为美观。

9.3 其他机器人应用实例

9.3.1 家政服务机器人

随着现代社会生活节奏的加快，人们处理家务的时间也越来越少，家政服务机器人就是代替人完成家务劳动的机器人，主要进行卫生清洁、美食烹饪、防盗检测、物品搬运、家电控制、收支管理等工作。日本安川电机公司研制出可以烹饪的家政机器人"摩托曼"，它可以在扁平的烤盘里熟练地翻转和烹饪煎饼。韩国国家科学技术研究所研究出一款机器人女仆Mahru-Z，Mahru-Z高为1.3m，质量为55kg，它的头部可以转动，并有6根手指和三维视觉功能，能分辨不同的人和家务，还能帮助主人打扫房子、将衣服倾倒进洗衣机、用微波炉加热食物等。

1. 家用地板清洁机器人

当前已经投入量产并且在人们家庭生活中发挥作用的最具代表性的当属iRobot公司生产的Roomba清洁机器人。它是一款家用智能全自动扫地机器人，通过污垢探测技术，自动探测污垢存在，多个传感器实时收集环境数据，多种运动方式随机应变，智能防跌落、智能防碰撞、智能防缠绕、智能沿边清扫、定时清扫以及自主感应电量状况，当电量即将耗尽或者清扫任务完成时它将自动返回充电座，自动充电。Roomba清洁机器人虽然功能单一，但是其以相对低廉的价格提供了相当实用的功能，畅销全世界。

国外在研究清洁机器人上起步较早，自20世纪80年代起，已推出一系列的概念型号。目前，iRobot、伊莱克斯两公司都有自己较为成功的清洁机器人品牌，此外松下、三星等也都有较成功的产品。

图9-11a所示为德国凯驰公司推出的RC3000地面清洁机器人，直径为47cm。该机器人有清扫和真空吸收灰尘功能、红外避障与导航功能、楼梯检测防坠落功能、自主电量检测与充电功能、清洁时间设置功能等。如果检测到地面的脏污程度相对严重，机器人行驶速度将变慢到正常速度的50%，实现局部区域的重点清扫。机器人内部的光学装置使机器人能够随时检测到楼梯边缘，并预防机器人坠落。在检测到障碍物后，机器人将改变原来的运动方向，然后进行工作，如能够避开家具、越障，越障最高20mm，不会被电线、地垫等阻挡。圆盘形外观设计使得清洁机器人能够很容易在家具下面进行日常清扫。如果清洁机器人被拿起，它将停止工作。

图9-11b所示为地面清洁机器人DC06，由英国戴森（Dyson）公司研发，其外形酷似模型汽车，长度接近50cm，质量大约9kg，传感元件装备多达70种以上，能够实时地将环境信息和自身状态传递给处理核心。在工作时，机器人以墙边为清扫起点，接着自主地顺着房间周围以内螺旋方式清扫，直至将地面全部清扫洁净为止。此外，它能够自主避开障碍物，装备了楼梯检测用的传感器，从而可在楼梯边沿停下，防止跌落。通过众多的传感器，机器人能检测并分析出自己所在位置、房间大小及脏乱程度、家具的配置等。

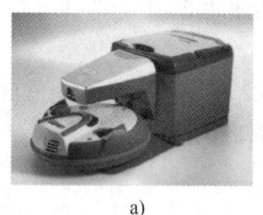 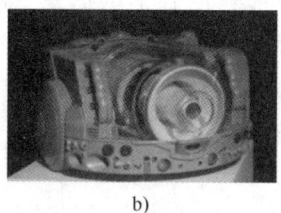  

a)　　　　　　　　b)　　　　　　c)　　　　d)

图 9-11　家用地板清洁机器人

伊莱克斯三叶虫机器人如图 9-11c 所示，该机器人高度约为 130mm，直径为 350mm 左右，能够在室内环境中自行清洁房间。该机器人使用超声波传感器，自主检测需要清扫的物体，可以快速地感知出障碍物的信息并主动避开。伊莱克斯三叶虫是清洁机器人行业内率先采用超声波导航技术的。与光学传感器相比，超声传感技术的优点是可以识别透明类障碍物，其感知精度不受障碍物颜色干扰，同时可以在夜间环境下工作，而红外线传感技术在以上情况下工作都会受到影响。超声传感避障可以避免接近 100% 的直接碰撞，对清洁机器人本身和家庭设施的防护明显优于使用红外线传感系统的机器人。

Roomba880 是 iRobot 公司新一代的智能机器人的典型代表，如图 9-11d 所示，相比之前的机器人，其功能更加先进齐全，性能也更加稳定，机器人寿命更持久。该机器人具有设定清洁时间功能，只要操作指定按钮就能够设置每天或每周自主清洁的时间。在无人参与的情况下，该机器人会在设定时间内自主清扫房间，这为广大用户带来很大方便。在满电量的情况下，Roomba 机器人具有完整地清扫三个房间的能力。它还能够顺着墙根、在家具下面工作，可使那些通常难以碰触位置的灰尘清扫洁净。为了避免跌落损坏，它身上配置有楼梯检测用的传感器。Roomba 机器人可以自动检查地板表面的状况，当运行至地毯与硬地板交界处时，它会自主切换工作模式。当 Roomba 机器人清扫完一个房间之后，会被灯塔虚拟墙自主指引到另一个房间进行清洁工作。若 Roomba 机器人的电量不足或者清洁工作完成，它将主动地寻找充电基站并充电。

2. 割草机器人

目前较为经典且较早的一款割草机器人是 Friendly Machines 公司研发的 Friendly Robomower 智能割草机器人（图 9-12），其最大的优势是利用高速刀具可将草茎粉碎成细沫，作为肥料释放回草坪。该款机器人使用围线的方式限定机器人的工作范围，并通过感应电缆中的电信号进行导航。

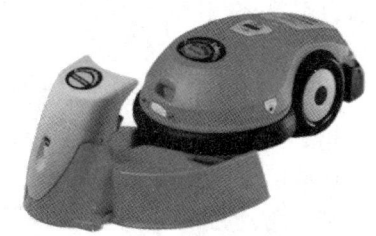

图 9-12　Friendly Robomower 智能割草机器人

3. 助老助残机器人

目前，我国已经成为世界上老年人口最多的国家，也是人口老龄化发展速度最快的国家之一。据联合国统计，2020 年，我国老年人口约为 2.55 亿，到 21 世纪中期，我国将有近 5 亿人口超过 60 岁，此外由于自然灾害、突发事故等原因还有数以百万计的残疾人。研制开发助老助残机器人产品，为老年人和残疾人提供诸如出行、护理和医疗康复等方面的服务，这对于提高老年人和残疾人的生活质量，缓解社会压力具有重要作用。我国助老助残机器人还和欧美以及日本等国家有些差距。德国研制的 Care-O-BotⅡ是帮助残疾人和老年人独立生活的移动家庭看护系统：可以摆放座椅、拿饮料、控制空调和报警；可以从床上或椅子上支撑人体起身,智能辅助行走;可以管理视频电话、电视等,与医疗和公共服务机构通信,检测危险信号并紧急呼救。韩国研制的可穿戴式机器人 HEXAR 是将衣服形态的机器安装在人身体上,以提高人体力量。其上身系统是一种机器胳膊,力量传感器感知到人的动作,机器胳膊就会启动,最多可提 40kg 重物自由活动;下身系统是残疾人用的步行辅助器形态,可使机器腿移动,老年人和残疾人就可以不费力气行走,如果装上具有脊椎功能的机器装置,最多可以背 45kg 的重物轻松爬楼梯。

4. 教育娱乐机器人

当今社会,人们越来越重视休闲娱乐以及儿童教育,而教育娱乐机器人是以供人观赏、娱乐以及教育引导为目标的基于人工智能技术、多传感器混合技术、超绚声光技术、可视通话技术以及定制效果技术的多功能服务机器人。日本 NEC 公司 PaPe-Ro 机器人是教育娱乐机器人的代表产品之一,具有高级接口技术,有四个传声器准确收听外界的声音,并且能够理解 650 个短语,说 3000 多个单词,能用人脸识别技术以及通过两个摄像头去辨认出其熟悉的人。它的高级智能界面能够帮助孩子通过因特网进行学习,与孩子聊学校的事情,玩游戏并且跳舞。日本的 SONY 公司研发的 AIBO 机器狗无疑是市场销量最出色的产品,它结合了计算机视觉、无线通信、模式识别和人工智能技术,AIBO 机器狗的面部内置 28 个发光二极管,通过闪亮模式来表达高兴与忧伤等感情及状态,还安装了可播放 64 和弦音的集成声卡,便于用更加丰富的音响来表达情感。

9.3.2 医疗机器人

据了解,全球医疗机器人的市场规模在 2021 年有望达到 207 亿美元。常用的医疗机器人分四类:手术机器人、康复机器人、辅助机器人与医疗服务机器人。

1. 手术机器人

手术机器人现在主流的应用有三大类。第一类是达·芬奇机器人,在微创上完成许多复杂的手术,在医生控制下可以更好地提高精细化手术的质量;第二类是放射机器人,精度可以达到亚毫米级,能精准地指向病灶区域,避免因为手抖或者瞄得不准加大放射剂量的现象,减少损伤度;第三类是辅助手术系统,在导航设备帮助下,手术更精准,效果更好。

在工业自动化技术、计算机图像技术以及控制技术高速发展的基础上,1994 年,美国首先研制出一套取名伊索（Aesop）的内窥镜自动定位系统,用于协助临床微创手术,为之后机器人手术技术的研发奠定了基础,也是手术机器人发展史上至关重要的起点。随后经过多方面研究,1999 年 1 月,由 Intuitive Surgical 公司制造的"达·芬奇"（Da Vinci）手术机器人（图 9-13）的诞生,标志着手术机器人时代的开启。从第一款产品面世至今,Intuitive Surgical 公司已经陆续推出了 3 种型号的手术机器人系统,分别是 Da Vinci Standard、Da Vinci S System 和 Da Vinci Si System。目前最先进、应用最广泛的是第三代手术机器人。

外科医生通过三维视觉系统和动作定标系统操作控制,通过双手动作带动手术台上仿真机械臂完成各种操作。手术机器人两条机械臂的关节腕有两个关节,具有 7 个自由度,与普通微创手术的 5 个自由度相比,具有明显的灵活性,可操作 8mm 手术器械完成诸如夹紧、转动、切割、缝合和组织牵张等各种具体的手术任务,另一条机械臂则起到牵引、稳定的辅助作用。使用手术机器人进行手术时,只需在病人的体表切开直径在 1cm 以内 3 个切口分别插入一条摄像臂和两条手术臂,不同于传统的外科手术,医生不直接用手接触这些仪器。

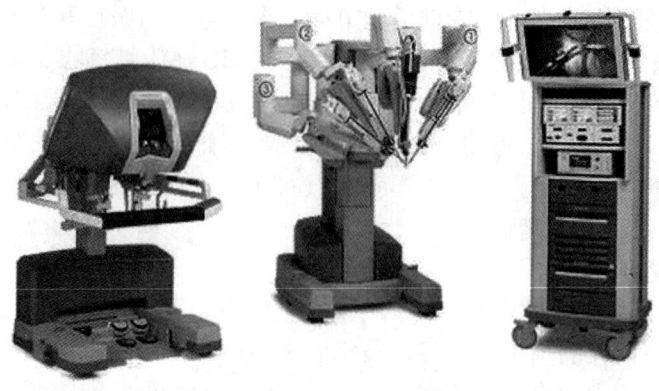

图 9-13 达·芬奇手术机器人

外科医生在无菌区以外的控制台边,通过操控控制手柄控制手术微器械的移动和操作。相比普通的微创手术的视觉范围和操作器械的手不在同一个方向,"达·芬奇"手术机器人的图像和控制手柄在同一个方向,符合自然情况的眼手协调;"达·芬奇"手术机器人操作者(图 9-14)可以自行调整镜头方向,直接调到手术视野范围,不同于普通腹腔镜手术需要助手辅助移动镜头才能看到手术视野,这大大节省了人力和时间;手术机器人摄像臂的三维立体高清图像放大 10~15 倍的手术视野比腹腔镜甚至人眼更清晰;手术机器人的仿真手腕器械有 7 个自由度,比人手更灵活、更准确;手术机器人控制器能够自动滤除震颤,改善了手术时手抖的问题,使机器人的操作比人手更稳定;手术机器人的手术切口小,创口仅在 1cm 左右,较大限度的微创使患者出血少,术后恢复快,缩短了术后住院时间,术后存活率和康复率都大大提高。

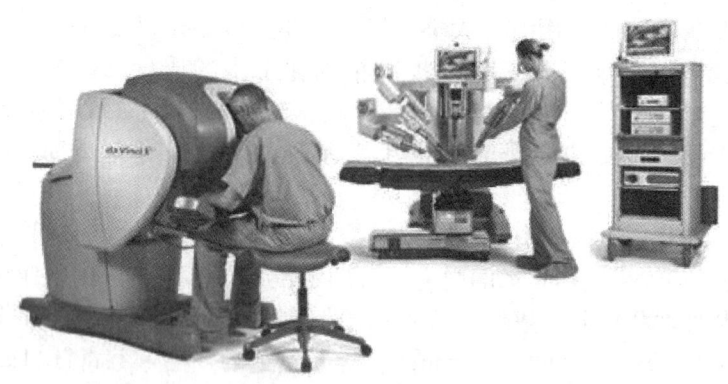

图 9-14 达·芬奇手术机器人工作图

自 1999 年 1 月第一代"达·芬奇"手术机器人(Da Vinci Standard)诞生,冠状动脉旁路移植术的成功开启了手术机器人的历史大门,之后,手术机器人已经能够应用到各类心脏外科直视手术中,如全腔内心脏搭桥手术、二尖瓣修复术等。目前达·芬奇外科手术机器人能够开展较为广泛和复杂的外科手术,例如,胃肠外科的结肠/半结肠切除术、直肠低位前切除术、胃分流术、胃部分切除术等近 8 种胃肠手术;肝移植、肝叶切除、胆囊切除等肝胆外科手术;肺叶切除术、胸腺切除术等胸外科手术;前列腺切除、肾移植、肾切除、输尿管切除等泌尿外科手术。广泛的手术种类、极高的手术精度和数以万计的手术成功案例的佐证使得达·芬奇外科手术机器人越来越受外科医生的认可和推崇。我国2006年引进了第一台"达·芬奇"手术机器人,至今手术机器人已经在心外科手术、胸外科手术、肝胆外科手术、胃肠外科手术、儿科手术、血管外科手术、泌尿外科手术、妇科手术等外科领域逐渐普及。

此外,手术机器人可通过宽带技术与其他有数字接口的设备对接达到远程传输和远程操控,从而实现远程手术的目的。2001年9月,在美国远距离操控法国斯特拉斯堡医院手术室里的一台手术机器人完成了腹腔镜下胆囊切除术,这次远程手术的成功对外科手术跨时代的飞跃具有里程碑的意义,这也是第一次手术机器人将微创外科延伸至常规腹腔镜技术无法达到的领域,体现出它对于普通微创手术明显的优越性。

2. 康复机器人

康复机器人的应用主要分三大类。第一类是Rewalk,通过传感器和监控器,使用户可以站立行走。第二类是通过生物电的感应器,强调与人体的结合度。第三类有三种模式:FirstStep、ActiveStep、ProStep。ActiveStep指在这个过程中用户可以自主控制康复机器人,帮助用户更好地实现康复的练习。ProStep更多是自动感应,可以自动感应用户身体的移动,通过感应移动动作,去修正、触发下一步的行为。

机器人用于康复领域包括助残和老人看护等方面,其研究领域主要包括手臂残疾患者使用的康复机械手、下肢残疾患者使用的智能轮椅、双目失明患者使用的移动式康复机器人,以及家庭和单位之间的交互设备及智能控制界面。

3. 辅助机器人

从主流来说,辅助机器人分两类:一类是个人护理机器人,很多是在出院以后监控病人的身体状况,跟医院互动;还有一类是高级治疗机器人,从感知互动的角度来讲,帮助治疗痴呆、阿尔茨海默病和认知障碍,这里面有增强现实(AR)技术。

4. 医疗服务机器人

医疗服务机器人可分为两大类。一类是杀菌消毒机器人,更多的是在医疗机构,通过机器人不断运作,提高整个机构的杀菌消毒率。在医疗机构里,交叉感染率很多,有统计数据表明过去存在很多交叉感染情况,大概有九个去医院的病人中就有一个交叉感染的情况发生。这种情况可以通过消毒杀菌机器人提高杀毒程度,规避交叉感染率,提高医院整体环境质量。

第二类是运输机器人,用于辅助护士完成食物、药品、医疗器械、杂志的传送和投递工作,减少医护人员的工作量。机器人的行走设计是基于传感器和运动规划算法实现的,适用于结构化环境。

随着微机电系统(MEMS)技术的发展,微型医疗机器人内窥镜技术的研究得到了较大的发展,在临床上也得到了较多的普及。据报道,香港中文大学工程学院机械与自动化工程学系已成功研制了微型医疗机器人,能精准传送药物至人体的特定部位,预计将来可用于癌症、脑梗死、中风、视网膜退化等多种疾病的靶向治疗。该微型机器人通过外在磁场操控,可精准地传送药物至人体内微小的部位,穿梭于血管、眼及脑内,将药物直接传送到传统方法难到达之处,突破了传统治疗方法只能通过血管被动给药的情况,成为真正的主动靶向给药。

9.3.3 农业机器人

农业机器人是一种以农产品为操作对象、兼有人类部分信息感知和四肢行动功能、可重复编程的柔性自动化或半自动化设备,它能减轻劳动强度、解决劳动力不足、提高劳动生产率和作业质量,防止农药、化肥等对人体的伤害。农业机器人的出现,大大减轻了农民的负担,提高了生产率,并通过减少化肥、农药等物质对人体的伤害而改善农业生产环境。

1. 农业机器人的特点

农业机器人之所以具有较高的生产率,是因为它可以在实际农业生产作业中真实模拟人的具体作业动作,在生产作业新型技术的辅助下,能替代人在不良环境条件下进行生产作业,提高农业生产作业质量。与传统的工业生产机器人相比,农业机器人在复杂多变的作业环境中,能通过感知信息和模拟行动进行作业生产,这是它所拥有的显著优势。

(1) 作业对象复杂

与普通工业材料不同,农作物具有种类多、形状各异、易受损的特点,不同农作物的生长发育程度具有较大差异。农业机器人的作业对象是农作物,因此,在应用农业机器人时需要注意躲避农作物障碍,使用合适的操作力度尽量减少对农作物的伤害,避免影响农作物的正常生长。

(2) 作业环境多变

随着时间推移,农作物在天气、光照、湿度、温度等因素的影响下会不断生长发育,这就要求农业机器人必须具备适应开放性作业环境的性能。农业机器人不仅会受到作业场地坡度地形的影响,还容易被季节、大气湿度、光照条件等条件影响工作进度。由此可见,农业机器人除了具备处理柔性农作物的能力,还应能适应不同作业自然环境条件,实现智能化视觉判别和知识推理等功能,便于生产应用。

(3) 作业路线特殊

农业机器人的作业模式是移动前进的,一般行走路线要求覆盖整个田间面积,而且农作物之间的距离比较小,这就要求农业机器人的作业动作必须随时间而做出相应调整,体现出农业机械人的高度智能化和自动化。

(4) 操作对象适用性

国内外很多国家都十分注重农业机器人的研究开发和应用,尽管因为农业生产的技术特性和经济特性,农业机器人的适用并没有常规化,但是已经取得了十分可观的应用实效。在实际应用过程中,农业机器人主要用于嫁接、移栽、灌溉和喷洒农药、自动采摘等方面。

2. 农业机器人的应用案例

(1) 嫁接机器人

嫁接机器人技术是一种融合了机械、自动化控制以及园艺技术的高新技术,其在具体的应用上可以实现在很短的时间内处理繁重的嫁接工作,解决了人工嫁接工作当中存在的低效率问题。我国政府对于嫁接机器人的发展也提供了丰厚的政策支持,已经研发出蔬菜嫁接机器人,能够很好地应对蔬菜幼苗的具体特性带来的农业生产难题,完成了蔬菜嫁接的精准定位、快速获取以及稳定的切削问题,嫁接机器人可以实现砧木、穗木的取苗、切苗、接合、固定等嫁接过程的自动化处理,嫁接机器人可以实现1h上百棵嫁接的工作效率,并且嫁接工作的成功率十分可观,能够达到95%,极大地促进了果树以及蔬菜生产产业化发展和规模化发展。

对于蔬菜自动嫁接机的研究,在日本、韩国、荷兰、意大利以及中国等设施农业较为发达的国家得到的关注和取得的成果较多。目前较为典型的蔬菜嫁接机如图9-15所示。

2011年,井关公司研制出GRF800-U型葫芦科全自动嫁接机,适用于瓜科蔬菜嫁接贴接法嫁接,通过嫁接夹固定贴合面,能够完成嫁接于砧穗木的自动取苗、上苗、嫁接及排苗过程,还设有幼苗子叶定向装置。其嫁接效率可达800株/h,嫁接成功率达95%。

第9章 机器人应用

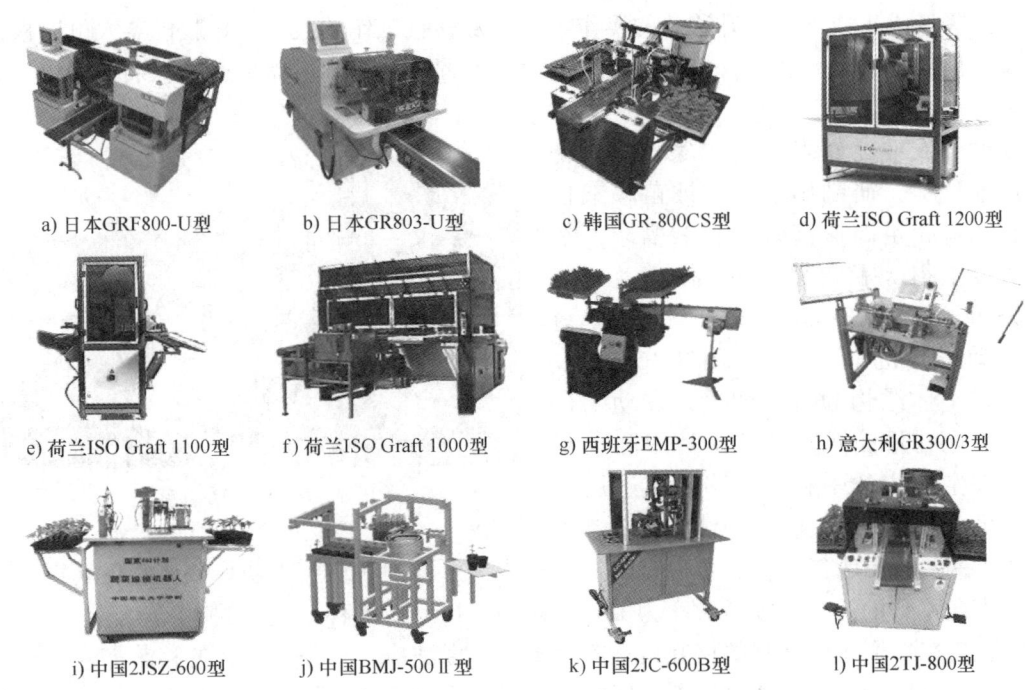

a) 日本GRF800-U型　　b) 日本GR803-U型　　c) 韩国GR-800CS型　　d) 荷兰ISO Graft 1200型

e) 荷兰ISO Graft 1100型　　f) 荷兰ISO Graft 1000型　　g) 西班牙EMP-300型　　h) 意大利GR300/3型

i) 中国2JSZ-600型　　j) 中国BMJ-500Ⅱ型　　k) 中国2JC-600B型　　l) 中国2TJ-800型

图 9-15　典型的蔬菜嫁接机

荷兰近几年在自动嫁接机领域也有一定发展，主要是 ISO Group Machinebouw 公司研制的几种机型，包括 ISO Graft 1000、1100、1200 型，这 3 种机型都是针对茄科幼苗进行嫁接作业。ISO Graft 1000 型自动嫁接机是一套茄科幼苗嫁接作业流水线，主要采用平接法嫁接，固定方式使用三角耳套管，由相应的机械在嫁接时打开套管开口，使苗株直接插入接合后嫁接，整个生产流水线由 1 名或 2 名工人进行全程操作，它还采用图像处理技术，在嫁接前期可对幼苗进行初步判别，剔除不合格的幼苗，采用的计算机技术也可对嫁接过程进行数据记录与处理，从而更好地对嫁接作业进行管理。2013 年，ISO Group Machinebouw 公司又研制出针对茄科苗的 ISO Graft 1200 型半自动嫁接机。该机采用贴接法嫁接，利用一端开口的套管夹进行砧穗木的贴合固定。该机配有砧木预处理机构，主要对砧木进行前期的粗切，去除上部枝叶。该机的穗木部分由一个转盘构成，分成可容纳 12 株穗木的穗木夹持机构，穗木的搬运机构采用关节机械臂。工作时，需要由操作人员将穗木放到穗木夹持转盘内，其余工作过程由机器自动完成，砧木留盘嫁接。其嫁接效率可达 1050 株/h 以上，成功率可达 99%。2014 年，ISO Group Machinebouw 公司又开发出 ISO Graft 1100 型半自动茄科蔬菜嫁接机。该机需要操作人员将砧木和穗木同时上苗，砧木部分由平均分成 12 个工位的转盘进行连续作业，嫁接作业自动完成，其嫁接效率可达 1000 株/h。对于单株嫁接方式来说，ISO Graft 1200 与 ISO Graft 1100 效率都较高。

北京农业智能装备研究中心于 2012 年研制出采用双臂嫁接方式的蔬菜嫁接机。该机与韩国 GR-800CS 型嫁接机类似，只是采用双臂，提高了作业效率，其作业效率可达 800 株/h，成功率为 95%，可用于茄科及葫芦科苗的嫁接作业。

（2）移栽机器人

机器人在蔬菜、花卉、苗木、株苗等的移栽方面也有一定的应用。利用机器人的信息传感功能以及智能化功能，能够有效地识别出苗的质量，并做出移栽到指定位置的决策，可除去坏苗，降低人工成本，提升移栽的操作水平以及移栽工作的效率。移栽机器人可以根据树苗以及农作物苗的发育状态，依据管理人员设定的程序利用摄像器传递并识别一些枝丫，用机械装置来修剪作物。

在设施农业比较发达的国家，依靠特有的产业优势，研制出了多款钵苗移栽机器人，基本满足高速高效的移栽需求，在一定程度上得到了广泛应用。由荷兰飞梭贸易公司（Visser Group）设计生产的穴盘苗全自动移栽机 PC-21，如图 9-16 所示。该移栽机主体结构为龙门架式，在动平台上安装有两排取苗爪，取苗爪可跟随动平台实现在空间中的平移。该移栽机适用性广泛，可以针对 72～642 穴的钵苗移栽。该

图 9-16　PC-21 移栽机

移栽机末端执行器为四针型，可以有效避免在取苗过程中对苗的损伤。该移栽机真正意义上达到了高速移栽的需求，取苗效率为 16800 株/h，接近人工移栽速度的 20 倍。

近几年来，通用性较强的移栽机逐渐增多，可以适应各种蔬菜作物的移栽需求。丹麦的 BEKIDAN 公司以 Delta 并联机器人、四轴串联机器人为载体，设计了一套新型的植物育苗系统 PKM，主要移栽对象为多肉植物。如图 9-17 所示，该系统将叶片放置在传送带上，然后由传送带负责将叶片输送至 Delta 并联机器人的工作区域，通过视觉采集系统采集叶片的位置信息，Delta 并联机器人根据采集到的信息将叶片按照一定的规律摆放，置于四轴串联机器人的工作区域内，其中一台四轴串联机器人负责在空穴盘内的育苗基质上打孔，而另一台四轴串联机器人的末端执行器的执行构件为吸盘，可将摆放好的叶片吸附起来，接着末端执行器旋转特定角度，将叶片栽植到打好孔的育苗基质内。该系统将两种机构效率高、运动灵活的优点相结合，可以实现对苗的快速、高效栽植；同时该育苗系统的两个系统分工有序，关联性较小，可以适应多种育苗要求。

 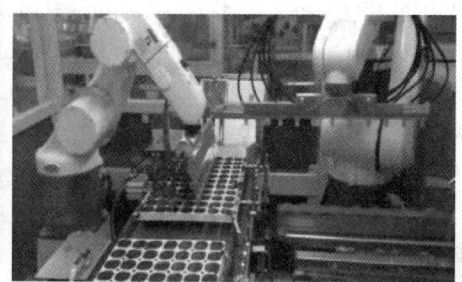

图 9-17　PKM 多肉植物育苗系统

（3）灌溉、喷洒农药机器人

农业机器人在温室大棚的灌溉、施肥以及喷洒农药等领域的应用十分成熟，如图 9-18 所示，机器人发挥信息采集以及处理等方面的优势，依据光反射和折射的原理，对作物需水量进行准确预测，通过土壤的具体情况来决定肥料的准确用量，降低工作成本，并能够有效地改善地下水的质量，避免产生环境污染。机器人在农药喷洒方面的应用，其主要优点在于规避了人和农药的直接接触，利于保护农业工作人员的安全以及健康，同时由于机器人的应

用让农药喷洒的准确性提高，能够通过降低农药的使用量来减少环境污染。

图 9-18　灌溉、喷洒农药机器人

（4）自动采摘机器人

农业机器人在农产品的自动采摘方面应用十分广泛，通过应用机器人的信息感知功能，能够有效地识别被采摘作物成熟程度，保障采摘到的果实质量，代替人工操作，如应用于番茄、洋葱、马铃薯等蔬菜的采摘，另外软体机器手也出现在水果的采摘上，其收获率以及采摘完整率有相当明显的优势。

1）苹果采摘机器人。韩国庆北大学研制的苹果采摘机器人（图 9-19）具有四个自由度，它首先通过 CCD 摄像头与光电传感器组合的方式进行果实识别，然后通过三指夹持器对目标果实进行抓取，内部的压力传感器能够有效避免对果实的损伤，最后通过安装在机器人臂部末端的收集袋进行果实收集。通过试验测试表明苹果的识别率达到 85.5%，采摘速度达到 6 个/min。但是由于该机器人的自由度只有四个，导致对于茎叶部分的苹果无法进行抓取。

2）番茄采摘机器人。清华大学开发的番茄采摘机器人（图 9-20）具有五个自由度，由机械手、执行器、行走装置、视觉装置和控制系统组成。该机器人首先通过红色与绿色的视觉差别对果实进行辨别，然后通过三维实现对果实的定位，最后由机器手进行抓取。试验表明该机器人的番茄识别率达到 88.5%，采摘速度达到 8 个/min。由于该机器人不是全自由度，导致操作空间受到很大的限制，另外机械手比较坚硬，容易损坏果实。

图 9-19　苹果采摘机器人　　　　　　　图 9-20　番茄采摘机器人

3）橘子采摘机器人。西班牙科技人员发明的橘子采摘机器人（图 9-21）具有七个自由度，它首先利用彩色摄像头和图像处理卡组成的视觉系统来辨别成熟果实，然后通过橡胶手指与气动吸嘴抓紧果实，接着利用机械手把橘子与果树进行分离。其行走装置由履带组成，可以通过传感器检测设置在田间的反射板判断是否到达田埂。该机器人从识别到采摘成功率为70%左右，采摘速度达到4个/min，但由于成熟的橘子主要位于茎叶茂密的地方，机器手无法有效避开障碍物。

4) 浆果类采摘软体机械手。如图9-22所示，由于不同种类果实大小、质量和硬度的差异性，传统的刚性机械手和负压吸盘在抓取浆果类非硬质对象时容易造成表面损坏及吸合不稳定。相比之下，软体机械手可以

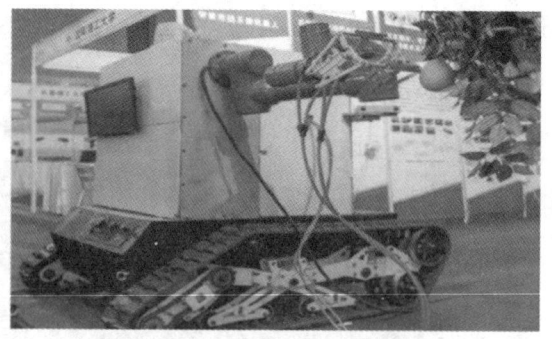

图 9-21　橘子采摘机器人

根据抓取对象的变化来改变自身形状和尺寸，具有刚性机械手无可比拟的优点。软体机械手利用柔软材料制作，一般是弹性模量低于人类肌肉的材料，如介电弹性体（DE）、离子聚合物金属复合材料（IPMC）、形状记忆合金（SMA）、形状记忆聚合物（SMP）等。利用软体机械手的柔性、较强的自适应性和较多自由度的优势，运用到浆果类采摘中去代替手工作业，具有广阔的应用前景。

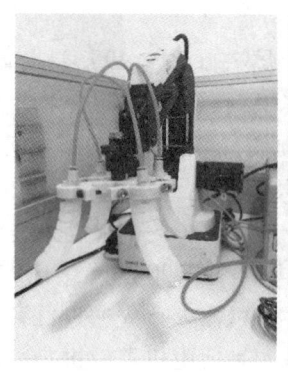 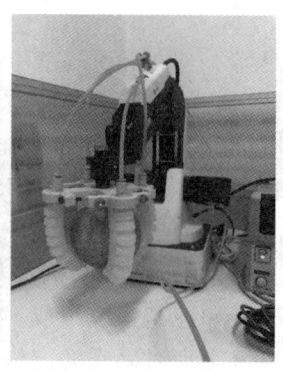 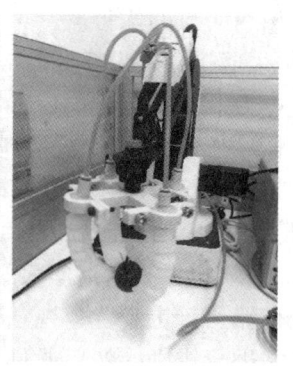

图 9-22　软体机械手抓取水果

本章小结

本章首先论述了应用机器人必须考虑的因素，分别从技术、经济和人员等方面探讨了应用机器人应当注意的问题，并在此基础上进一步介绍了使用机器人时遵循的经验准则和采用的机器人步骤；然后列举了几个工业机器人应用的实例，包括搬运机器人、焊接机器人和上下料机器人；最后重点介绍了家政服务机器人、医疗机器人、农业机器人等实例。

软体机械手抓取水果

思考题与习题

9-1　在应用工业机器人时必须考虑哪些因素？

9-2　工业机器人能够应用在哪些领域？举例说明它的必要性与合理性。

9-3　服务机器人有哪些用武之地？试举例加以说明。

参 考 文 献

[1] 芮延年. 机器人技术及其应用［M］. 北京：化学工业出版社，2008.
[2] 李云江. 机器人概论［M］. 2 版. 北京：机械工业出版社，2016.
[3] 郭颖彤，安冬. 机器人技术基础及应用［M］. 北京：清华大学出版社，2017.
[4] 黄俊杰，张元良，闫勇刚. 机器人技术基础［M］. 武汉：华中科技大学出版社，2018.
[5] NIKU S B. 机器人学导论：分析、控制及应用［M］. 孙富春，朱纪洪，刘国栋，等译. 2 版. 北京：电子工业出版社，2018.
[6] 韩建海. 工业机器人［M］. 3 版. 武汉：华中科技大学出版社，2015.
[7] 王茂森，戴劲松，祁艳飞. 智能机器人技术［M］. 北京：国防工业出版社，2015.
[8] 魏巍. 机器人技术入门［M］. 北京：化学工业出版社，2014.
[9] 朴松昊，谭庆吉，汤承江，等. 工业机器人技术基础［M］. 北京：中国铁道出版社，2018.
[10] 蒋志宏. 机器人学基础［M］. 北京：北京理工大学出版社有限责任公司，2018.
[11] 蔡自兴，等. 机器人学基础［M］. 2 版. 北京：机械工业出版社，2015.
[12] 战强. 机器人学：机构、运动学、动力学及运动规划［M］. 北京：清华大学出版社，2019.
[13] 刘极峰，易际明. 机器人技术基础［M］. 北京：高等教育出版社，2006.
[14] 郭洪红. 工业机器人技术［M］. 3 版. 西安：西安电子科技大学出版社，2016.
[15] 杨润贤，曾小波. 工业机器人技术基础［M］. 北京：化学工业出版社，2018.
[16] 蒋刚，龚迪琛，蔡勇，等. 工业机器人［M］. 成都：西南交通大学出版社，2011.
[17] CRAIG J J. 机器人学导论：原书第 4 版［M］. 负超，王伟，译. 北京：机械工业出版社，2018.
[18] 海涛，李啸骢，韦善革，等. 传感器与检测技术［M］. 2 版. 重庆：重庆大学出版社，2020.
[19] 韩建海. 工业机器人［M］. 武汉：华中科技大学出版社，2009.
[20] 吴振彪，王正家. 工业机器人［M］. 2 版. 武汉：华中科技大学出版社，2006.
[21] 张福学. 机器人学：智能机器人传感技术［M］. 北京：电子工业出版社，1996.
[22] 丁学恭. 机器人控制研究［M］. 杭州：浙江大学出版社，2006.
[23] MEDINA J R, HIRCHE S. Considering Uncertainty in Optimal Robot Control Through High-Order Cost Statistics［J］. IEEE Transactions on Robotics，2018，34（4）：1068-1081.
[24] CHEN Y Q, BRAUN D J. Hardware-in-the-Loop Iterative Optimal Feedback Control Without Model-Based Future Prediction［J］. IEEE Transactions on Robotics，2019，35（6）：1419-1434.
[25] BRADY M, HOLLERBACH J M, JOHNSON T L, et al. Robot Motion：Planning and Control［M］. Cambridge Mass：MIT Press，1982.
[26] CRAIG J J. Introduction to Robotics：Mechanics and Control［M］. 2nd ed. Boston：Addison Wesley，1989.
[27] DORF R C. International Encyclopedia of Robotics：Applications and Automation［M］. New York：John Wiley & Sons，1988.
[28] SELIG J M. Introductory Robotics［M］. Englewood Cliffs：Prentice Hall，1992.
[29] FU K S, GONZALES R C, LEE C S G. Robotics：Control, Sensing, Vision and Intelligence［M］. New York：McGraw-Hill，1987.
[30] PAUL R P. Robot Manipulators, Mathematics, Programming and Control［M］. Cambridge Mass：MIT Press，1981.
[31] SHAHINPOOR M. A Robot Engineering Textbook［M］. New York：Harper and Row Publishers，1987.
[32] SNYDER W. Industrial Robots：Computer Interfacing and Control［M］. Englewood Cliffs：Prentice Hall，1985.
[33] KUDO M, NASU Y, MITOBE K, et al. Multi-arm Robot Control System for Manipulation of Flexible Mate-

rials in Sewing Operations [J]. Mechatronics, 2000, 10 (3): 371-402.

[34] DERBY S. Simulating Motion Elements of General Purpose Robot Arms [J]. The Intemalional Journal of Robotics Research, 1983, 2 (1): 3-12.

[35] 陈信新, 王福林, 宋莹莹. 基于机器视觉算法的水稻秧苗状态识别 [J]. 计算机应用研究, 2019, 36 (5): 318-322.

[36] 秦丽娟, 王挺, 刘庆涛. 计算机单目视觉定位 [M]. 北京: 国防工业出版社, 2016.

[37] SONKA M, HLAVAC V, BOYLE R. 图像处理、分析与机器视觉 [M]. 4版. 兴军亮, 艾海舟, 等译. 北京: 清华大学出版社, 2016.

[38] SUN Q, ZHAO D, WANG C, et al. Design of a Sapling Branch Grafting Robot [J]. Journal of Robotics, 2014, 38 (4): 1-9.

[39] TIAN S, ASHRAF M A, KONDO N, et al. Optimization of Machine Vision for Tomato Grafting Robot [J]. Sensor Letters, 2013, 11 (6-7): 1190-1194.

[40] COMBA L, GAY P, AIMONINO D R. Robot Ensembles for Grafting Herbaceous Crops [J]. Biosystems Engineering, 2016, 146: 227-239.

[41] 褚佳, 张铁中, 李军, 等. 断根嫁接苗自动栽植装置设计与试验 [J]. 农业机械学报, 2016, 47 (10): 28-34.

[42] 褚佳, 张铁中. 葫芦科营养钵苗单人操作嫁接机器人设计与试验 [J]. 农业机械学报, 2014 (s1): 259-264; 295.

[43] 杨艳丽, 李恺, 初麒, 等. 斜插式嫁接机砧木子叶气吸夹结构及作业参数优化试验 [J]. 农业工程学报, 2014, 30 (4): 25-31.

[44] 姜凯, 郑文刚, 张骞, 等. 蔬菜嫁接机器人研制与试验 [J]. 农业工程学报, 2012, 28 (4): 8-14.

[45] 谢俊, 尹小琴, 马履中, 等. 基于多轴运动控制器的三自由度并联秧苗移栽机器人的研究 [J]. 机械科学与技术, 2011, 30 (2): 336-339.

[46] 冯青春, 王秀, 姜凯, 等. 花卉幼苗自动移栽机关键部件设计与试验 [J]. 农业工程学报, 2013, 29 (6): 21-27.

[47] 领衔科技. ROS入门必了解的ROS文件系统和软件包 [EB/OL]. (2018-12-19) [2020-03-22]. https://www.jianshu.com/p/aa567b97fe92.

[48] 王儒敬, 孙丙宇. 农业机器人的发展现状及展望 [J]. 中国科学院院刊, 2015, 30 (6): 803-809.